水轮机水力稳定性

Hydraulic Stability of Hydro-Turbine

苏文涛 李小斌 刘锦涛 著

哈尔滨工业大学出版社
HARBIN INSTITUTE OF TECHNOLOGY PRESS

内容简介

本书以水轮机水力稳定性为中心，阐述了水轮机水力稳定性的内涵和定义. 首先介绍了影响水轮机水力稳定性的因素及其原因；并介绍了水轮机运行的实验研究方法和数值模拟研究方法，综合最近研究成果，以水泵水轮机为例，介绍其水力不稳定性；最后介绍了水力稳定性的分析方法及提高运行稳定性的措施.

本书可作为水力机械科研工作者的参考用书.

图书在版编目(CIP)数据

水轮机水力稳定性/苏文涛，李小斌，刘锦涛著. —哈尔滨：哈尔滨工业大学出版社，2016.5

ISBN 978-7-5603-5950-2

Ⅰ.①水…　Ⅱ.①苏…　②李…　③刘…　Ⅲ.①水轮机—稳定性—研究　Ⅳ.①TK730

中国版本图书馆 CIP 数据核字(2016)第 078208 号

策划编辑　刘培杰　张永芹
责任编辑　张永芹　杜莹雪　聂兆慈　李　丹
封面设计　孙茵艾
出版发行　哈尔滨工业大学出版社
社　　址　哈尔滨市南岗区复华四道街 10 号　邮编 150006
传　　真　0451-86414749
网　　址　http://hitpress.hit.edu.cn
印　　刷　哈尔滨市工大节能印刷厂
开　　本　787mm×1092mm　1/16　印张 12.75　插页 4　字数 245 千字
版　　次　2016 年 5 月第 1 版　2016 年 5 月第 1 次印刷
书　　号　ISBN 978-7-5603-5950-2
定　　价　48.00 元

前言

水能是可再生的清洁能源，在我国的能源结构中占有重要的地位。在我国电力需求的强劲拉动下，水轮机及其辅机制造业经历了快速发展期。作为水电站的核心设备，水轮机的长期稳定运行直接关系到机组运行的可靠性、经济性及社会效益，且对电力系统安全及国民经济生产具有重大的意义。

水轮机的水力不稳定泛指流道内各部分及各结构部件与水力作用所导致的压力脉动、振动、摆动及噪声等，具有一定的普遍性，其产生的原因及表现形式多样，当这些水力诱发现象的幅值超过某临界值时，水轮机将进入不稳定状态。

水力稳定性问题和流体力学问题一脉相承，而解决流体力学问题的最基本手段是实验与数值模拟，要深刻理解水轮机内部流动稳定性及其对外特性的影响，上述手段是必不可少的。尤其对于具有复杂结构的全通道内流场，实验研究是获取第一手可靠资料的唯一手段。然而，针对不稳定流动的机理问题，常常涉及非稳态的复杂湍流运动及其流固耦合，实验得到的信息较为有限，所以数值模拟是建立全工况流动数据库不可或缺的手段。本书将系统地介绍关于水轮机水力不稳定性的内涵、外延、研究方法及分析方法。

本书的结构如下：第 1 章为流动稳定性概述、水轮机运行的不稳定因素及现状；第 2 章为水轮机研究的实验研究方法，包含先进的流场测试技术及其施行方法、流场观测系统，具有普遍性，也是研究水力稳定性的必要手段；第 3 章为水轮机内流场数值模拟方法，着重介绍了适合复杂结构的改进的湍流模型及其算例；第 4 章以水泵水轮机为对象，着重介绍其数值研究方法，以及对其不稳定性改进措施的评估；第 5 章介绍水轮机水力稳定性的分析方法，包括常用的时频方法、小波变换、混沌动力学、湍动能分析、脉动联合分析及熵产理论等；最后第 6 章综合前文论述内容提出提高水轮机运行稳定性的措施。

在本书的写作过程中，宫汝志博士、尹俊连博士、刘德民博士和吴晓晶博士分别馈赠了各自的论文，并给出了宝贵的意见和建议，使作者受益匪浅；哈尔滨大电机研究所为作者提供了实验测试平台；初稿完成后，李凤臣教授提出了中肯的、指导性的修改意见，哈尔滨工业大学郑智颖细致校订了本书内容。作者在此一并对他们的指教和关心表示诚挚的谢意，并对哈尔滨工业大学出版社的大力帮助表示感谢。

由于作者学识和能力有限，书中纰漏在所难免，恳请读者批评赐教。

苏文涛　李小斌　刘锦涛

2016 年 5 月

目录

第1章 绪 论

1.1 引 言

作为世界上最大的能源生产和消耗国，中国的能源发展计划不仅是影响自身快速、可持续发展的关键，也是国际社会所关注的焦点。随着世界能源消费需求的持续增长和全球气候变化影响的日益严峻，世界各国都把水电开发作为能源发展的优先领域，作为应对气候变化、实现可持续发展的共同选择[1]。

目前，水力发电满足了全世界约20%的电力需求，其中55个国家的50%以上的电力需求由水电提供，且24个国家中这一比重超过90%，而发达国家的水电平均开发程度已超过60%。如表1.1所示，截至2010年，我国水力资源的开发程度仅为35%，远低于发达国家的平均水平，具有很大的发展潜力，而到2050年我国水电开发程度计划达到70%。根据国家可再生能源中长期发展规划(如图1.1[2]所示)，2020年全国水电装机容量将达到3.8亿kW，平均每年新增装机容量1 200万kW。水能作为优质清洁的可再生能源，将在国家能源安全战略中占据更加重要的地位[3]。

表1.1 世界各国水电开发程度

国别	水电开发程度(%)
美国	82
德国	73
加拿大	65
挪威	60
瑞士	91
日本	76
中国	35

为了提高水电开发的经济性，在提升水轮发电机组单机容量、尺寸及性能指标的同时，也对机组效率、运行稳定性和可靠性提出了更高的要求。以中国

三峡水电站为例，混流式水轮机转轮直径在 10 m 以上，重量约 450 t，是目前世界上最大的混流式转轮，发电机单机容量达到 756 MW。近年来，我国在掌握成熟的单机容量 700 MW 级水电技术的基础上，提出了 1 000 MW 级[4]水电设备开发计划，国内外越来越多的大型乃至巨型机组也相继投入运行。然而新的问题随之出现，水轮机比转速和单机容量的不断提高，以及机组尺寸的增大，使得水轮机导叶相对高度也相应增高，相对刚度减弱，加上电站水头变幅大，机组运行工况欠佳，水轮机水力稳定性问题日益突出，已逐渐引起广泛重视[5, 6]。

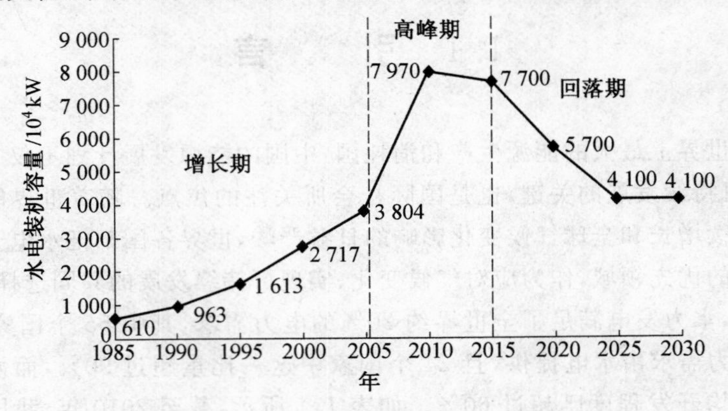

图 1.1　中国水电开发中长期规划

在我国，水轮机水力不稳定现象早已出现，20 世纪 50 年代和 60 年代四川省狮子滩水电站机组就曾出现功率摆动问题，经测试发现主要是由尾水管的压力脉动引起的。广西壮族自治区岩滩水电站转轮直径为 8.0 m 的 320 MW 机组振动比较严重，湖南省五强溪水电站转轮直径为 8.3 m 的 240 MW 机组投入运行后，也出现了较强的振动[7, 8]。大型水轮发电机组的振动问题，尤其是水力振动，已经引起了相关领域专家的密切关注。

在国外，水轮机水力振动问题于 20 世纪 70 年代也已突显出来。世界有名的美国大古力（Grand Coulee）水电站的 600 MW 和 700 MW 机组不仅在 30%～60%低负荷时有较强的振动，在 70%～75%负荷区域也有间歇性压力脉动，使尾水管压力脉动和水导摆度急剧增大[9, 10]。在运行 3 万 h 后，出现了转轮平衡盖板甩掉、尾水管和进入孔口裂纹等机械事故，此次事故后明确规定了机组运行过程中必须要避开机械振动区，即不稳定区域。另外，机组运行的水力不稳定使得机组允许运行的范围狭窄，其 21 号机组由于发电机焊接质量问题，运行 7 个月后即发生机组着火事故；22 号机组发电机出现定子槽楔松动，电晕比较严重，推力轴瓦磨损，水导轴领变形等问题；43 号机组也发生了发电机转子与定子相碰等事故。位于巴西与巴拉圭边境的伊泰普（Itaipu）水电站装机容量位列世界第二，仅次于中国三峡水电站，其机组总体运行比较平稳，然而机组在 30%～60%导叶开度时[11-13]，其振动和尾水压力脉动较大，如图 1.2 所示，所以机组运行时需避开该不稳定区。萨扬—舒申斯克(Sayano-Shushenskaya)水电站是前苏联最大的电站，建于西伯利亚的叶尼塞河上，为西伯利亚电网的主力调频、调峰电厂。该电厂由于设计缺陷，稳定运行范围窄，其 2 号机组根据电网频率和功率过载状态自动调节时，水轮机组多次穿越不建议的不稳定运行区域，导致产生交变的附加载荷，造成水轮机顶盖固定螺栓断裂，水力发电机转子和水轮机顶盖向上运动迫使密封件撕裂，发生了机组损毁和人员伤亡事故，经济损失极为严重[14]。萨扬—舒申斯克水电站的建设水平在当时堪称世界一流，然而对水力不稳定性的认识和重视不足，以及电站应急措施的不到位，导致了灾难性事故的发生。

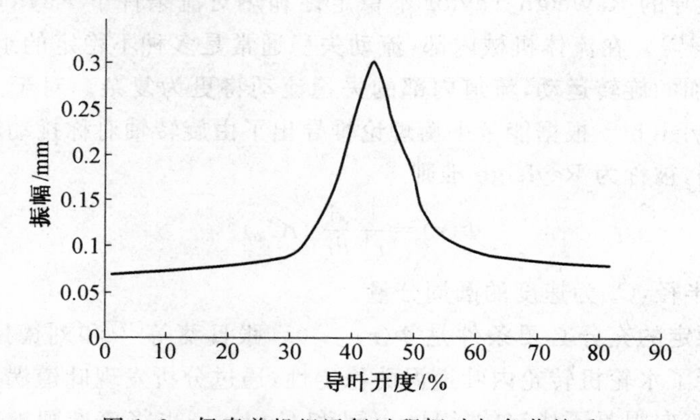

图 1.2　伊泰普机组运行过程振动与负荷关系

可见，水力机组的稳定运行对于国民经济、工程实践具有重要的战略意义。现阶段，一般在机组设计阶段，设计单位便需使用一定手段预计到不稳定区的存在，并采用相应对策消除该不稳定区域或使用多种补气方式消减机组的振动和压力脉动。开展水轮机不同工况下，特别是过渡过程中过流部件内部的非定常流动分析，有利于深入了解水轮机不稳定性的内在机理和水轮机轴系振动特性，促进水轮机过流部件的优化设计，改善水轮机的综合性能，最终保证水轮发电机组的稳定运行。

1.2　流动稳定性概述

所谓流动稳定性问题，在国际上多称为流动不稳定性问题。流体运动的不稳定性，是指处于某种运动状态的流体受到某一扰动后，不能恢复到原来稳定的运动状态。流体机械在偏离最优工况(设计工况)运行时，由于冲角变大，壁面附近发生流动分离，流道内部不可避免地会出现不同尺度的旋涡运动，使得脉动、振动和噪声变大。在偏工况运行时，水轮机组内部的旋涡形成、发展以及消亡过程是非常复杂的，有效地控制旋涡的发展，对流动的稳定性具有重要意义。

假设受到扰动后的速度场为 $u(x,t)$，对应于任意的位置 $\varepsilon > 0$，存在函数 $\delta(\varepsilon) > 0$，使得

$$\| \vec{u}(x,t) - \vec{U}(x,t) \| \leqslant \delta(\varepsilon) \ , t \geqslant 0 \tag{1.1}$$

同样压力等流动参数也满足此条件时，流动是稳定的，否则流场是不稳定的。根据旋涡流动失稳机理的不同，典型的流动不稳定性有自由剪切流中的 Kelvin-Helmholtz 不稳定性、壁面剪切流中的 Tollmien-Schlichting 不稳定性、浮力或重力主导的 Rayleigh-Taylor 不稳定性和热对流条件下 Rayleigh-Bernard 不稳定性等[15]。在流体机械内部，流动失稳通常是多种不稳定的组合效果，另外，由于附加的旋转运动，流道内部的失稳流动将更为复杂。对于无粘不可压缩流体，Rayleigh[16] 根据能量平衡理论推导出了由旋转轴对称扰动所引起的不稳定性判据，被称为 Rayleigh 准则

$$\Phi(r) = \frac{1}{r^3} \frac{\mathrm{d}}{\mathrm{d}r} (rC_u)^2 \tag{1.2}$$

其中，r 为半径，C_u 为速度的圆周分量。

流动稳定的充分必要条件是 $\Phi(r) \geqslant 0$。张日葵等[17]和刘德民[18]曾利用该准则分析了水轮机转轮内叶道涡的稳定性，通过分析发现叶道涡中的柱状涡是稳定的，流向涡是不稳定的。Howard 和 Gupta[19] 也将该准则推广到了具有轴向流动的旋涡稳定性中，其稳定性的充分条件是

$$\Phi(r) = \frac{1}{r^3} \frac{\mathrm{d}}{\mathrm{d}r} (rV)^2 \geqslant \frac{1}{4} \left(\frac{\mathrm{d}W}{\mathrm{d}r} \right)^2 \tag{1.3}$$

其中，V 代表周向速度，W 代表轴向速度。同样，Leibovich 和 Stewartson[20] 也在此基础上建立了存在三维扰动时扭曲柱状涡发展的充分条件。

1964 年，Batchelor[21] 从气动力学出发，以典型的机翼下游尾迹作为理论模型建立了 Batchelor 涡的稳定性分析方法。由于 Batchelor 涡具有无粘不稳定特性，该方法在旋涡稳定性分析中也被广泛应用[22-24]，目前在分析转轮叶道涡和尾水管涡带运动中也有应用。孙明宇[25]、Delbende 等[26]、Olendraru 等[27]和尹协远等人[28]继续从 Batchelor 涡发展出了绝对和对流不稳定性。刘德民基于 Batchelor 涡的相对和对流不稳定性对不同工况下尾水管涡带的稳定性进行了分析。

上述流动不稳定性分析建立在无粘流动的基础上，而实际流动中的粘性耗散与湍流输运使得旋涡运动更为复杂。如在叶片式流体机械中，叶轮出口常出现射流一尾迹流动模式，可能的原因是旋转机械内部二次流对低能流体的输运

与剪切作用。Taylor 在流动实验中发现了流动失稳将诱发一个环状旋涡形式的定常二次流。他在考虑粘性作用的前提下建立了稳定性判定准则——Taylor 准则，即当 Taylor 数大于临界值时，流动是不稳定的。

另外，张涵信[29]通过对二维不可压缩流动分析，结合分离点附近的流线变化规律，给出了流动分离的判定准则。对于三维流场，分离线的起始有三种形态，即闭式分离的鞍点起始，正常点起始以及鞍、结点组合形态起始[30]。

综上所述，目前针对旋涡流动的稳定性判据仍不完善。对于稳定流场，已存在充分必要的判定准则，但是针对不稳定旋涡流动仍缺少充要的判断依据。由于特定准则均具有一定的理论假设，仅适用于一定运行工况范围的流动，且粘性流动和无粘流动具有本质的差别，所以不适用于全工况范围内的稳定性分析。针对旋涡流动中稳定性的影响因素及其影响模式仍无定论，不能从机理上揭示旋涡流动的演化规律。目前，旋涡流动的稳定性研究存在很多有待解决的问题。

1.3 水轮机运行的不稳定性因素

水轮机运行的不稳定性是由多种因素引起的，而不稳定性的外在表征主要为振动和噪声，比如压力脉动和速度脉动的增加、异常噪声、机组振动、转子振摆、调速系统的震荡以及机组出力的波动等。

水轮机的振动不能简单等同于物理力学中的振动，而是指水轮机部件的机械振动和摆度，也包括共振和自激振动状态下的振动。机组振动的原因比较复杂，事先难以完全避免，且机组建成后的补救措施改善效果不佳，因此必须尽量在设计上避免危险振动的发生。

引起不稳定性的原因有很多，包括水力振动、机械振动和电磁振动等因素。其中水力振动的原因有：叶道涡、尾水管涡带、卡门涡、小开度和高部分负荷下的压力脉动、导叶数和叶片数的耦合、水力自激振动和过渡过程中的不稳定流动等。水轮机的振动是水力、机械和电磁三个因素耦合作用的结果。当水流振动激起水轮机的振动，特别是上、下机架的振动时，会导致发电机定、转子之间的空隙发生变化，从而导致水轮机内部电磁力的剧烈变化，产生电磁拉力、电磁阻尼等。同样，当转动部件的运动情况出现变化时，又反过来对过流部件产生作用力，对流道内的流体流动产生影响。三种主要因素的起因如表 1.2 所示。

表 1.2　水轮机不稳定振动的主要原因

电磁因素	转子绕组短路	磁拉力不均匀，振幅与励磁电流有关
	空气间隙不均匀	偏心误差需<平均气隙 10%
	定子电流不平衡	三项电流不平衡
机械因素	转子质量不平衡	振幅随转速而变化
	机组轴线不正	径向振动
	导轴承缺陷	主要为横向振动
水力因素	尾水管涡带	可进一步形成空化涡带
	叶道涡	可形成流向空化带
	卡门涡脱流	可形成吸力面空化
	水力不平衡	流动不对称

下面主要介绍由水力因素引起的水轮机不稳定问题，水力激振、流道内旋涡演化以及空化均会引起额外的噪声和振动，主要包括如下几方面：

①尾水管涡带。混流式水轮机在部分负荷运行时，由于偏离设计工况而使得转轮出水边环量增大，进而形成涡带，涡带是螺旋形的、绕尾水管轴线不稳定旋转的低压区域。当尾水管中形成涡带时，会导致尾水管内的低频压力脉动，此压力脉动的频率一般为转频的 1/4～1/3。尾水管涡带通常会在 30%～60% 额定载荷工况时较为强烈。压力脉动的传播会引起机组振动，并对尾水管结构产生相当大的破坏作用。当压力脉动频率与机组固有频率或厂房固有频率接近时，会引起共振，从而造成机组及厂房的破坏。尾水管涡带不仅是引起机组振动和噪声的一个重要因素，也限制了机组的稳定运行范围，严重时将损坏设备本体造成停机。

②叶道涡。水轮机偏工况运行时，转轮进口水流冲角过大，导致叶片头部发生脱流空化，形成叶道涡。叶道涡较严重时，会在叶片表面产生空化，并引发高频振动，甚至与叶片发生共振。如位于巴基斯坦印度河干流上的塔贝拉(Tarbela)水电站，其水轮机的振动破坏就是由叶道涡演化引起的。

③卡门涡。水流流过翼型时，在绕流物体后面会形成卡门涡列。经过双列叶栅的卡门涡进入转轮之后，可能会与叶片发生共振，从而使叶片产生疲劳破坏或裂纹，并出现强烈的振动噪声，这常发生于约 50% 额定载荷以上的工况下。中国浙江省黄坛口水电站的早期机组即是卡门涡破坏问题的典型代表。

④水力失衡。理想情况下，双列叶栅同步动作后依然会保持对称状态，这样流场将保持对称形态。若导叶开度不均匀，一方面会导致导叶出水边流态不

良，另一方面，部分水流失去轴对称运动结构会出现不平衡的横向力，从而引起压力脉动或振动。若从旋转运动角度出发，水轮机转动部分和固定部分之间的间隙不均将使转轮中心偏离机组中心，转轮圆周各处的固定部件和旋转迷宫环间隙随着转轮的旋转而不断变化，间隙内水压随着旋转运动也出现准周期性变化，这样将对转轮产生横向的推力，该推力使得转轮中心出现偏心，而呈现一定的运动轨迹。

另外，除了导叶开度不均外，转轮出口流态不良、转轮止漏间隙不均等情况也能诱发不均匀流动。位于中国四川省大渡河上的龚嘴水电站，其 3 号机组转轮叶片对面侧流道面积相差达 10%，引起的摆度达 0.7 mm，被迫限负荷在 70%以下运行两年多。

当水轮机处于空载、低水头、小负荷、高水头、超负荷大流量的运行状态时，水力不稳定因素将起到决定性的作用。尤其在偏工况下出现空化涡时，振动和噪声将进一步加剧。

水力机组，特别是抽水蓄能机组，在电网中担负着系统调峰和调频的作用，水泵水轮机运行过程中频繁的工况变换是不可避免的，其水力不稳定现象十分突出。我国大部分混流式水轮机裂纹产生的主要原因是疲劳运转，在不间断的旋转状态下，交变动态载荷和压力脉动的联合作用会加大裂纹产生的几率，对水轮机的正常运行和发电效率，甚至对电网都会造成很大的影响。

1.4 水轮机运行稳定性评估

水轮机稳定性问题一直备受关注，涉及水力、机械和电气等多个因素，并受到这些因素的共同影响。从 20 世纪 50 年代至今，国内外许多专家学者对水轮机稳定性都做了大量的理论和实践研究，取得了显著的研究成果。

水轮机稳定性问题的评估办法通常采用顶盖振动、轴承摆度和水轮机的压力脉动等指标来进行衡量。水力不稳定现象广泛存在于各种形式的水轮机中，主要表现为尾水管涡带、高部分负荷压力脉动和水力激振等现象。水力不稳定是水轮机稳定性问题存在的内在因素，也是引起其他不稳定性表现的根本原因。振动是限制水轮机发展的一大因素，强烈的振动不仅影响水轮机的正常运行，缩短零部件的使用寿命，引起共振时还将产生巨大的危险。

水轮机振动评价标准中的振动评价特征值有位移和速度两种，振动速度用于含有高频非周期分量的振动测量，能更为正确地表征振动量的大小。振动位移则不但更加直观，而且在水电水轮机的长期运行中积累了大量经验。现行标准中没有启动、停机、负荷快速变化、甩负荷等过渡过程工况，也没有充分考虑水轮机尺寸对振动评价标准的影响。大量的现场试验结果表明，水轮机的振动稳定性水平和水轮机叶轮直径有明显的相关性。随着水轮机叶轮直径的增大，水轮机的稳定性水平变差。

压力脉水轮机运行中动的频率和强度是不稳定的重要指标，其频谱和幅值也是主要关注内容。

压力脉动的幅值变化在工程上用 $\Delta H/H$ 相对值(峰一峰值)表示。水轮机的蜗壳进出口、尾水管等部位会出现大的压力脉动幅值以及较多的压力脉动成分。当压力脉动频率与水轮机固有频率接近时，需考虑发生共振的可能，应该严格避免。

1.5 水轮机运行稳定性现状

随着单机容量的不断提高，混流式水轮机不断朝着高比转速的方向发展，导致机组的出力和转轮直径越来越大，其主轴的转动频率越来越低，压力脉动更容易与机组甚至厂房的固有频率接近，从而发生共振。

在国外，比较典型的水轮机水力不稳定问题的事例是巴基斯坦的塔贝拉水电站。塔贝拉水电站是巴基斯坦最大的水电站，总装机容量达 3 510 MW。第二电厂装有 4 台 440 MW 水轮机，其运行水头变化幅度是大型混流式水轮机之最，最高水头为 136.64 m，设计水头为 97.5 m。其中有两台水轮机在投产不到半年的时间内因水力不稳定问题出现共振损坏，被迫停机修复一年，修复后在补气系统的支持下方可正常运行。通过事后分析，造成这次事故的主要原因有：电站运行水头变化幅度很大，在高水头工作时水轮机的尾水管内部会产生涡带，并且在部分负荷区涡带有扩大的趋势；在高水位部分负荷运行区内，转轮进水边冲角的增大使得水流在叶片负压侧形成涡流，从而在叶片上诱发了振动。表 1.3 列举了几个国内外比较典型的出现水轮机稳定性问题的水电站。

为了三峡机组的稳定运行，2003 年三峡公司对国内外十大 500 MW 以上的混流式水轮机的稳定性进行了调查研究，结果表明进口的和国产的机组均存在比较严重的稳定性问题。一些能量性能高和抗空蚀性能好的水轮机在部分负荷工况下运行时会导致机组振动加剧，严重时甚至引起整个厂房发生共振，成为电厂安全性的严重隐患。2009 年 8 月 17 日萨扬一舒申斯克水电站事故更加凸显了稳定性的重要性。特别是以四川省白鹤滩和乌东德水电站为代表的 1 000 MW 级大型水轮发电机组，其稳定性问题更为关键。

表 1.3 国内外出现水轮机稳定性问题的水电站

电站名称	地点	建成时间	总装机容量/MW	稳定性问题的具体表现
大古力水电站	美国华盛顿州	1980	6 494	振动、空蚀严重发生定、转子碰撞事故
天生桥一级水电站	中国贵州	2000	1 200	正常蓄水位水轮机振动区向大负荷区转移
古里水电站	委内瑞拉	1986	10 305	振动、空蚀严重
萨扬—舒申斯克水电站	俄罗斯西伯利亚(前苏联)	1987	6 400	厂房破坏,机毁人亡
大朝山水电站	中国云南	2003	1 350	卡门涡蜂鸣,叶片裂纹
小浪底水电站	中国河南	2001	1 800	异常噪声,大轴抖动
三门峡水电站	中国河南	1978	1 200	磨损严重、效率低

水轮机属于旋转式叶轮机械,其内部流动的复杂性吸引着人们对其进行大量的研究[31, 32]。陆力等[33]回顾了50年来水力机电领域的发展,并对水力机电领域未来的发展方向和研究领域进行了概括:包括水力振动和稳定性的研究、磨蚀与多相流理论、流固耦合(Fluid Structure Interaction,FSI)的非定常计算、实验测试技术的研究和虚拟计算的研究等。而过去的研究主要集中于水轮机水力特性、水力稳定性的研究,包括能量特性、水轮机内部压力脉动特性、水轮机流道叶道涡的研究、尾水管涡带的研究等内容。

对水轮机的研究大约起步于20世纪40年代。早在1948年,张维[34]就对水轮机的结构、性能参数、运输安装方式等进行了较为全面的介绍。水轮机技术的研究从19世纪80年代起得到了快速的发展,文献记载了当时水轮机技术的研究盛况。《科技简报》[35]介绍了中国自行研制的葛洲坝17万kW轴流转桨式水轮机的情况。1984年,田树棠[36]提出了通过提高水轮机的设计制造水平、提高水轮机的安装—运行—检修水平、设置必要的辅助设施等来改善水轮机的稳定性。刘继澄[37]研究了天桥水电站水力设计和运行中的重要问题,提出了提高机组单机出力的方法,并在当时就提出了水轮机的汽蚀与磨损问题以及水轮机主轴密封的结构改造问题,并指出当水轮机的设计参数提高时,对水轮机的性能要求也会相应的提高。在此阶段,对水轮机的研究主要集中于经验、简化公式和实验研究,龚守志[38]、寿梅华[39]、张厚琪[40]等介绍了这个时期的成果,也有一些针对国外研究成果的介绍[41-43]。史美钢[44]提出安装稳流片来增加混流式水轮机的稳定性。国内水轮机技术自20世纪80年代以来得到了快速发展。特别是结合三峡项目，哈尔滨电机厂有限责任公司引进并掌握了具有国际先进水平的流体动力学分析技术和水力设计方法，设计出的混流式转轮最高效率已超过95%，装备了具有世界先进水平的水轮机模型试验台，水力试验与测试技术方面也不断取得了新的进展。在三峡右岸转轮开发中，哈电的成果超过了国外引进技术的成果，达到世界先进水平。

综上所述，水轮机出现稳定性问题的现象十分普遍，其形式基本表现为水轮机振动增大和噪声增强。一旦水轮机出现稳定性问题，水电站的正常运行发电就会受到影响，严重时水电站甚至可能遭受巨大的损失和灾难。因此，消除水轮机可能存在的不稳定问题，保证水轮机在安全、稳定的范围内运转在任何情况下都是刻不容缓的。

1.6 水力稳定性研究方法

根据前文论述，国内外研究人员已经针对水轮机运行的水力稳定性进行了大量的模型实验、真机试验、理论分析和数值模拟等研究，主要研究内容包括能量特性、抗空蚀特性和水力稳定性等，取得了许多重要的成果，有力地推动了水轮机设计和制造，并保证了水轮机运行的安全性。

关于水轮机稳定性，尤其是水力稳定性的理论研究，主要是基于一元流和二元流理论对流道内部的不均匀流场进行分析。这是在20世纪中叶发展起来的理论分析方法，在该方法中水力机械内部流道中的流动被赋予众多理想化的假设，通过估算流道中平均流动的速度和压力，用于指导流道设计。另外也会采用绕流叶片的速度三角形和叶轮机械的Euler方程，估算通过流道的流量均匀性和出力，并对流动分离角进行估计。

一元和二元理论设计的结果可以使研究者把握更多的理论设计方向，但所设计的水力机械的整体能量性能较差，如效率不高、抗空蚀能力差。所以通常还要根据试验结果进行改型，其中经验起了决定性作用。现阶段来说，实验技术和数值模拟技术发展迅速，对内部流动的细致预测和外特性预测则需要实验方法和三维数值模拟方法来进行研究。

1.6.1 实验研究

水轮机的实验研究包括真机试验和模型实验。由于受到水轮机大尺寸和现场性等特点的限制，真机试验一般不容易实现，只有当机组投入运行后才可能进行真机试验，测算、监测真机的运行情况。所以对于模型设计或者科学研究，主要采用模型实验。

水轮机的模型实验主要有能量实验、气蚀实验、飞逸特性实验和轴向水推力特性实验等几种。其中能量实验台分为开敞式实验台和封闭式实验台，封闭式实验台无需设置测流槽，故平面尺寸要比开敞式实验台小，而且水头调节更加方便，但封闭式实验台投资较高。现代化的水轮机实验台全部参数均由计算机自动采集与处理，并能实现各种表格和曲线的自动绘制，实验报告和报表的输出和打印等功能，自动化程度很高。

从内部流场流动机理的角度出发，现阶段针对水轮机过流部件的流场测试并不多见，尤其是使用现代测试技术，如粒子成像测速仪（Particle Image Velocimetry，PIV）和激光多普勒测速仪（Laser Doppler Velocimetry，LDV）所进行的研究。使用 PIV 对水轮机内部流场的测试具有挑战性，比如透明过流部件的设计、照明光源的布置和流体折射率的匹配等问题。另外，一些现有的实验结果并不具备普适性，不同的流动工况下需要进一步的实验研究，所以从部分过流部件的流动状态出发，对研究水轮机整个流场具有指导意义。

1.6.2 数值仿真研究

由于实验研究的费用高昂，不管是针对水轮机振动还是内部流动特性，数值仿真计算都是非常重要的方法，同时也是水轮机研究、设计、优化的重要手段。随着计算机以及计算方法的发展，数值仿真已成为水轮机研究中不可或缺的内容，它具有灵活性强、周期短、成本低、可预测性强以及可视化程度高等多方面的优势。

如常用于结构计算、振动计算、力分析和有限元分析的计算机辅助工程（Computer Aided Engineering，CAE），在水轮机研究中，一般结合振动理论与水轮机轴系振动的特点，利用有限元分析法计算主轴的固有振动频率和振动幅值，分析其发生超标振动的可能性，进而总结振动变化规律。又如常用于流动分析或流固耦合分析的计算流体动力学（Computational Fluid Dynamics，CFD），已经广泛应用于水力模型性能预测及优化、流体机械非定常流动特性分析、水力稳定性研究、空化两相流研究、流致振动和流致噪声等方面的研究。

现在通过 CFD 技术设计的水轮机转轮的最高效率可以达到 94%以上，可见 CFD 技术能够较准确地预测水轮机在较大运行范围内的能量特性，最大限度地减少试验和模型加工费用。另外，基于 CFD 技术的水轮机水力稳定性预测在实际工程中的应用已相当普遍，对内部流动特性的数值模拟研究集中在水轮机不同过流部件的压力脉动特性、尾水管内压力脉动特性及涡带特性分析。从近几年水力机械非定常流动数值模拟的文献来看，数值计算一定程度上可以预测压力脉动的频率与幅值大小，但预测值依然和实验结果存在一些差异。目前研究人员一方面致力于水力不稳定特性机理的研究，另一方面努力发展新的湍流模型、计算方法和更合理的物理模型，以提高数值计算精度和计算效率。

近年来，对计算精度和效率要求的提升促进了 CFD 并行计算的发展。并行算法作为一种数值计算的工具而非流动数值模拟的模型，在计算量庞大的流动计算问题上必然会得到越来越广泛的应用。在求解复杂而且巨大的水力机械内部流场时，把流动区域分成若干块子区域，子区域间通过公共边界上节点信息的耦合条件进行相互约束和交换，以实现相邻区域之间解的光滑过渡，从而实现复杂区域内部整体流场的并行计算。

第2章 水轮机运行实验研究方法

2.1 引 言

对流体机械内部流动特性进行实验测试是最直接、最有效的研究方法，以此可对实际物理现象进行直观分析。目前常用的实验测试方法主要分为外特性测试和流场观测两类，通过外特性测试可以了解流体机械的运行特性，通过流场观测可以探索引起外特性变化的本质。

针对流体机械尤其水轮机，由于无法对原型机组进行流场观测且外特性试验成本较高，一般采用模型实验的方法研究水力稳定性。模型实验是研究水力机械外特性和内流场的基本方法，也是验证数值计算结果准确性的重要手段。另外，由于实验技术的发展，现在可以采用 PIV 和高速摄影技术来对内部流场进行测量和观测，主要研究部位包括转轮与活动导叶之间的无叶区、转轮区域和尾水管。本章以某一混流式水轮机为例，介绍模型试验的基本概况和操作方法，包括模型转轮的水力测试实验、PIV 测试实验、内窥镜高速摄影以及压力脉动的测试。

2.2 模型转轮水力测试实验

2.2.1 模型实验概述

水轮机在设计完成时，都要经过全面的性能测试，以检验该模型是否可以稳定安全的运行。模型水轮机的运转规模比真机运转规模小的多，费用小，实验方便，可以根据需要随意变动工况。

水轮机设计单位通过模型实验来检验原型机水力设计计算的结果，优选出性能良好的水轮机，为制造原型水轮机提供依据，向用户提供水轮机的保证参数。水电设计部门可根据模型实验资料，针对所设计的电厂的原始参数，合理地进行选型设计，并运用相似定律以及利用模型实验所得出的综合特性曲线，绘制出水电站的运转特性曲线，为运行部门提供发电依据。水电厂运行部门可根据模型水轮机的实验资料，分析水轮机设备的运行特性，合理地拟定水电厂机组的运行方式，提高水电厂运行的经济性和可靠性。当运行中水轮机发生事故时，也可以根据模型的特性分析产生事故的可能原因。

按相似理论，模型水轮机的工作特性完全能反映任何尺寸的原型水轮机，能在较短的时间内预测出原型水轮机的全面特性。将模型实验所得到的工况参数转换成单位转速 n_{11} 和单位流量 Q_{11} 后，并分别以它们作为纵坐标及横坐标，将效率相等的工况点联结成线所得到的曲线图称为综合特性曲线。此综合特性曲线不仅表示了模型水轮机的工作性能，同样反映了满足与该模型水轮机几何相似的所有不同尺寸、工作在不同水头下的同类型真实水轮机的工作特性。

根据前文所述，模型水轮机的水力测试实验包括能量实验、气蚀实验、飞逸特性实验和轴向水推力特性实验等。由于篇幅所限，这里主要介绍混流式水轮机的能量实验，其他关于水力测试实验均可在此基础上完成。

2.2.2 混流式水轮机能量特性测试

下面以哈尔滨大电机研究所的高水头试验Ⅱ台为例展开介绍，图 2.1 为系统示意图，图 2.2 为其实物图。

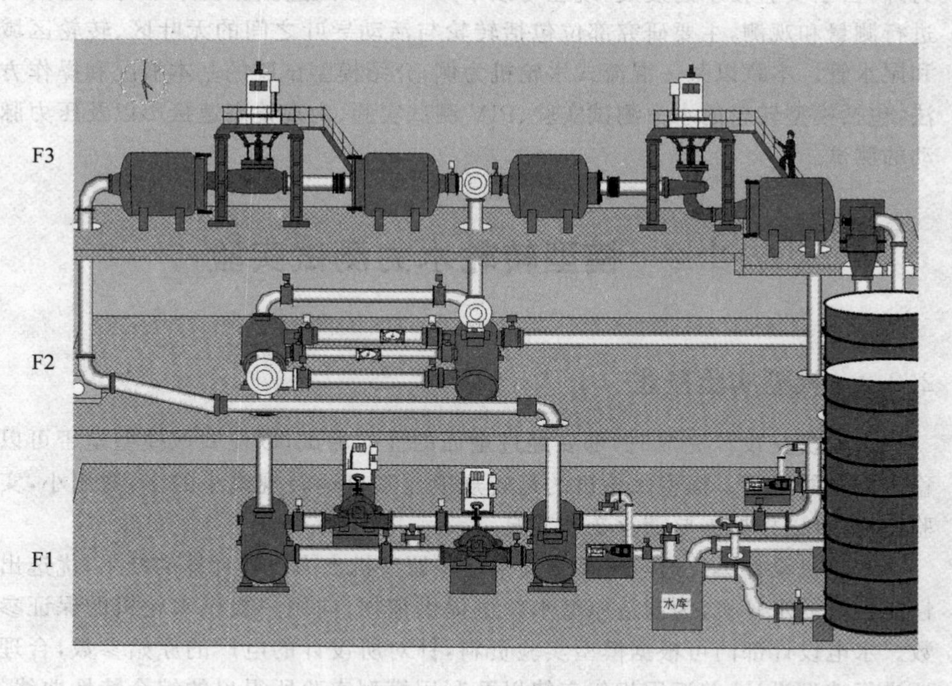

图 2.1 哈尔滨大电机研究所高水头试验Ⅱ台系统示意图

图 2.2 哈尔滨大电机研究所高水头试验Ⅱ台系统实物图

如图 2.1 和图 2.2 所示，该试验台是一个封闭式循环系统，整个系统可双向运行，具有各参数的(水头、流量、力矩等)原位率定系统。该试验台是一座高参数、高精度的水力机械通用试验装置，可以完成各类外特性试验。试验台可按 IEC60193 及 IEC60493 等有关规程的规定进行能量、空化及飞逸转速等项目的验收试验，也可在试验台上进行水力机械的压力脉动、力特性、四象限、补气及模型转轮叶片应力测量等各项其他试验和科研工作。试验台模型效率综合测试误差小于±0.2%，模型效率重复测试误差小于±0.1%。系统主要参数见表 2.1，各参数相应测试仪器信息见表 2.2。

表 2.1 水力测试实验台参数

参数	测量范围	不确定度(%)
流量 $Q/(m^3 \cdot s^{-1})$	0～2.0	±0.15
水头 H/mH_2O	0～100	±0.075
测功机功率 P/kW	0～400	/
测功机转速 $\omega/(r \cdot min^{-1})$	0～3 000	±0.05
力矩 $M/N \cdot m$	0～11	±0.02
水库容积/m^3	750	/
适用转轮直径/mm	300～500	/
综合效率不确定度	N/A	≤±0.25

表 2.2 测试仪器及精度

参数	测试仪器	精度(%)
流量	电磁流量计	±0.15
水头	差压传感器	±0.075
转速	磁电式转速传感器	±1 个齿(测速齿数为 120 个)
扭矩	负荷传感器	±0.02

系统中各主要部件的名称、参数及功能如下：

①液流切换器：流量率定时用以切换水流，一个行程的动作时间为 0.02 s，由压缩空气驱动接力器使其动作。

②压力水罐：直径 2 m 的圆筒形水箱，为模型机组的高压侧，具有偏心法兰，以适应不同模型的安装和调整。

③推力平衡器：由不锈钢制造，试验时可对机组受到的水平推力进行自动平衡，安装时作为活动伸缩节。

④模型装置：试验用的水轮机模型装置。

⑤测功电机：型号为 ZC56/32－4，功率为 400 kW 的直流测功机。试验时可按电机或发电机方式运行，最高转速为 1 800 r/min。

⑥尾水箱：圆柱形水箱，为模型机组的低压侧。

⑦油压装置：4 台 JG80/10 静压供油装置，其中一台备用。供油压力为 2.5 MPa，供油量为 7 L/min。

⑧真空罐：形成真空压力的装置。

⑨真空泵：两台型号为 H－70 阀式真空泵。

⑩供水泵：两台 24SA－10 双吸式离心泵，总功率 400×2 kW。两泵可根据试验要求，按串联、并联及单泵的方式运行。

⑪电动阀门：直径为 500 mm，用以切换系统内的各管道，以实现试验台各种运转方式。

⑫空气溶解箱：溶解箱为系统中压力最高区，并有足够大的体积，提供了系统中游离气泡重新溶解的条件。

⑬电磁流量计：用以测量流量，由上海光华－爱尔美特公司生产制造，型号为 MS900F，其精度为±0.2%，可双向测量，输入量程为 0～1 m^3/s。

⑭冷却器：当试验台运转时间过长，水温变化较大时，用以保持水温基本不变。

⑮流量校正筒：直径 4.8 m，高 6.75 m 圆形钢制水箱，有效容积为120 m^3。

为了对不同开度下的外特性进行分析，分别提取模型混流式水轮机的单位流量和单位转速。其中单位流量 Q_{11} 计算公式为

$$Q_{11}=\frac{Q}{D_1^2\sqrt{H}} \tag{2.1}$$

式中 D_1—— 模型混流式水轮机转轮的低压侧直径(m)；

Q—— 模型混流式水轮机转轮内过流流量(m^3/s)；

H—— 模型混流式水轮机实验水头(m)。

单位转速 n_{11} 计算公式为

$$n_{11}=\frac{ND_1}{\sqrt{H}} \tag{2.2}$$

式中 N—— 模型混流式水轮机转轮的转速(r/min)。

根据国际电工委员会 IEC60193 标准的规定，压力参数按照空化系数的定义换算出口压力。空化系数定义为

$$\sigma=\frac{H_a-H_{va}-H_s-H_v}{H} \tag{2.3}$$

式中 H_{va}—— 尾水箱内的真空值(m)；

H_a—— 大气压力换算成的水头(m)；

H_s—— 水轮机的吸出高度(m)，基准面以水轮机导叶中心线为基准；

H_v—— 实验温度下的饱和蒸汽压换算成的水头(m)。

水头 H 根据差压传感器测量结果计算获得

$$H=\frac{P_d}{\rho g} \tag{2.4}$$

式中 P_d ——蜗壳进口与尾水管出口的压力差(Pa)；

ρ ——流体介质水的密度(kg/m^3)；

g ——重力加速度(m/s^2)。

效率 η 计算公式为

$$\eta=\frac{\rho gQH}{M\omega} \tag{2.5}$$

式中 M ——力矩(N·m)；

ω ——电机转速(rad/s)。

在能量特性测试中，以混流式转轮为例。模型转轮的直径为 0.42 m，固定导叶和活动导叶具有相同的高度，即 76.68 mm。通过模型混流式水轮机综合特性试验测试获得的水轮机全特性曲线如图 2.3 所示。

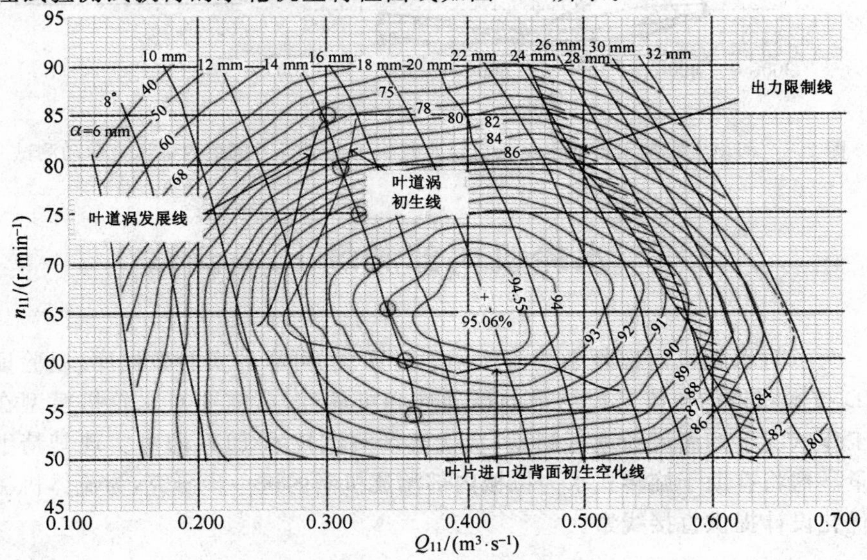

图 2.3 某混流式水轮机模型水力测试全特性曲线

从图中可以看出，该模型机组最佳活动导叶开度为 18 mm，最高效率可达 95.06%，偏离该工况点均为偏工况运行，不仅效率降低，而且容易诱发叶道涡和流动空化，引起不稳定运行。尤其对于活动导叶开度为 14 mm 时，其特性曲线通过了叶道涡发展线、叶道涡初生线以及叶片进口边空化初生线，工况多变。

2.2.3 水轮机压力脉动的模型实验

水轮机机组内部压力脉动间接反映了机组运行的水力稳定性。机组运行稳定性可以由模型实验监测内部压力脉动获得定量的结论。

对于水轮机的压力脉动实验，国内常用的通用模型实验台一般在模型机组中安装 6 个压力脉动传感器，即蜗壳进口测压断面、固定导叶上环、转轮上顶盖、活动导叶出口与转轮进口间下端面和尾水管锥管段下游侧及左侧。

实验前采用标准压力计对压力脉动传感器进行静态标定。通过压力脉动实验可以获得不同运行工况下压力脉动的峰值以及时域、频域图，以进行对比分析。图 2.4 为位于中国河南省的宝泉抽水蓄能电站中某机组在水轮机工况运行时的机组内部压力脉动测试结果。

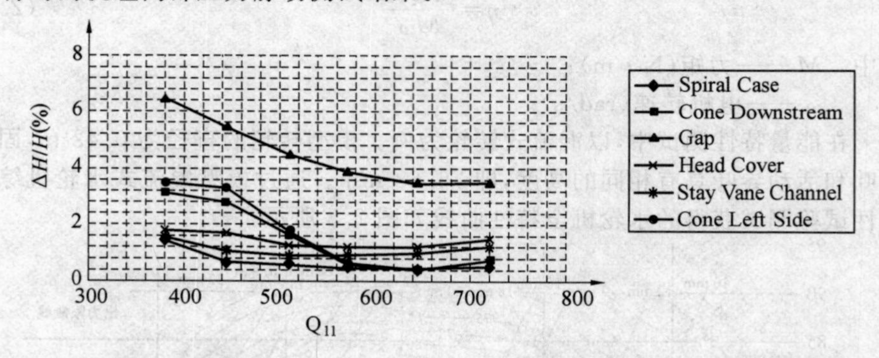

图 2.4 河南宝泉抽水蓄能电站某机组水轮机工况运行时机组内部压力脉动测试

2.3 水轮机内部流场 PIV 测试

为了对水轮机内部复杂湍流流场建立系统、可靠的实验数据库，以验证从 CFD 技术获得的数值模拟结果的精确性和可靠性，就需要对水轮机模型在不同工作状况下的湍流场进行测量，现代流场测试技术 PIV 即可实现其精细化测量。这将有助于旋转式水力机械内部湍流机制的进一步研究，为流体机械现代优化设计提供直接线索。

2.3.1 PIV简介

PIV是20世纪90年代后期成熟起来的流动显示技术，是利用粒子的成像来测量流体速度的一种测速系统。它能够同时测量一个平面内上万个点的速度，是激光技术、数字信号处理技术、芯片技术、计算机技术、图像处理技术等高新技术发展的综合结果。

PIV技术在本质上是图像分析技术的一种。它采用两个时间间隔很短的脉冲光源照亮所需要测量的流场，利用胶片或CCD将所照明的流场中的示踪介质记录下来，利用计算机进行图像处理得到速度场的信息。PIV系统主要由光源、摄像头、同步控制系统、图像采集和矢量计算等五部分构成，整个系统的时序控制由同步器实现，同时同步器也可以接受外部同步信号控制。系统的其余部件接受同步器的控制，按照同步器的指令时序确定的时间依次工作。同步器依次触发激光器在确定的时间发出激光脉冲，脉冲光束经过光臂传输到测量位置，通过一组透镜展开成片光源照亮流场中分布的粒子。在激光照亮流场的同时，摄像头进入工作状态，使得被照亮的流场成像。CCD得到的图像经由接口板传输到计算机的系统内存，得到的图像在计算机中可以存储，也可以直接进行速度矢量计算。计算得到的速度矢量分布可在TECPLOT软件中进行显示处理。

作为一种瞬时、全场的现代流场测试手段，PlV测试技术实现了对流场的非接触测量，对二维和三维的流场测量精度高，且能适应于多种流动介质。它不仅可以用来测量蠕动流和微尺度流动，还可以用来测量爆炸流场、大尺度流动以及多相流[45-50]。通过进行二维或三维的全场瞬态测量，可获得流动的瞬时速度场，进一步进行后处理可以得到其湍流脉动、雷诺应力、涡量分布和高阶矩[51-54]等统计量，所以具有复杂湍流结构的流场适合采用PIV测量技术来进行研究[55,56]，即使仅做二维的流动测量，PIV技术仍是定量研究复杂流动的首要选择[57,58]。航空航天、流体机械、农业等领域均把PIV作为详细研究流动机理的重要工具[59,60]，从定常流到瞬态流[61]、低速流到高速流[62]、单相流到多相流[63]，PIV已经在各行业的流场测量中被广泛应用。近年来，PIV技术在涡轮机械流场测试方面的应用和研究逐渐得到重视。在国外，Uzol等[64]对全透明轴流式水轮机模型内部(包括静叶间、动叶间、动静叶间等各处)的复杂流动做了详细的PIV测试，不仅获得了翔实可信的水轮机内部湍流场数据库，而且根据测得的实验数据，获取了包括湍流场特性分析、叶片顶部及叶毂局部应力模型[65,66]等在内的一系列重要研究成果；Iliescu等采用PIV技术对尾水管内汽液两相流进行测量，研究了尾水管涡带的空化结构；Yun等[67]利用PIV技术对两级轴流式水轮机的非定常流动进行了研究，分析了不同工况下的流动稳定性;Palafox 等[68]和 Uzol 等[69]分别采用 PIV 研究了低比转速轴流式水轮机叶顶间隙内的复杂流动,分析了叶顶泄漏[70]以及二次流[71]等流动现象;Katz 等[72]利用 PIV 测量结果,基于湍动能平衡观点分析了轴流式水轮机叶片顶端间隙以及尾迹流的稳定性;Amira 等[73]通过 PIV 研究了三种具有不同倾斜叶片型式的轴流式水轮机的内部流场特征;Chamorro 等[74]采用 PIV 测试手段研究了微型轴流式水轮机的尾迹流动特征;Nielson[75]通过 PIV 测试研究了不同粗糙度下水翼翼型的流动形态;Ciocan[76]研究了不同参数对涡带形态的影响规律;Troolin 等[77]通过实验研究了船用涡轮机尾迹流动的影响因素。PIV 测试技术不仅被广泛地应用于水力机械,在风机[78-80]等内流场的测量中也得到了推广,为了获得流场的精细化结构,Whale 等[81]和 Zhang 等[82]采用 PIV 测试了风力机表面近壁区的流动特征,精细捕捉了近壁区的流动细节,研究了近壁区尾迹流的稳定性。

在国内,李凤臣等[83]详细综述了 PIV 系统的工作原理、分类及应用领域,着重介绍了 PIV 在多相流中的应用实例;李凤臣等[84]应用 PIV 技术捕捉到了槽道湍流中的近壁面湍涡拟序结构,并以此为根据建立了针对湍流摩擦系数与湍流猝发事件之间关系的理论模型,充分体现了 PIV 的应用价值。李丹等[85]、王军等[86-89]和陈次昌等[90]对混流式水轮机在偏工况下尾水管内的流场和涡带运动进行了 PIV 实验研究,验证了使用 PIV 测试尾水管内流场的可行性;严敬等[91]对一特制的离心叶轮内的轴向旋涡流动进行了 PIV 实验,揭示了该旋涡流动的速度分布规律,其结论为离心叶轮的正反问题研究奠定了一定的基础;孙苏等[92]针对一半开式离心泵,采用特殊方法设计了 3 个窗口对叶轮内流场和叶轮—蜗壳间隙内流场进行了 PIV 测试,发现偏工况时在间隙附近的叶片吸力面进口处出现了回流,并且在设计工况时叶轮内流场也呈现非对称分布;杨华等[93]也将离心泵转轮作为研究对象,使用有机玻璃材料制造了转轮和蜗壳部件,通过对转轮内部的流场进行瞬态 PIV 测量,发现了和孙苏等人类似的实验结果,这对旋转机械内部流动及能量损失机理的认识具有重要意义。李咏等[94, 95]基于 PIV 实验测试方法研究了漩涡阻止器的流场改善效果,Mansa 等[96]及代翠等[97]基于 PIV 实验对离心泵的内部流动进行了测试,研究了离心泵内部的复杂流动形态。由此可见,使用 PIV 测量手段对流体机械内部流场进行实验研究是切实可行的,以此能够获得可靠的流场信息,对流体机械的设计及运行具有重要的指导意义。

目前,针对混流式水轮机等大型机组的外特性测试主要是以检测压力脉动、流量及转矩等参数为主,对于内部流场的研究局限于定性的分析,尚无法给出定量的结果。对于机组内部典型的流动形态,如叶道涡、卡门涡、尾水管涡带、叶片前缘脱流、叶片尾缘脱流以及叶片背面空化等现象,其演化规律和流动形态目前仍不明确。另外，现在针对水轮机的 PIV 测试对象大多都是轴流式水轮机，其水轮机转速和水头较低，采用有机玻璃作为透明材料加工可以保证机组的强度要求。而混流式水轮机转速与水头较高，由于制造加工的困难和材料强度的限制，很难进行无叶区等测量位置的 PIV 测试，这对于详细了解混流式水轮机内部流动形态，特别是转轮与导叶之间的无叶区流动特征形成了挑战，故发展混流式水轮机的无叶区 PIV 测试技术和测试方法对于了解和优化混流式水轮机稳定性具有重要意义。

2.3.2 PIV 测试实验台流动回路

PIV 实验台是针对透明部件过流而设计的，主要是为了得到该部件附近流场的详细信息，具体介绍如下。实验装置整体结构示意图如图 2.5 所示。针对混流式水轮机模型机组的流动回路，其流量和压力由单级双吸中开离心泵 2 提供，水泵通过变频器控制可实现无级调速。系统管路的过流流量通过电磁流量计 3 来测量，流量控制则由阻尼调节阀 4 以及阻尼精细调节阀 5 实现，阻尼调节阀可以实现流量的粗调，阻尼精细调节阀实现流量的微调。模型水轮机机组蜗壳进口上游管路安装稳流法兰栅 6，以消除上游波动对下游流场和机组性能的影响。然后通过锥管 7 进入模型水轮机 8，模型混流式水轮机机组采用透明材料加工和处理部分部件，使机组内部流场实现可视化测量。机组尾水管出口管路安装伸缩节 9，以调节机组与管路之间的间距，便于安装操作。模型混流式水轮机通过尾水罐 1 进行真空泵抽真空处理或者是加压处理，可以调节尾水管出口的压力，从而实现不同空化系数下的性能实验和内流场测试。在模型混流式水轮机的透明部件对应处设有 PIV 测试系统 10，以对机组内部复杂流场及空化非定常流动进行测量。另外，水头的测量通过在蜗壳入口和尾水管出口布置差压传感器获得，而转轮转速的控制通过调速器及测功机 11 联合作用实现，其轴功率通过扭矩传感器测量，这样可以保证受测混流式水轮机在指定的工况点运行。

由图 2.5 可见，该模型水轮机测试实验装置为全封闭循环回路系统，具有双向流动特性。当流动方向如图 2.5 中箭头所示方向时为正向流动，该模型实验台可用于完成轴流式水轮机、贯流式水轮机以及混流式水轮机的性能测试和内部流场测试。当流动反向时，可以完成对水泵的实验研究。通过正、反两个方向的结合，该回路测试系统可以实现对水泵水轮机的性能测试与内部流场测试。

针对该 PIV 测试实验台管路系统主要参数的总结如表 2.3 所示，其中给出了流量、水头及主要管路测控部件的参数，最终得到整个 PIV 实验台系统的综合不确定度为±0.2%。

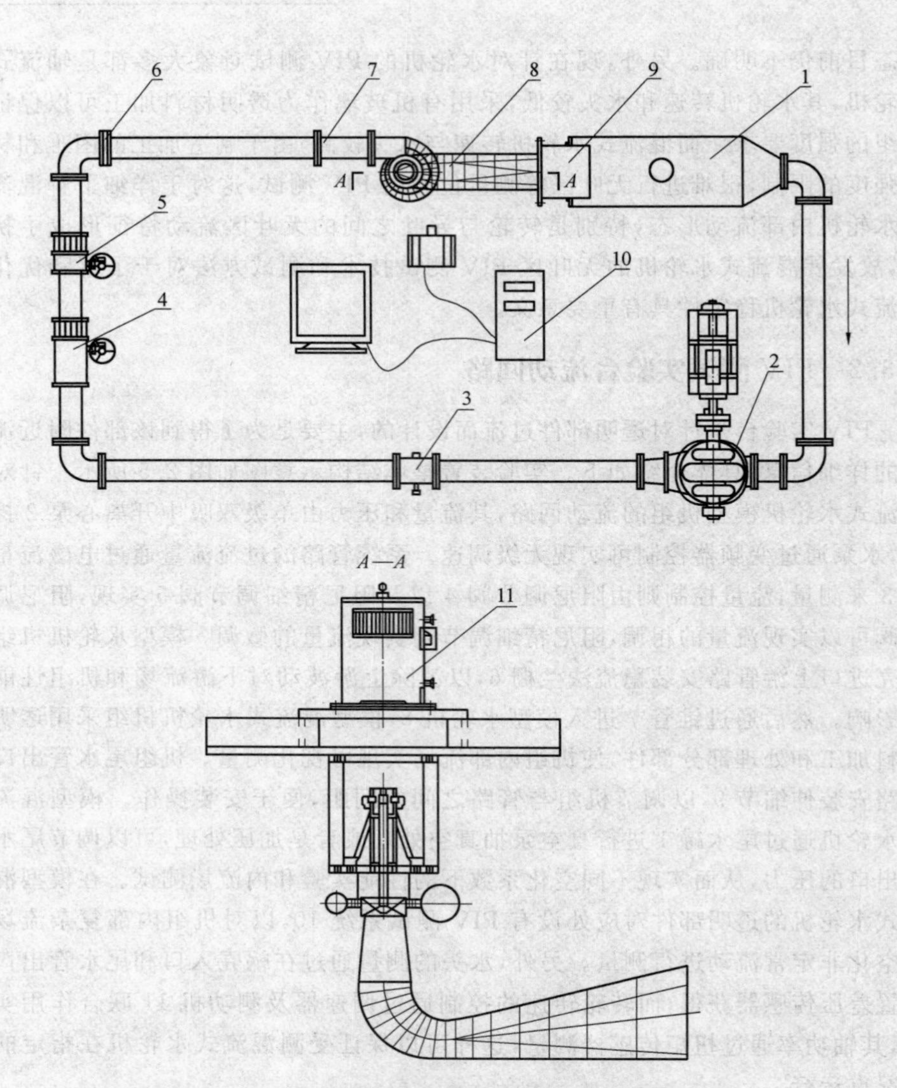

图 2.5　实验测试回路及 PIV 装置示意图

1. 尾水罐，2. 水泵，3. 电磁流量计，4. 阻尼调节阀，5. 阻尼精细调节阀，6. 稳流法兰栅，7. 锥管，8. 透明模型装置，9. 伸缩节，10. PIV 测试系统，11. 测功机

表 2.3　PIV 测试实验台参数

参数	测量范围	不确定度（%）
流量 $Q/(\mathrm{m^3 \cdot s^{-1}})$	0～0.05	±0.15
水头 H/m	0～5	±0.077
测功机转速 $\omega/(\mathrm{r \cdot min^{-1}})$	0～1 350	±0.05
力矩 M/N·m	0～11	±0.02
综合效率不确定度	N/A	≤±0.2

2.3.3 PIV 测试控制系统

PIV 实验台装配的测试与控制系统由哈尔滨大电机研究所自主开发，PIV 实验台测控系统如图 2.6 所示。图中右侧的储水罐为 PIV 测试流体的回收罐，通过调节阀门开度可调节管路中流量参数，流量计用于测量系统的过流流量，即通过混流式水轮机的流量，测量值输出至系统界面上；通过调节交流电机转速来控制混流式水轮机的转速，交流电机的控制可以分为准备、运行以及故障三个状态，可以通过调节电机转动方向（即正向或反向）来控制机组的转动方向。该测控系统设有故障报警系统，当运行参数出现异常时会出现报警显示。

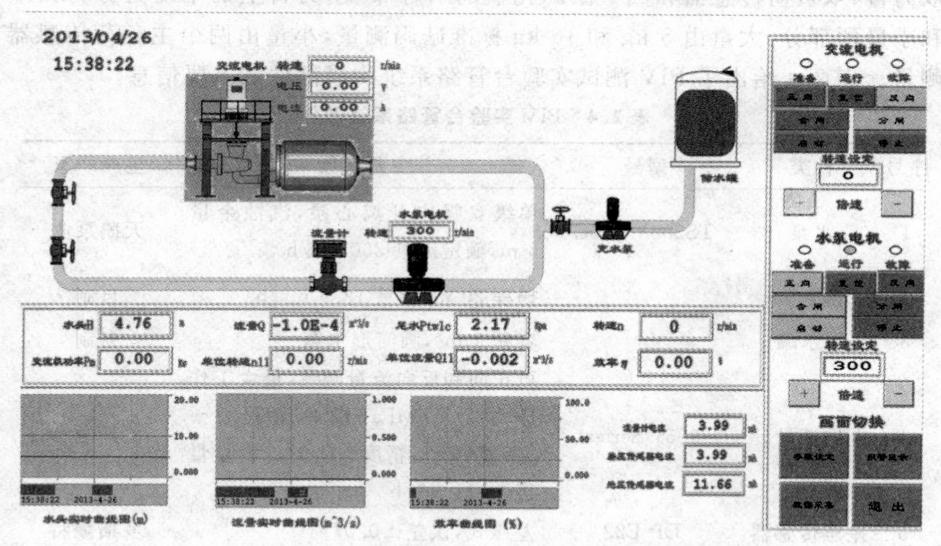

图 2.6 PIV 实验台测控系统界面图

实验前，需要对有关的传感器等测量设备进行校准标定，以保证各测量设备的正常运行及测量的精度。PIV 测试实验管路中关键参数的测量方法如下：

(1)流量：

流量是判断模型混流式水轮机运行工况点的关键参数之一，流量的测量及其校准方法直接关系到整个模型混流式水轮机实验台系统的测试精度。模型 PIV 实验台使用电磁流量计，可实现正向和反向流量测量。其校准方法为：通过体积流量测量的方式校准，将电磁流量计安装在一流量稳定的管路系统中，出口管路连接到可以精确测量体积的体积管中，对一定时间内排放的体积进行测量，同时记录在这段时间内电磁流量计的读数，由此校准电磁流量计的测量结果。

(2)水头：

本 PIV 测试实验台采用两个差压传感器，一个用于直接测量，另一个用于校核。差压传感器由标准压力计（DRUCK DPI145）进行标定，实验前对差压计进行了重新标定，关系曲线呈现良好的线性，最大相对误差为±0.077%，可满足模型实验要求。

(3)转速和转矩：

转速测量系统是由测速传感器和 120 齿数的测速齿盘组成，测速系统产生的电脉冲信号直接进入数据采集系统和数据处理软件进行计算。主力矩测量由测功电机的静压轴承支撑摆动装置（含力臂）、负荷传感器和砝码完成，采用双力臂、双负荷传感器和四个砝码托盘的对称布置，力臂上的平衡力分为大量和小量两部分，大量由 5 kg 和 10 kg 标准砝码测量，小量由两个主负荷传感器测量。表 2.4 给出了 PIV 测试实验台管路系统构成部件的主要信息。

表 2.4　PIV 实验台管路系统部件

序号	种类	型号	主要参数	生产厂家
1	水泵	TS200－300C	单级双吸中开离心泵，汽蚀余量 3 m，额定流量 260 m^3/h	天鹅泵业
2	真空泵	/	扬程 20 m，流量 12.5 m^3/h	自制
3	尾水罐	/	容积 1 m^3，圆筒形水箱	自制
4	电磁流量计	3051 Series	可正向和反向流量测量，最大工作压力 2.5 MPa，校验量程 0～248.64 kPa，精度±0.5%，测量量程0～11 m^3/h	罗斯蒙特
5	差压传感器	DP E22	差压式，误差±0.07%	罗斯蒙特
6	测功电机	BPY160L－4	三相变频调速异步电动机，输出力矩 98.2 N·m，实验时可按电机或发电机方式运行，最高转速 1 350 r/min	上海电机
7	转速传感器	MP－981	传感器精度±0.06%	日本小野

2.3.4　适用于 PIV 测试的局部透明水轮机模型

使用 PIV 测量水轮机内部流场需要对测量部位进行可视化处理，因此，加工过程中对蜗壳、固定导叶、活动导叶以及转轮做了特殊处理。

蜗壳采用平面化处理，由一个六面体不锈钢毛坯制成，在侧面分别开通了 4 个测试通道，这些测试通道采用有机玻璃制成，蜗壳在基准面处一分为二，分别加工,内部加工成与模型机组按比例缩小的几何结构,蜗壳的外形结构图如图 2.7 所示。与蜗壳四个测试通道相对应的固定导叶和活动导叶采用有机玻璃加工而成,如图 2.8 所示。活动导叶的定位采用定位孔控制,实验过程中针对研究对象设置了两个测量开度的定位孔。

(a) (b) (c) (d)

图 2.7 蜗壳外形结构图,(a)—(d)分别标示了 4 个测试通道

图 2.8 透明固定导叶和活动导叶定位孔

由于实验过程中转轮转速较高,为了保证转轮的强度,选取部分叶片使用金属材料加工,剩余叶片采用有机玻璃制造,有机玻璃叶片采用粘接技术粘在金属上冠上,而下环采用合成塑料材料加工而成,转轮的结构图如图 2.9 所示。

转轮直径为 0.15 m、叶片数 15、固定导叶数 23、活动导叶数 24，固定导叶和活动导叶具有相同的高度 27.39 mm，转轮和外环之间的顶部间隙为 0.3 mm。

图 2.9　转轮结构图

为了方便观察转轮内部以及转轮和活动导叶之间的流场，转轮上方的顶盖采用有机玻璃制成，同时为了保证激光的强度不被削弱，在顶盖的对应位置需将有机玻璃适当削薄。

尾水管的锥管段和肘管段均采用有机玻璃加工而成，扩散管采用金属材料加工。考虑到有机玻璃不能承受过大载荷，因此在尾水管的锥管段和肘管段采用金属支撑结构。整个模型混流式水轮机的示意图如图 2.10 所示。

图 2.10　整个模型混流式水轮机实物图

2.3.5　PIV 测试系统组成

(一)PIV 测试系统主要构成

PIV 测试实验系统为一低频二维 PIV(TSI Inc.)，主要包括脉冲激光发生器、CCD(Charge Coupled Device)高速相机、同步控制器、高速图像数据接口板、图像数据分析处理系统以及采集计算机。其系统构成如图 2.11 所示。

主要部件介绍如下：

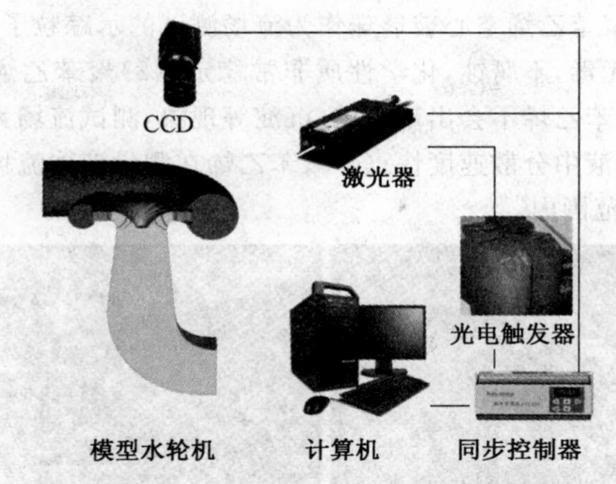

图 2.11　PIV 测量系统构成示意图

(1)激光器:采用 New Wave Gemini 120 激光器,最大采集频率 15 Hz,发射激光波长 532 nm(绿色),单个脉冲能量约为 120 mJ。激光束经光路控制系统和柱面透镜后转化为强度片光源,以供流场照明使用。

(2)CCD 高速相机:PCO Sensicam,可采集图像的最大画幅为 1 K×1 K 像素,同时镜头采用 Nikkor 28mm F/2.8。同步控制器可以实现 CCD 相机与激光发生器的同步动作,并将采集后的图像数据实时输出至计算机。在保证成像清晰的前提下,激光器在双脉冲模式下可获得连续两幅照片的最小时间间隔可达 10 μs。

(3)图像数据处理:通过 PIV 获得的原始图像数据通过 TSI INSIGHT 3G 进行后处理。Insight 3G 是 PIV 流场测试过程中图像自动采集、系统控制以及流场数据分析的工具,包含 MATLAB,TECPLOT 后处理软件接口,可以实现数据的快速反馈。利用 INSIGHT 3G 软件平台可以完成数据自相关、互相关分析,可根据计算精度需求选择不同算法完成数据分析。

(二)流场示踪

在 PIV 系统测量时,激光面用来照明流场中被测区域,而为了显示流场的运动轨迹,需要通过示踪粒子的运动表现出流体的流动现象。示踪粒子必须具备两种特性,一为跟随性,示踪粒子跟随性的好坏与粒子密度、粒径以及流场的紊乱程度有关;二是光学特性,示踪粒子对入射光的散射作用要尽量保证高于限制值,其对光的散射作用与粒径大小相关。这两者之间存在性能要求的矛盾,由于跟随性良好要求示踪粒子的粒径减小,而光学特性则要求粒子增大,因此,示踪粒子的选择,以及示踪粒子在流场中的分布形态和均匀性需要经过大量实验来确定。高质量的示踪粒子密度需要与被测试流体相同,尺度尽可能小,形状圆而且粒径大小分布均匀,对光的散射作用要强,不会污染流场乃至生成沉淀物,颜色不透明的(例如白色)最佳。

实验中采用聚苯乙烯空心玻璃珠作为流场测试的示踪粒子，该示踪粒子具有如下特点：(1)无毒，不腐蚀，化学性质非常稳定；(2)聚苯乙烯的密度约为水的 1.05 倍；(3)聚苯乙烯不会出现粘结、沉淀等现象，测试流场为中性透明介质最佳，在中性水溶液中分散速度快；(4)聚苯乙烯在测量液体流场时粒径适合控制在 10～50 μm 范围内。

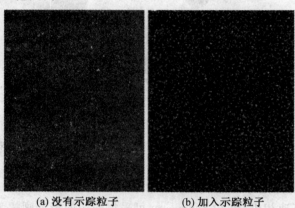

图 2.12　有无示踪粒子的 PIV 拍摄流场对比

图 2.12 为有无示踪粒子的流场对比图。从图中可以看出，在没有加入示踪粒子之前，流场白色亮点少而且光强度弱，这些光点是由于水中的杂质被激光照射后散射光造成的。当加入适量的示踪粒子即聚苯乙烯后，流场的光点明显增多，而且亮度提高，示踪粒子的密度适中时即可用于流场测试，反映真实的流动形态。

(三)PIV 测量相位锁定方法

混流式水轮机在运行过程中由于动静干涉作用，流场随转动部件处于不同相位而改变。为精细测量转轮与活动导叶之间的无叶区等位置的流场，需要对旋转部件(即转轮)的相位进行标定，并且根据相位的变化按一定的时间间隔对流场进行捕捉测量，研究由于动静干涉而产生的流场演化。无叶区的压力脉动是势流和尾迹流共同作用的结果，实验过程中可以连续拍摄活动导叶处于同一相位下的流场，将不同时刻的流场进行时均化处理，进而可以得到只考虑尾迹流作用的流场特性。要完成消除势流影响的尾迹流动分析，就需要利用同步装置完成流场拍摄。使用相位锁定的方法，可以突破低速 PIV(≤15 Hz)的限制，进而研究具有高频特征的无叶区流场特征，该部分内容将在后面进行详细介绍。

本研究中采用的同步方法如下：混流式水轮机在固定转速下运行时，转轮叶片对应的位置是周期性变化的。PIV 实验过程中，在转轮的旋转轴上设置宽度约 1 mm 的反光物，并且距离该反光物 50 mm 处放置光电触发器(图2.11)，转轮旋转过程中，当反光物与光电触发器镜头相对应时即会触发，释放5 V的脉冲信号诱发同步器动作，此时激光器和 CCD 相机开始同步对观测区域流场完成一次测量，随着转轮的旋转，每当反光物位于同一相位时，便会诱发一次同步测量。根据实验需求测量多组同一相位下的流场数据并进行时均处理，可以详细分析由于尾迹流造成的流场特性。同步过程中，从接收到反光物信号到响应完成所需时间极短，约为 1 ns，综合考虑转轮转速，该误差可以忽略不计。

2.3.6 PIV 实验台水力性能测试

PIV 是对水轮机内部流场进行测量分析的有效实验技术。由于测量尺度的限制，PIV 实验所选的转轮与水力测试实验台转轮模型相同，但尺寸不一致，对于水力测试实验台，模型转轮直径为 0.42 m，而 PIV 实验台使用的模型转轮直径为 0.15 m。理论上，由于几何相似性，两者全特性参数均如图 2.3 所示，为了确保系统实验结果的一致性和连贯性，必须研究两者的水力特性，如一定开度下 n_{11} 与 Q_{11} 关系、转轮运行效率 η 和 n_{11} 之间的关系等。另外，从图 2.3 可以看出，活动导叶开度为 14 mm 的特性曲线通过了叶道涡发展线、叶道涡初生线以及叶片进口边空化初生线。故验证 PIV 测试实验台时活动导叶开度亦设置为 14 mm，通过变化 n_{11} 以比较两个实验台的能量特性。

当 n_{11} 从 50 r/min 变化至 85 r/min，其单位流量 Q_{11} 与单位转速 n_{11} 的测试结果如图 2.13 所示，通过与图 2.3 中活动导叶开度 14 mm 的特性曲线的对比可以发现，PIV 模型实验测得的外特性参数与水力测试实验台测得的参数完全吻合。

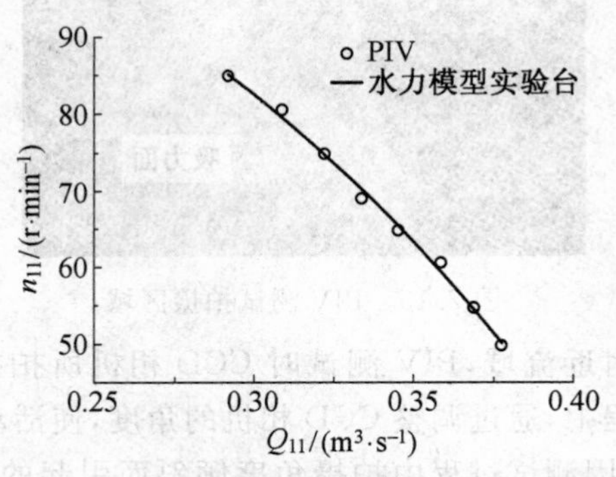

图 2.13 用于 PIV 测试的模型混流式水轮机特性曲线

图 2.14 为 PIV 模型混流式水轮机实验测得的效率曲线。活动导叶开度 14 mm 时，在实验测试范围内最优效率可以达到 94%，最低效率为 77%。另外在该开度下，若单位转速在 55 r/min $<n_{11}<$ 75 r/min 范围内变化，则效率可保持在 90%以上。对比图 2.3 给出的综合特性曲线，该效率曲线能够很好地

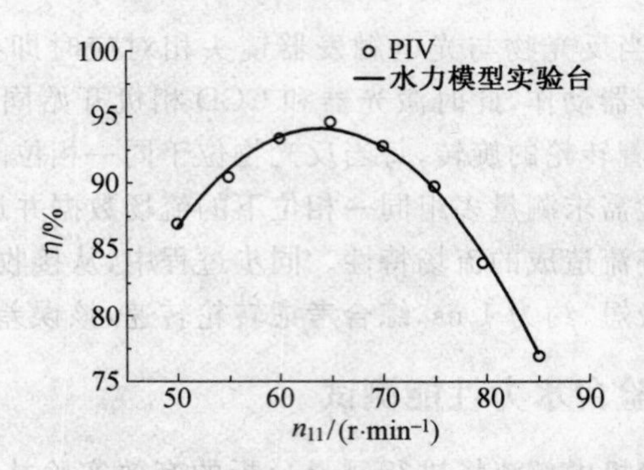

图 2.14　用于 PIV 测试的模型混流式水轮机效率曲线

吻合，可见该 PIV 模型混流式水轮机实验台满足实验测试的要求，并且 PIV 测试实验台和水力测试实验台的实验结果具有一致性。

2.3.7　导叶流域 PIV 测试结果分析

这里主要介绍转轮与活动导叶之间无叶区的流场演化测量。水轮机转轮与活动导叶尾迹流的干涉作用会导致无叶区高频压力脉动的形成，研究无叶区的流动稳定性对于分析无叶区压力脉动的产生原因至关重要。

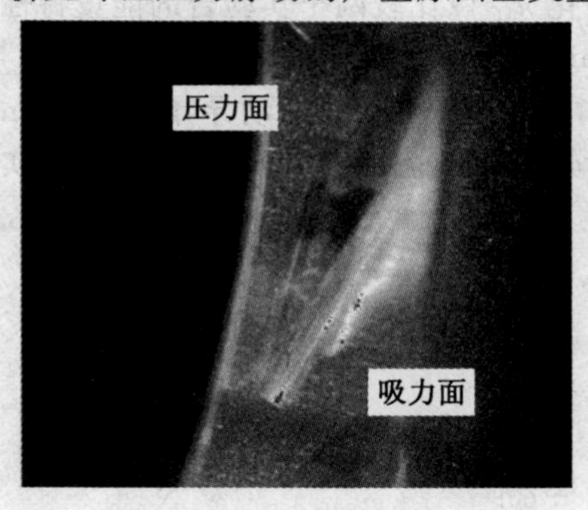

图 2.15　PIV 测试拍摄区域

针对活动导叶附近流域，PIV 测试时 CCD 相机所拍摄范围如图 2.14 所示。在实验测试过程中，通过调整 CCD 相机的角度，使活动导叶在高度方向重合为一个平面，避免因测试过程中拍摄角度倾斜而引起的测量误差，其测量平面则取在高度方向的 1/2 处。在测量平面内所拍摄图像占据的矩形区域面积为 32.09 mm × 32.09 mm，在速度向量分析时设置 32 × 32 像素（在水平、垂直方向上均使用 50％的窗口交叠）的查询窗口，最终相邻向量之间的空间间隔为 $\Delta x = \Delta y = 0.51$ mm。

为了消减因 PIV 实验拍摄图片数量不足引起测量误差，首先要对 PIV 测试样本数量进行无关性验证，确定合适的样本量以保证测量数据的准确性和不必要的过量采集。样本数量的多少对测量区域的速度以及速度脉动量的影响如图 2.16 所示，由图中可以看出，PIV 测量得到的速度以及速度脉动的平均值并不随着分析样本数的增加而增加，而是趋于一固定值。当样本数约大于 160 时，PIV 测试结果满足精度要求，故 PIV 实验过程中图像样本数量可确定为 200 幅。使用该分析方法对空心圆柱内部的旋转流动进行了 PIV 测量分析，验证了相应 LES 的计算结果[98]。

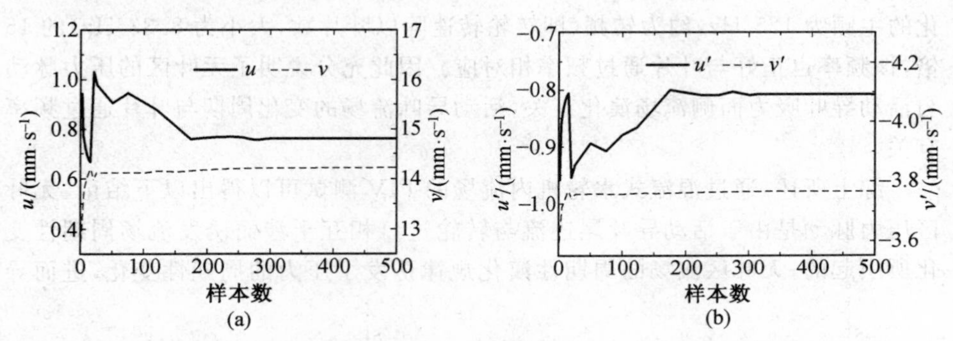

图 2.16　PIV 测试示踪粒子样本数无关性验证，(a)速度，(b)脉动速度

在 14 mm 活动导叶开度下，随着单位转速的变化，活动导叶区域的流线分布如图 2.17 所示，图中的颜色标尺代表了速度大小。在实验研究的单位转速范围内(50 r/min $< n_{11} <$ 85 r/min)，压力面侧流动规则，流线平行于翼型表面而且流速较高。随着 n_{11} 增加，活动导叶压力面侧的流速降低，吸力面侧出现绕流流动现象，该绕流从吸力面侧中心逐渐向尾缘发展，吸力面侧的低速区范围逐渐变大。在活动导叶翼型尾缘处进一步发展为流动脱流，翼型尾缘的脱流现象将对转轮入口的流动状态具有显著影响。

通过已有实验测试发现，在活动导叶之后和转轮之前的无叶区压力脉动的主频 f_1 和叶片通过频率 f_r 相同。f_r 为一固定的频率，在此频率下的压力脉动幅值或相应噪音值会高于周围频谱的噪音值，其值和转轮转速 N 与叶片数 Z_r 有直接关系，即 $f_r = NZ_r/60 = Z_r f_n$(Hz)，其中 f_n 即为转轮运行的转频。在本测量条件下，由 $N = 500$ r/min，$f_n = 8.333$ Hz，可得 $f_r = 125$ Hz。

压力脉动的主频应为流场结构演化的结果，故可先假设活动导叶附近流场的演化规律也为叶片通过频率，此时只需验证在该频率对应的时间内活动导叶区域流场是否以此频率周期变化。为了在现有低速 PIV 的范围内观测到较高的叶片通过频率的变化，PIV 图像数据的获取建立在叶片式流体机械周期性流动的基础上，依此也可研究活动导叶动静干涉对流场的影响。转轮上两个相邻叶片通过某活动导叶时间为 0.008 s(对应转速 500 r/min，叶片数 15)，将此时间段对应的转轮叶片相位角分割为 4 等份(对应转轮转动所需时间为

0.002 s)，并以此为 PIV 拍摄对象，观察流场是否具有周期性。由于转轮每 0.12 s旋转一周，故 PIV 测试的时刻设置为 $0.12\times i+0.002\times(j-1)\ s$，其中 i 表示整数，j 表示测量的步数。

彩图 1 给出了 $n_{11}=55$ r/min 工况不同时刻下活动导叶附近的流场，图中流线上的颜色标尺代表速度大小。从图中可见在不同时刻下活动导叶压力面侧的速度场没有明显变化，而吸力面侧的速度场却随时间不断发生改变，并且该速度场呈现周期性的变化规律，变化周期约为 0.008 s，对应吸力面侧流场变化的主频为 125 Hz，约为转频(即转轮转速除以叶片数，大小为 8.33 Hz)的 15 倍，该频率也正好与叶片通过频率相对应。因此充分说明了无叶区的压力脉动与活动导叶吸力面侧流场演化有关，活动导叶流场的变化周期与叶片通过频率有关。

综上所述，通过混流式水轮机内流场的 PIV 测试可以得出以下结论：无叶区压力脉动是由于活动导叶尾迹流与转轮进口相互干涉而诱发流场周期性变化所引起的；无叶区流场的周期性演化规律诱发了压力的周期性变化，进而导

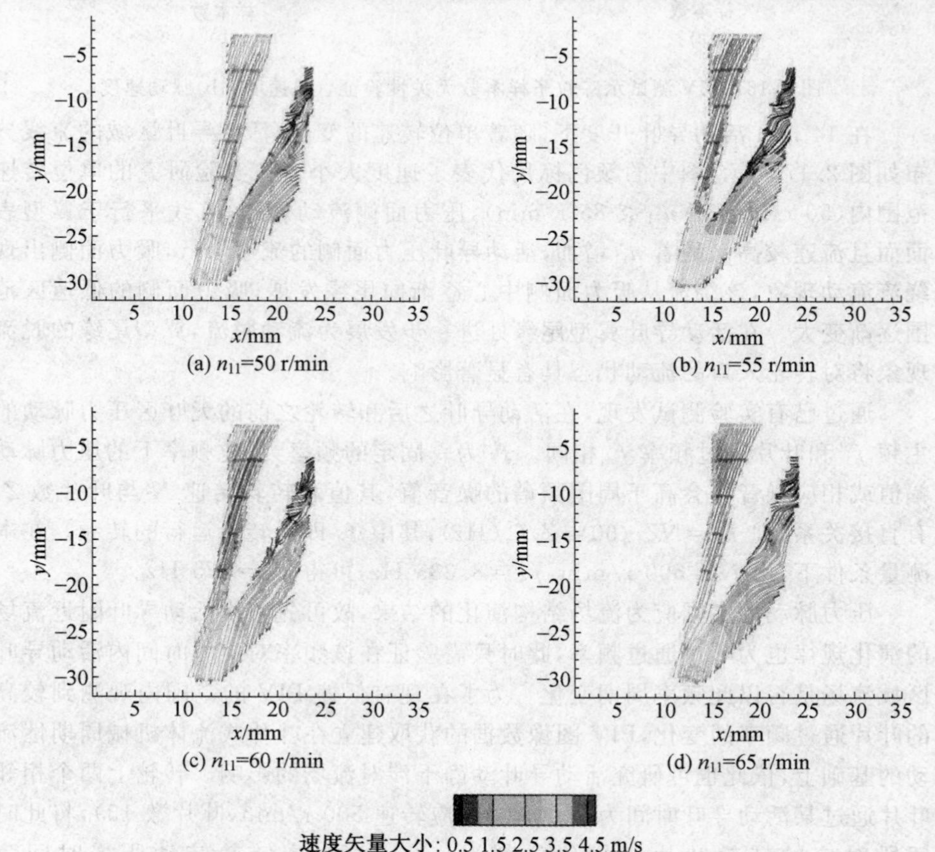

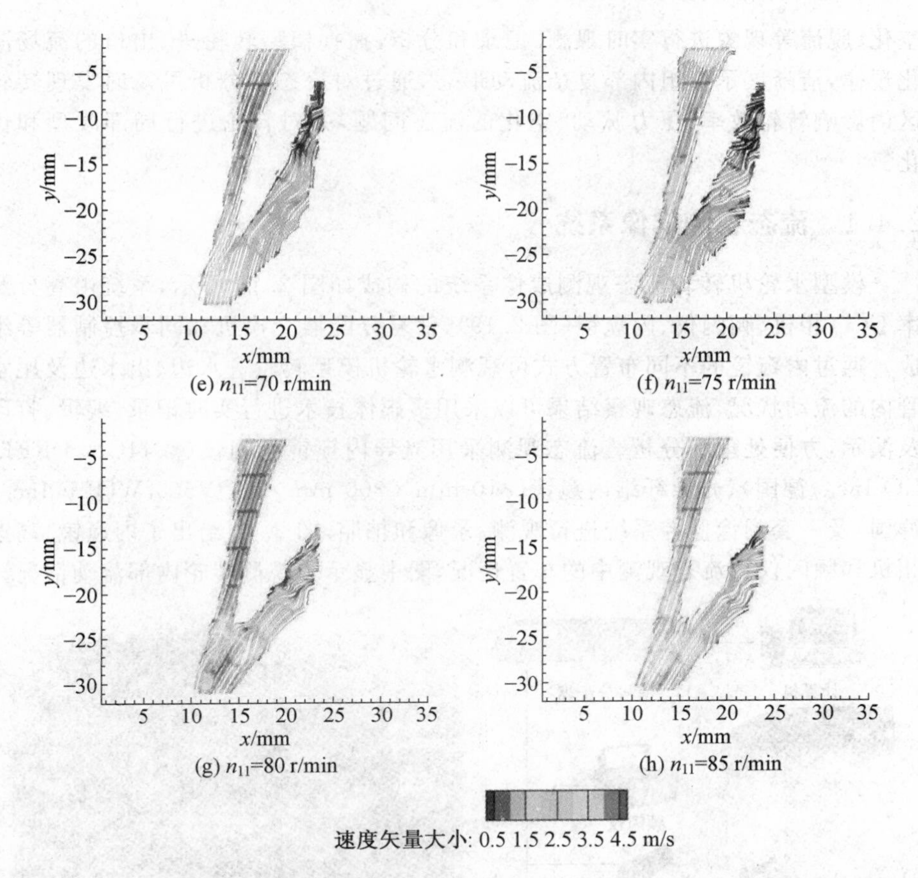

图 2.17 PIV 测试活动导叶区域的流线图，n_{11}变化从 50 r/min 至 85 r/min，其中颜色标尺表示速度矢量大小

致压力脉动的主频与叶片通过频率相同，即转轮内的压力脉动向上游进行了传递。

2.4 水轮机内部流场高速摄像测试

另一种普遍使用的流场测试方法即高速摄像，利用高速摄像技术可以实现对尾水管涡带、叶道涡和叶片表面脱流进行监测，分析不同工况下的尾水管涡带演化规律，为分析尾水管内部压力脉动提供参考依据。

在上述水力测试试验台和 PIV 实验台中所使用的机组模型，均具有透明的尾水管和肘管，使用适合的成像装置，可以同时观测到转轮内部和尾水管中的流动特征。该流态观察成像系统可对模型水轮机转轮进、出口的流场、涡带、空化、脱流等现象进行实时观测、记录和分析，捕捉模型转轮进、出口的流场演化规律，清晰展示机组内部复杂流动形态，通过对流态的分析可及时发现转轮区内影响转轮效率、压力脉动、空化的流态问题，并对转轮进行局部改型和优化。

2.4.1 流态观测成像系统

模型水轮机转轮流态观测成像系统的构成如图2.18所示，系统由高分辨率CCD相机、频闪仪、内窥镜(图2.19)、信号分配器交换机和同步控制器等组成。通过内窥镜的不同布置方式可观测水轮机模型转轮进水边、出水边及尾水管内的流动状况，流态观察结果可以采用多媒体技术进行实时记录、编辑、打印及演示，方便处理和分析。流态观测采用光导内窥镜频闪仪(3244CN,DRELLO Inc.,德国)、光导纤维内窥镜(ϕ10 mm×300 mm×DOV50°,WOLF Inc.,德国)及一套图像监控系统进行观测、录像和拍照，图2.19给出了内窥镜、高速相机和频闪仪在流态观测中的布置情况，图中显示为观测转轮内部流动情况。

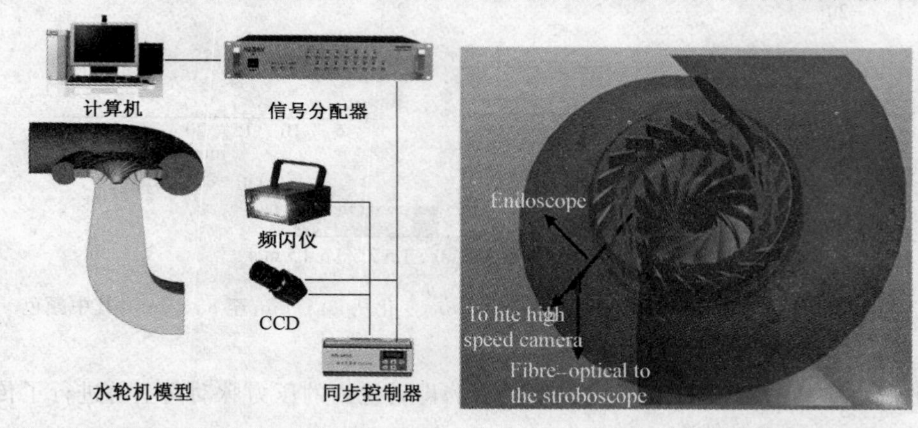

图2.18 实验台流态观测成像系统构成图　图2.19 频闪仪和内窥镜位置示意图

2.4.2 尾水管涡带观测

在某混流式水轮机活动导叶开度为14 mm时，使用频闪仪和光导纤维内窥镜进行了尾水管和转轮区的流态观测。对于尾水管涡带，其形态随工况点不同而表现各异，图2.20展示了不同单位转速下的尾水管涡带。可见，尾水管中流动发生空化时，该开度下的涡带均呈现出螺旋状形态，且空化的涡带体积随着n_{11}在50～70 r/min范围内变化时先减小再增大，涡带体积最小处发生在n_{11}=60 r/min，可以推测在该单位转速下转轮内流动比较均匀；另外，涡带形成的初始位置位于泄水锥下方，在还未到达肘管段处消失。尾水管涡带可以诱发尾水管中的低频压力脉动，随着工况偏移均匀流动工况点，尾水管中流动稳定性变差，造成压力脉动的幅值升高。进一步观测涡带随时间的演化情况，图 2.21和图 2.22 分别给出了单位转速 $n_{11}=65$ r/min 和 55 r/min 时的螺旋状涡带随时间的演化规律。从图中可以看出，涡带呈现周期性的变化规律，涡带在尾水管锥管段沿与转轮转向相同的方向做旋转运动。$n_{11}=65$ r/min 时，涡带旋转的运动周期约为 0.4 s，对应于 0.3 倍转频。当 $n_{11}=55$ r/min 时，涡带旋转的运动周期约为 0.3 s，相当于 0.4 倍转频。可见在实验台测试开度下尾水管涡带的旋转周期呈现低频特征，而且旋转频率因工况点的不同而不同。

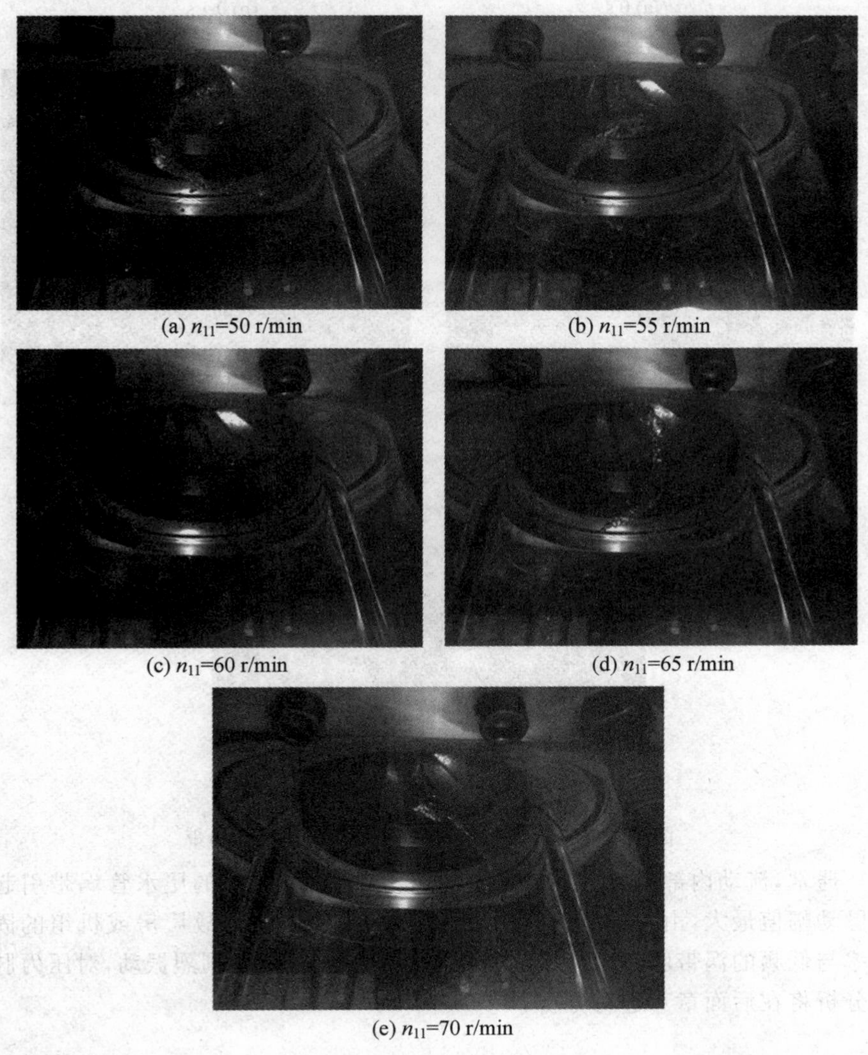

(a) n_{11}=50 r/min (b) n_{11}=55 r/min

(c) n_{11}=60 r/min (d) n_{11}=65 r/min

(e) n_{11}=70 r/min

图 2.20 活动导叶 $a=14$ mm 开度下不同单位转速时的尾水管涡带形态

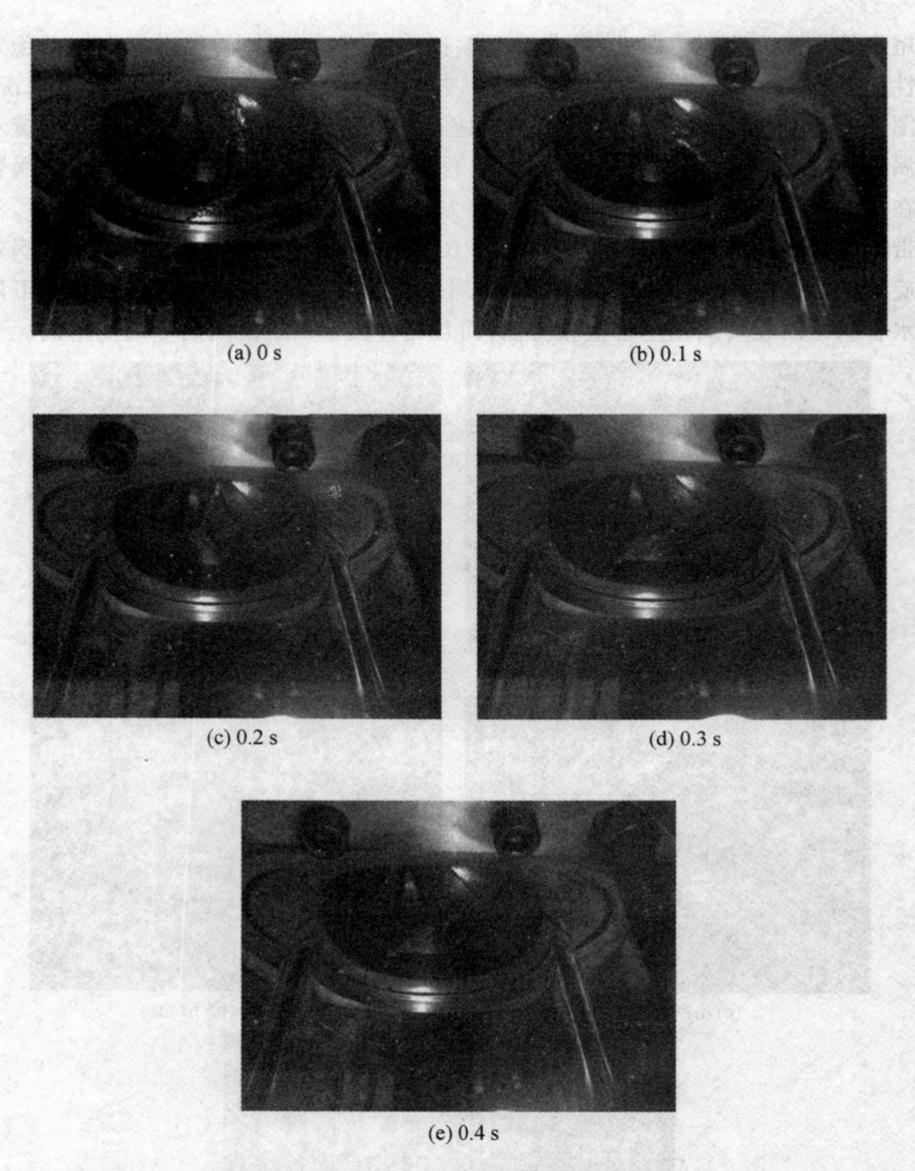

(a) 0 s
(b) 0.1 s
(c) 0.2 s
(d) 0.3 s
(e) 0.4 s

图 2.21　$n_{11}=65$ r/min 时不同时刻尾水管涡带

通常，流动内部低频脉动带来的运行危害较大，低频的尾水管涡带引起压力脉动幅值最大，由于机组或电站厂房的固有频率较低，故厂房或机组的固有频率与低频的涡带脉动频率接近时将引起厂房或机组的剧烈振动，对压力脉动的分析将在后面章节进行分析。

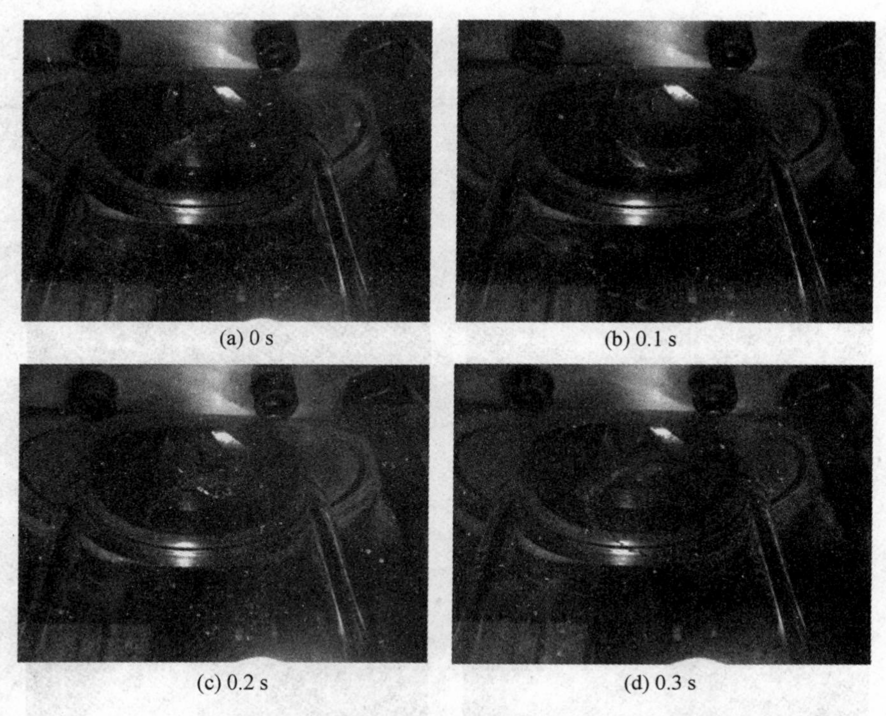

(a) 0 s　(b) 0.1 s　(c) 0.2 s　(d) 0.3 s

图 2.22　n_{11} = 55 r/min 时不同时刻尾水管涡带

2.4.3　叶道涡与脱流空化现象

如前所述，相同的活动导叶开度下，实验过程中发现了混流式水轮机的叶道涡及叶片进口边吸力面脱流空化现象。

当 n_{11} =85 r/min 时，在转轮相邻叶片之间的通道中产生了空化带，即叶道涡，其随时间的演化规律如图 2.23 所示。从图中可以看出，叶道涡从叶片进口处开始形成，经历了产生(图 2.23(a)，(b))、发展(图 2.23(c)—(e))以及溃灭(图 2.23(g)—(i))三个阶段，在一定程度上呈现周期性的变化规律。叶道涡产生于转轮内部流道中间，随后体积迅速增大，并向叶片压力面膨胀，当接近压力面时，叶道涡受流场影响而逐渐分解，并产生脱落泡状涡，最后完全消失。通过分析发现叶道涡从产生到溃灭的持续周期约为 0.008 s，对应的主频约为 125 Hz，正好为转轮转频的 15 倍，与叶片通过频率相等。由此可见，在该实验开度下叶道涡的主频为叶片通过频率。

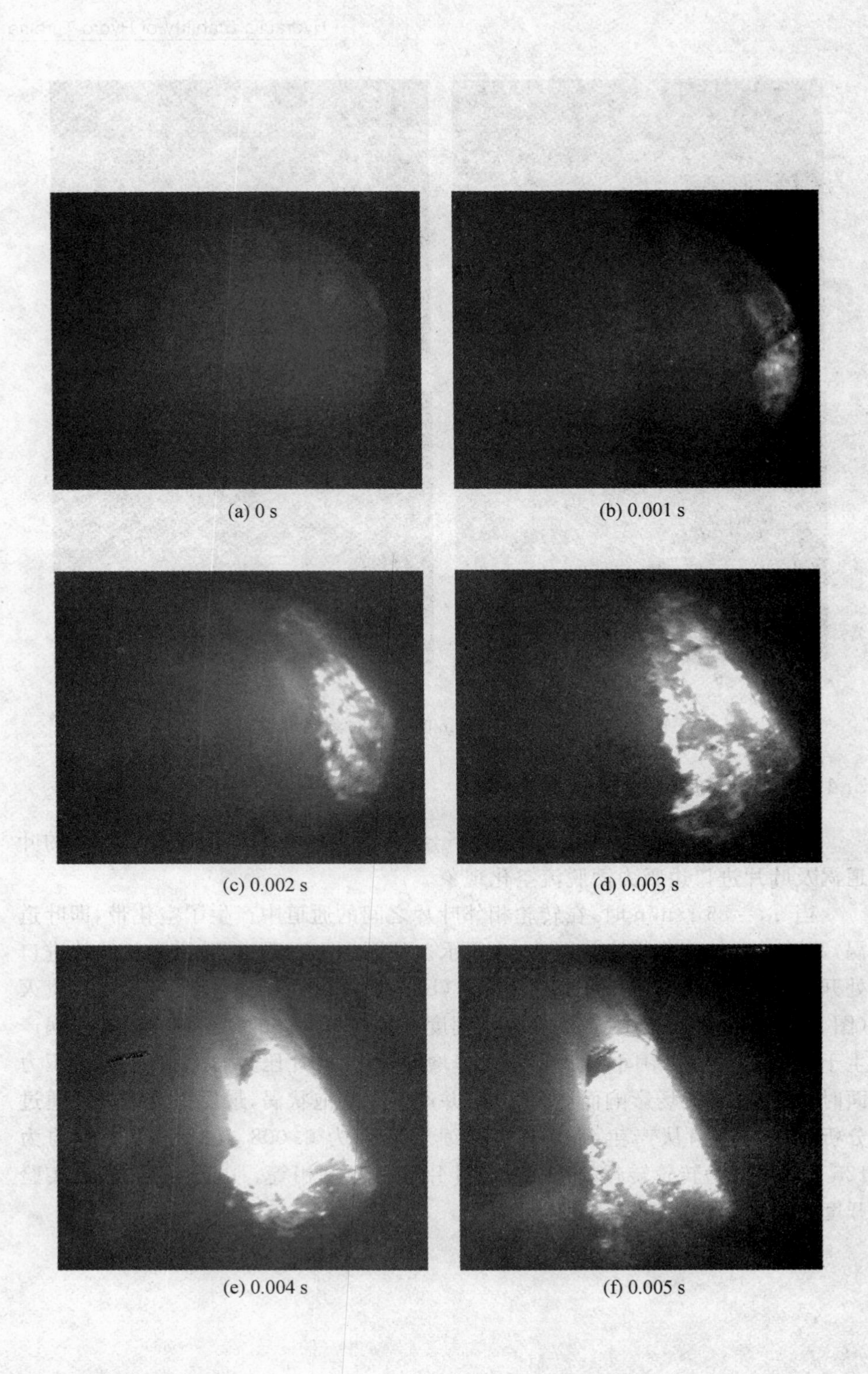

(a) 0 s
(b) 0.001 s
(c) 0.002 s
(d) 0.003 s
(e) 0.004 s
(f) 0.005 s

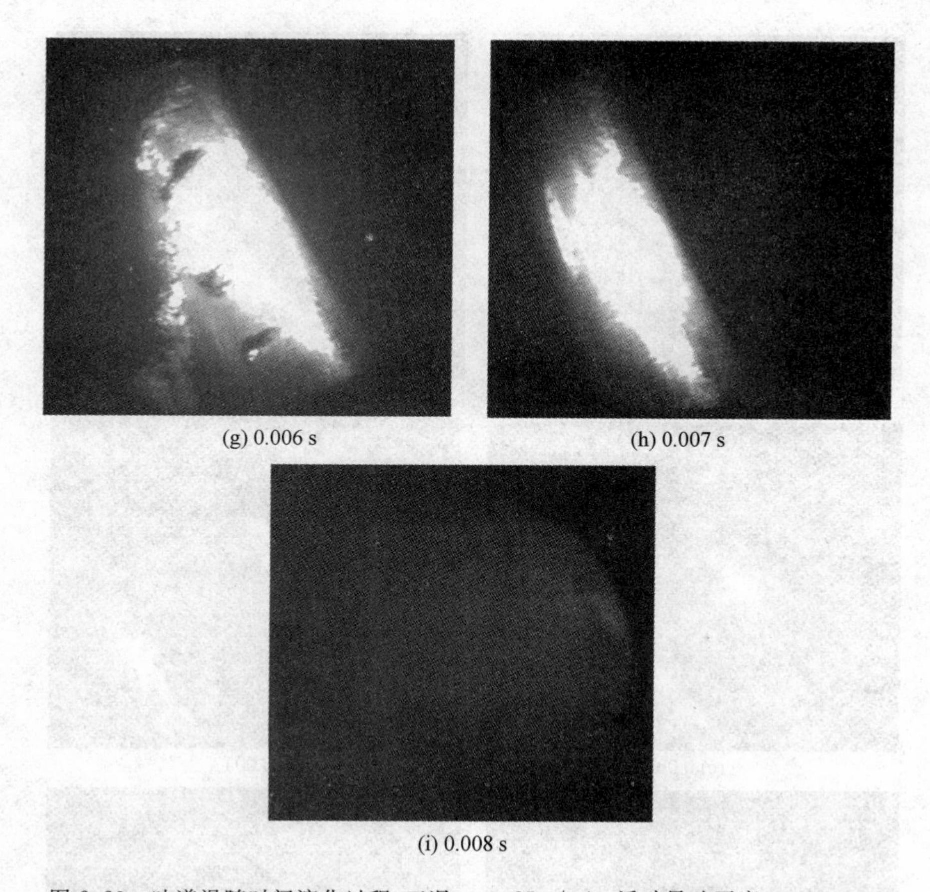

(g) 0.006 s　(h) 0.007 s

(i) 0.008 s

图 2.23　叶道涡随时间演化过程，工况 $n_{11}=85$ r/min，活动导叶开度 $a=14$ mm

进一步分析可知，由转轮与活动导叶之间无叶区的动静干涉作用诱发的压力脉动的主频为叶片通过频率，可推测转轮进口处压力变化的主频为叶片通过频率。转轮进口的压力改变导致流道内部压力分布发生变化，进而诱使转轮内部的叶道涡流动演化的主频为叶片通过频率。

另外，由混流式水轮机全特性曲线可以看出，当 $a=14$ mm，$n_{11}=55$ r/min 时叶片进口边吸力面会发生脱流空化现象，在本实验中观测到的结果如图2.24所示，图中展示了完整的叶片脱流演化过程。相比转轮中叶道涡的形态，叶片进口边背面脱流的空化体积较小，沿叶片进口边成带状分布并靠近进口边位置。在一个周期中也表现出了生成、发展及脱落的过程，但吸力面脱流空化由产生到消失的持续时间比叶道涡持续时间短，所用时间约为 0.005 s，对应频率为 200 Hz。该频率正好与导叶通过频率（f_g）相对应，导叶通过频率的定义式为 $f_g=NZ_g/60=Z_gf_n$（Hz），其中 Z_g 为活动导叶数。

综上所述，尾水管涡带随工况点的不同而形态各异，尾水管涡带的旋转周

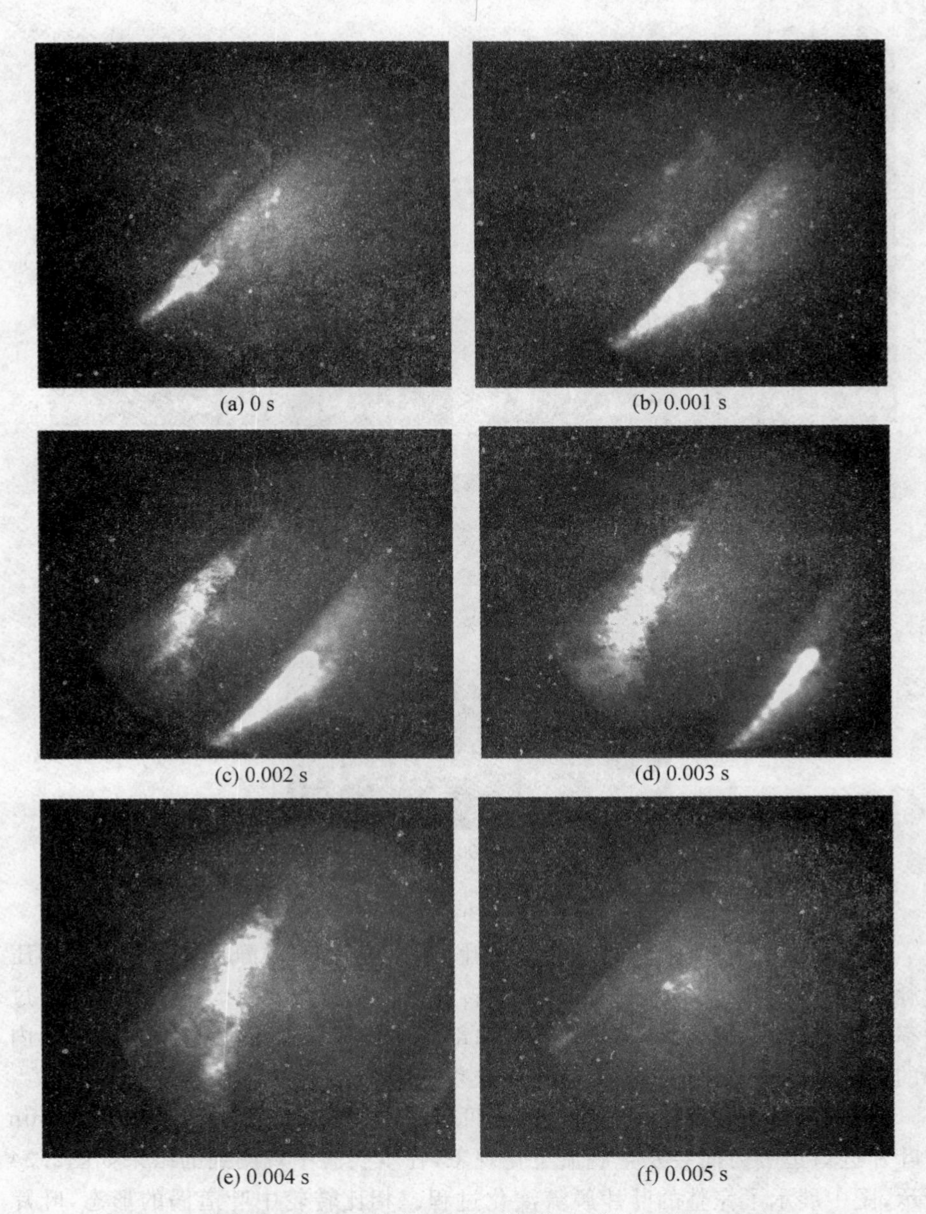

图 2.24　叶片进口边背面空化现象随时间演化过程，工况：$n_{11}=85$ r/min

期呈现低频特征，而且旋转频率因工况点的不同而不同，在 PIV 实验的导叶开度下，尾水管涡带的旋转主频为 0.3～0.4 倍转频；转轮内部的叶道涡流动演化的主频为叶片通过频率，造成了转轮进口处压力变化的主频为叶片通过频率，诱发无叶区及转轮进口的压力改变，进而导致无叶区的压力脉动主频为叶片通过频率；叶片进口边背面脱流空化具有高频演化特征，其主频为导叶通过频率。

由此可见由动静干涉产生的压力脉动分别向上游和下游传播。

因此，基于 PIV 测试和高速摄像技术可以直接有效地分析混流式水轮机内部流场的演化特征，为研究机组的水力稳定性提供支持。

第3章 水轮机内流场数值研究方法

由于实验研究难以获得水轮机内部流场的详细信息以及演化规律，采用数值模拟对其进行详细研究也是现代水轮机设计中不可缺少的部分。除了流动规律本身，数值模拟还可以进一步对外特性、效率、空化性能及运行范围等水力性能做出预测。另外，数值计算的方法和结果需要较强的理论分析来支撑，也需要实验来验证和完善，数值模拟中不可或缺的湍流模型就是根据实验数据库、直接数值模拟数据库而不断充实完善的。可见，实验和数值模拟是相辅相成的研究方法。

3.1 CFD概述

计算流体力学(CFD)是通过计算机数值计算和图像显示，对包含有流体流动及换热等相关物理现象的系统进行分析的科学。它是一门多领域交叉的学科，涉及计算机科学、流体力学、偏微分方程的数学理论、计算几何、数值分析、计算机图形学等学科。作为一门独立的学科，CFD已广泛应用于航空航天、能源、冶金化工、建筑、水利、环境和核能等众多领域，它是以经典流体力学和数值离散方法为数学基础，并借助于计算机求解描述流体运动的基本方程，进而研究流体运动规律的一门新型独立学科。

CFD的基本思想可以归结为：把原来在时间域及空间域上连续的物理量的场，如速度场和压力场等，用一系列有限个离散点上的变量值的集合来代替，通过一定的原则和方式建立起关于这些离散点上的变量之间关系的代数方程组，然后求解代数方程组获得场变量的近似值。

流体的运动，可以用非线性的Navier-Stokes(N－S)方程来描述。但要用解析法求解该方程，只有对极简单的情况方有可能。而对于复杂的实际工程问题，只能求助于CFD软件来求解。CFD的主要控制方程基于质量守恒、动量守恒和能量守恒的自然规律。通过控制方程对流动的数值模拟，我们可以得到复杂问题中流场内各个位置上基本物理量(如速度、压力和温度等)的分布以及这些物理量随时间的变化情况，确定流场中速度、压力和涡流等物理量的分布等。

3.1.1 CFD 发展

20 世纪 30 年代,由于航空工业的需要,要求用流体力学理论来了解和指导飞机设计,当时由于飞行速度很低,可以忽略粘性和旋涡,因此流动的模型为拉普拉斯方程,研究工作的重点是椭圆型方程的数值解,利用复变函数理论和迭代方法来求得控制方程的解析解。随着飞机外形设计越来越复杂,出现了求解奇异边界积分方程的方法。此后为了考虑粘性效应,出现了边界层方程的数值计算方法,并发展成为以位势方程为外流方程,与内流边界层方程相结合,通过迭代求解粘性流场的计算方法。同一时期许多数学家研究了偏微分方程的数学理论,Courant,Fredric 等人研究了偏微分方程的基本特性、数学提法的适定性、物理波的传播特性等问题,发展了双曲线型偏微分方程理论。以后,Courant,Fredric,Lowy 等人发表了经典论文,证明了连续的椭圆型、抛物型和双曲线型方程组解的存在性和唯一性定理,并针对线性方程的初值问题,首先将偏微分方程离散化,然后证明了离散系统收敛到连续系统,最后利用代数方法确定了差分解的存在性;他们还给出了著名的稳定性判别条件:CFL 条件。这些工作是差分方法的数学理论基础。

20 世纪 40 年代,VonNeumann,Richmyer,Hopf,Lax 和其他一些学者建立了非线性双曲线型方程守恒定律的数值方法理论,为含有激波的气体流动数值模拟打下了理论基础。自 1687 年牛顿定律公布以来,直到 20 世纪 50 年代初,研究流体运动规律的主要方法有两种,一种是单纯的实验研究,它以地面实验为研究手段;另一种是单纯的理论分析方法,它利用简单流动模型假设,给出所研究问题的解析解。

在 20 世纪 50 年代,仅采用当时流体力学的方法,研究比较复杂的非线性流动现象是不够的,尤其无法满足研究高速发展起来的宇航飞行器绕流流场特性的需要。针对这种情况,一些学者开始将基于双曲线型方程数学理论基础的时间相关方法用于求解宇航飞行器的气体定常绕流场问题,这种方法虽然要求花费更多的计算时间,但因数学提法适当,又有较好的理论基础,且能模拟流体运动的非定常过程,所以在 60 年代是应用范围较广的一般方法。以后由 Lax,Kais 和其他学者给出的非定常偏微分方程差分逼近的稳定性理论,进一步促进了时间相关方法。当时还出现了一些针对具体问题发展起来的特殊算法。

进入 20 世纪 80 年代以后,计算机硬件技术有了突飞猛进的发展,计算机逐渐进入人们的实践活动范围。随着计算方法的不断改进和数值分析理论的发展,高精度模拟已经成为可能。此外,随着科学技术的日新月异,一大批高新技术产业对 CFD 提出了新的要求,同时也为 CFD 的发展提供了新的机遇。实践与理论的不断互动,形成 CFD 的新热点、新动力,从而推动 CFD 不断向前发展。

目前，CFD 研究的热点是：研究计算方法，包括并行算法和各种新型算法；研究涡流运动和湍流，包括可压和不可压湍流的直接数值模拟、大涡模拟和湍流机理；研究网格生成技术及计算机优化设计；研究 CFD 用于解决实际流动问题，包括计算生物力学、计算声学、微型机械流动、多相流及涡轮机械流动的数值模拟等。

CFD 的兴起促进了实验研究和理论分析方法的发展，为简化流动模型的建立提供了更多的依据，使很多分析方法得到发展和完善。然而，更为重要的是 CFD 以其独有的新的研究方法——数值模拟方法——研究流体运动的基本物理特性。这种方法的特点如下：

①给出流体运动区域内的离散解，而不是解析解。这区别于一般理论分析方法；

②它的发展与计算机技术的发展直接相关。这是因为解决问题的广度和能模拟的流体运动的复杂程度，都与计算机的速度和内存等直接相关；

③若物理问题的数学提法(包括数学方程及其相应的边界条件)是正确的，则可在较广泛的流动参数(如马赫数、雷诺数、气体性质、模型尺度等)范围内研究流体力学问题，且能给出流场参数的定量结果。

以上这些常常是风洞实验和理论分析难以做到的。然而，要建立正确的数学方程还必须与实验研究相结合。另外，数值模拟中严格的稳定性分析，误差估计和收敛性理论还有待于进一步发展。

因而在 CFD 中，仍必须依靠一些较简单的、线性化的、与原问题有密切关系的模型方程的严格数学分析，给出所求解问题的数值解的理论依据；然后再依靠数值实验、地面实验和物理特性分析，验证计算方法的可靠性，从而进一步改进计算方法。

3.1.2 CFD 应用

目前关于 CFD 的研究主要有非定常流动稳定特性、分叉解及湍流流动的机理，更为复杂的非定常、多尺度的流动特征，高精度、高分辨率的计算方法和并行算法；CFD 发展的同时也直接用于模拟各种实际流动，以解决工业生产中提出来的各种问题。

CFD 的应用已经从最初的航空航天领域不断地扩展到船舶、海洋、化学、工业设计、城市规划设计、建筑消防设计、汽车等多个领域。近几年来 CFD 在全机流场计算、旋翼计算、航空发动机内流计算、导弹投放、飞机外挂物、水下流体力学、汽车等方面获得了广泛应用。这表明 CFD 在解决工程实际问题方面具有重要的应用价值。下面仅以在汽车领域的应用为例，介绍 CFD 应用于工程实际中的发展速度。20 世纪 80 年代初期才开始有 CFD 应用于汽车领域的论文发表,如今其应用已涉及汽车车身设计、汽车内部空间的空调与通风、发动机内部的气体流动以及冷却系统、汽车液力变矩器、废气涡轮增压器中的压气机和涡轮的叶轮与蜗壳等相关流动现象的研究与计算,同时进一步发展到研究汽车与发动机中传热、燃烧以及预测噪声强度与模具设计等相关的问题。

研究计算流体力学课题时,首先需要建立物理模型,即根据相关专业知识将问题用数学方法表达出来,然后编制数值模拟计算机程序对问题进行计算求解。一般来说,应用 CFD 软件进行数值计算的处理过程大致包括三个阶段:①前处理,包括几何模型的选取和网格划分;②求解器,包括确定计算流体力学方法的控制方程,选择离散方法进行离散,选用数值计算方法,输入相关参数;③后处理,包括速度场、压力场、温度场及其他参数的计算机可视化及动画处理等。根据计算流体力学在工程实际中的应用,可以将计算流体力学应用的优点大致归纳如下:可以更细致地分析和研究流体的流动、物质和能量的传递等过程;可以容易地改变实验条件和参数,以获取大量在传统实验中难以得到的信息资料;整个研究和设计所花的时间大大减少;可以方便地用于无法实现具体测量的场合,如高温、危险的环境;根据模拟数据,可以全方位的控制过程和优化设计。

CFD 应用研究中的关键问题包括:对应于具体情况的数学模型、对复杂外形的描述以及对计算网格的进一步研究;探索更有效的算法来提高计算精度,并降低计算费用;进一步开展计算流体力学在各方面的应用等。

3.2 CFD 数值计算方法

实验研究、理论分析和数值模拟是研究流体运动规律的三种基本方法,它们的发展是相互依赖、相互促进的。利用数值方法研究流动机理,需从理论出发建立控制方程和模化方程,同时实验得到的方程参数也是提高数值计算精度的重要部分。

3.2.1 流动控制方程

描述流动的基本方程为连续性方程、动量方程和能量守恒方程[99,100]。

流动的连续性方程亦称为质量守恒方程

$$\frac{\partial \rho}{\partial t}+\frac{\partial(\rho u)}{\partial x}+\frac{\partial(\rho v)}{\partial y}+\frac{\partial(\rho w)}{\partial z}=0 \tag{3.1}$$

其张量形式为

$$\frac{\partial \rho}{\partial t}+\frac{\partial(\rho u_i)}{\partial x_i}=0 \tag{3.2}$$

若流体流动为定常流动，不考虑流体的可压缩性时，连续性方程变成如下形式

$$\frac{\partial u_i}{\partial x_i}=0, i=1,2,3 \tag{3.3}$$

式中 ρ—— 流体密度，kg/m^3；

t—— 时间，s；

u_i—— 速度在直角坐标系中三个方向的分量，m/s；

x_i—— 直角坐标系中的三个坐标，m。

动量方程在流体力学中的表述为 Navier-Stokes 方程(可简写为 N－S 方程)

$$\begin{cases} f_x-\dfrac{1}{\rho}\dfrac{\partial p}{\partial x}+\nu\nabla^2 v_x=\dfrac{\partial v_x}{\partial t}+v_x\dfrac{\partial v_x}{\partial x}+v_y\dfrac{\partial v_x}{\partial y}+v_z\dfrac{\partial v_x}{\partial z} \\ f_y-\dfrac{1}{\rho}\dfrac{\partial p}{\partial y}+\nu\nabla^2 v_y=\dfrac{\partial v_y}{\partial t}+v_x\dfrac{\partial v_y}{\partial x}+v_y\dfrac{\partial v_y}{\partial y}+v_z\dfrac{\partial v_y}{\partial z} \\ f_z-\dfrac{1}{\rho}\dfrac{\partial p}{\partial z}+\nu\nabla^2 v_z=\dfrac{\partial v_z}{\partial t}+v_x\dfrac{\partial v_z}{\partial x}+v_y\dfrac{\partial v_z}{\partial y}+v_z\dfrac{\partial v_z}{\partial z} \end{cases} \tag{3.4}$$

式中 p——压力，Pa；

ν——流体运动粘度系数，m^2/s；

v_x——速度在 x 方向的分量，m/s；

v_y——速度在 y 方向的分量，m/s；

v_z——速度在 z 方向的分量，m/s；

其张量形式为

$$f-\frac{1}{\rho}\frac{\partial p}{\partial x_i}+\nu\nabla^2 u_i=\frac{\partial u_i}{\partial t}+u_j\frac{\partial u_i}{\partial x_j} \tag{3.5}$$

在水轮机流场计算过程中，若不考虑温度的变化，在求解的过程中可以忽略能量方程。

3.2.2 湍流模型

瞬时湍流物理量计算的最直接方法是直接数值模拟(Direct Numerical Simulation，DNS)方法，即直接求解描述流动的控制方程[101]，不需要对流动状态建立模型。众多的研究人员应用 DNS 方法对惯性湍流、粘弹性流体湍流减阻流动进行模拟，取得了丰富的研究成果。然而，为了捕捉小到耗散尺度的湍流信息，就需要在计算中对空间尺度和时间尺度上设置足够精细的分辨率，以完全把握湍流的多尺度微细结构，这样就导致湍流的 DNS 计算将消耗大量的计算资源和时间，从而对计算机的性能提出了更高的要求。实验表明(Versteeg，1995)，在高雷诺数(Re)湍流中可能包含尺度为 10 ～ 100 μm 的涡，在一

个 0.1 m×0.1 m 的流动区域内，要描述所有尺度的涡，计算的网格节点数将高达 10^9 到 10^{12} 量级。同时，湍流脉动的频率约为 10 kHz，这就要求将时间的离散步长取为 100 μs 以下。所以目前对高雷诺数的复杂湍流运动尚不适合采用 DNS 进行计算[102-104]，而对于具有复杂形状和高雷诺数流动的混流式水轮机来说，目前计算机的内存无法采用 DNS 对其进行模拟。

理论上来讲，DNS 可以给出流动的所有信息，但从工程应用的观点上看，更看重的是湍流所引起的动量、质量、能量及其他物理量的输运，是整体的效果。正是基于这一特性，工程上广泛使用雷诺平均模拟方法(Reynolds Average Navier-Stokes，简称 RANS)来求解控制方程。RANS 方法的主要特点是对流动的平均化的处理[105]，通过平均化流动控制方程，建立相应的湍流模型，可提取出较大尺度的平均湍流运动，而略去了小尺度的湍流脉动信息[106]，这样 RANS 方法占用的计算资源很低，而效率较高[107]。常用的湍流模型包括 $k-\varepsilon$ 双方程模型、$k-\omega$ 双方程模型、Reynolds 应力模型和代数应力模型等。但是，由于这种方法要在时间域上对 N－S 方程中的瞬态物理量做平均处理，因此在求解非定常流动问题时遇到一定困难，且对复杂流场的细节难以准确预测。所以目前人们针对水轮机模拟时，对 RANS 模型进行进一步的修正，获得了许多模拟效果较佳的湍流模型，比如基于标准 $k-\varepsilon$ 和 $k-\omega$ 模型修正的局部时均化模型(Partially-Averaged Navier-Stokes，PANS)及基于多方程的 v^2f 模型等。

另外一种常用的考虑是，数值计算中可以考虑放弃对极小尺度涡的模拟，只将比临界尺度大的湍流运动通过瞬时 N－S 方程直接计算出来，而小尺度涡对大尺度涡运动的影响则通过一定的模型在针对大尺度涡的瞬时 N－S 方程中体现出来，这就是目前备受关注的大涡模拟法(Large Eddy Simulation，简称 LES 方法)。和 RANS 的时间平均方法不同，LES 基于对空间尺度平均(即滤波)，LES 是一种介于 DNS 和 RANS 之间的数值计算方法。在现有计算机条件下，不仅可以模拟高雷诺数的复杂流动，也可以获得各个尺度下的流场信息。所以一定程度上来说，LES 是模拟混流式水轮机内部流场的优选方法。近年来，对于 RANS 和 LES 的混合模型研究也进入应用，比如自适应尺度模拟(Scale-Adaptive Simulation，SAS)和分离涡(DES)模型等。

值得指出的是，DNS 虽然目前无法对工程问题进行有效计算，但其对于流动参数的预测是提高湍流模型精度的重要方面。对于使用湍流模型得到的结果，一般也需要事先与 DNS 结果或实验结果进行对比，以确定其准确度。

下面对工程上常用的一些 RANS 湍流模型进行简要的介绍，以了解湍流建模的基本过程。

一般认为，无论湍流运动多么复杂，非稳态的连续方程(3.1)和 Navier-Stokes 方程(3.4)对于湍流的运动仍然适用。RANS 使用的时间平均法即把

湍流运动看作由两个流动叠加而成，一是时间平均流动，二是瞬时脉动流动。现在用平均值和脉动值之和代替流动变量，即

$$u=\overline{u}+u';v=\overline{v}+v';w=\overline{w}+w';p=\overline{p}+p' \tag{3.6}$$

将式(3.6)代入连续性方程(3.3)和动量方程(3.5)中有

$$\frac{\partial \overline{u_i}}{\partial x_i}=0 \tag{3.7}$$

$$\frac{\partial \overline{u_i}}{\partial t}+\overline{u_j}\frac{\partial \overline{u_i}}{\partial x_j}=-\frac{1}{\rho}\frac{\partial \overline{p}}{\partial x_j}+\frac{\partial}{\partial x_j}\left(\nu\frac{\partial \overline{u_i}}{\partial x_j}-\overline{u'_i u'_j}\right) \tag{3.8}$$

方程(3.8)中包含两个不同类型的应力项，分别为切应力项：$\tau_l=\rho\nu\cdot\frac{\partial \overline{u_i}}{\partial x_j}$ 和与紊流相关的雷诺应力项 $\tau_t=-\rho\overline{u'_i u'_j}$。而 τ_t 通常比 τ_l 大得多，这正是需要湍流模型模化的量[108, 109]。

为了使流动控制方程组(3.7)和(3.8)封闭，引入了湍流模型的概念。在涡粘模型方法中，不直接处理雷诺应力项，而是引入湍动粘度(turbulent viscosity)，或称涡粘系数(eddy viscosity)，然后把湍流应力表示成湍动粘度的函数，整个计算的关键在于确定湍动粘度。

湍动粘度的提出来源于 Boussinesq 在 1877 年提出的涡粘假定，即认为湍流脉动对主流的影响可与物理粘性相比拟，引入湍流涡粘系数 μ_t 后，雷诺应力项变成

$$-\rho\overline{u'_i u'_j}=\mu_t\left(\frac{\partial \overline{u_i}}{\delta x_j}+\frac{\partial \overline{u_j}}{\delta x_j}\right)-\frac{2}{3}\left(\rho k+\mu_t\frac{\partial \overline{u_i}}{\delta x_i}\right)\delta_{ij} \tag{3.9}$$

这里 μ_t 为湍流涡粘系数，δ_{ij} 是张量中的 Kronecker delta 符号(当 $i=j$ 时，$\delta_{ij}=1$；当 $i\neq j$ 时，$\delta_{ij}=0$)，k 为湍动能(turbulent kinetic energy)。

在引入 Boussinesq 假定以后，计算湍流流动的关键在于如何确定涡粘系数 μ_t。这里所谓的涡粘模型，就是把涡粘系数与湍流时均参数联系起来的关系。涡粘系数表达式：$\mu_t=C_\mu\rho v_t l_t$，式中 C_μ 为系数，v_t 为速度尺度，l_t 为长度尺度。湍动粘度 μ_t 是空间坐标的函数，取决于流动状态，与湍流流场的脉动特性息息相关，而不是物性参数。根据确定 μ_t 的微分方程数目的多少，涡粘模型可分为：零方程模型、一方程模型、两方程模型和多方程模型，其中以两方程的 $k-\varepsilon$ 和 $k-\omega$ 模型在工程中应用最为广泛。

不同 RANS 湍流模型的差异，即是对涡粘系数 μ_t 封闭方法的差异。标准 $k-\varepsilon$ 湍流模型的封闭形式如下

$$\frac{\partial\rho}{\partial t}+\frac{\partial(\rho u_i)}{\partial x_i}=0 \tag{3.10a}$$

$$\frac{\partial(\rho u_i)}{\partial t}+\frac{\partial(\rho u_i u_j)}{\partial x_i}=\frac{\partial}{\partial x_j}\left[\mu_c\left(\frac{\partial u_i}{\partial x_j}+\frac{\partial u_j}{\partial x_i}\right)\right]-\frac{\partial P^*}{\partial x_i}+f_i \tag{3.10b}$$

$$\mu_t = \rho C_u \frac{k^2}{\varepsilon} \tag{3.10c}$$

$$\frac{\partial(\rho k)}{\partial t} + \frac{\partial(\rho u_i k)}{\partial x_i} = \frac{\partial}{\partial x_j}\left[\left(\mu + \frac{\mu_t}{\sigma_k}\right)\left(\frac{\partial k}{\partial x_j}\right)\right] + \rho(p_r - \varepsilon) \tag{3.10d}$$

$$\frac{\partial(\rho\varepsilon)}{\partial t} + \frac{\partial(\rho u_i \varepsilon)}{\partial x_i} = \frac{\partial}{\partial x_j}\left[\left(\mu + \frac{\mu_t}{\sigma_\varepsilon}\right)\left(\frac{\partial \varepsilon}{\partial x_j}\right)\right] + \frac{\rho}{k}(C_1 \varepsilon p_r - C_2 \varepsilon^2) \tag{3.10e}$$

式中的 ε 即为湍流脉动动能(湍动能)k 的耗散率，P^* 为包含了湍动能的折算压力，等于静压 P 和离心力 $(0.5\rho\omega^2 r)$ 之和；μ_c 为有效粘性系数，等于分子粘性系数和湍动能粘性系数之和；p_r 是湍动能的生成项，其定义为

$$p_r = \frac{\mu_t}{\rho}\left(\frac{\partial u_i}{\partial x_j} + \frac{\partial u_j}{\partial x_i}\right)\frac{\partial u_i}{\partial x_j} \tag{3.11}$$

需要注意的是，上面方程中引入的有关经验系数的值主要是根据一些特殊条件下的实验结果而确定的，虽然这些经验系数有较广泛的适用性，但是不能对其适用性估计过高，需要在计算的过程中针对特定的问题，寻找更合理的取值；另外，$k-\varepsilon$ 湍流模型是从充分发展湍流假设出发而确定的，但是在近壁区内的流动，湍流发展并不充分，湍流的脉动影响可能不如分子粘性的影响大，在更贴近壁面的底层内，流动可能处于层流状态，这时就必须采用特殊的处理方式；最后，$k-\varepsilon$ 湍流模型中假定涡粘系数 μ_t 是各向同性的标量，所以它不适用于具有强弯曲流线的流动，这时候就需要用到 $k-\varepsilon$ 湍流模型的修正模型，如重整化群 RNG $k-\varepsilon$ 湍流模型和 Realizable $k-\varepsilon$ 湍流模型等，RNG $k-\varepsilon$ 湍流模型可以更好地处理高应变率及流线弯曲程度较大的流动。

针对低 Re 流动的近壁面区处理，标准 $k-\omega$ 模型被提了出来，该模型求解两个输运方程，即湍动能 k 方程和比耗散率(单位湍动能的耗散率)ω 方程，该方程不含有 $k-\varepsilon$ 模型所要求的复杂非线性阻尼函数，因而更为稳定和精确。虽然与 $k-\varepsilon$ 模型相比，$k-\omega$ 模型在计算逆压梯度边界层流动以及平板分离流等现象有更好的计算结果，但对于自由剪切流动的计算则容易出现不稳定。

值得一提的是，在 $k-\varepsilon$ 模型和 $k-\omega$ 模型的基础上，综合两者有学者提出了剪切应力输运模型(Shear Stress Transport，SST)，其基本思路为在边界层以外区域用标准 $k-\varepsilon$ 模型，边界层之内用 $k-\omega$ 模型，因而也称为 SST $k-\omega$ 模型，该模型对于计算逆压梯度流动和分离流动具有明显优势。

需要指出，湍流模型基本都和半经验方法联系在一起，因而对于特定的问题需要特别考虑。近年来随着计算能力的提升，LES 在流体机械流动模拟中逐渐受到重视。

3.2.3　壁面函数和近壁面模型

在受壁面限制的流动中，因为壁面附近流场变量的梯度较大，所以壁面对

湍流计算的影响很大。比如对于充分发展湍流，靠近壁面区域的流动 Re 数较低，由于 RANS 系列的湍流模型中假定湍流是各向同性的，在这个区域内湍流模型并不能很好的求解流动的细节，因此在壁面附近需要进行特殊处理。

一种处理办法是用半经验公式将自由流中的湍流与壁面附近的流动连接起来，这种方法被称为壁面函数法。另一种方法是通过在壁面附近加密计算网格，同时调整湍流模型以包含壁面影响的方法，被称为近壁面模型法。壁面函数法中又有标准壁面函数法和非平衡壁面函数法。一般来说，标准壁面函数可以适用于大多数流动问题，因此是一些 CFD 软件中缺省设置的方法，非平衡壁面函数法则适用于流场函数在壁面附近存在很大梯度的流动问题。可见，壁面函数法适用于高 Re 数流动，近壁模型法适用于低 Re 数流动。

壁面函数法的基本思想是：对于湍流核心区的流动使用湍流模型求解，而在壁面区不进行求解，直接使用半经验公式将壁面上的物理量与湍流核心区内的求解变量联系起来。

当与壁面相邻的节点满足 $y^+ > 11.225$ 时，流动处于对数律层，此时的速度 u_p 为

$$u^+ = \frac{1}{k}\ln(Ey^+) \tag{3.12}$$

$$y^+ = \frac{\Delta y_p (C_\mu^{\frac{1}{4}} k_p^{\frac{1}{2}})}{\mu} \tag{3.13}$$

当与壁面相邻的节点满足 $y^+ < 11.225$ 时，流动处于粘性底层，此时的速度 u_p 为

$$u^+ = y^+ \tag{3.14}$$

u_p 是节点 p 的时均速度，k_p 是节点 p 的湍动能，Δy_p 是节点 p 到壁面的距离。

壁面函数法的计算效率较高，对壁面流动非常有效，工程实用性强。

3.2.4 空化模型

由前文所述，水轮机偏工况运行时容易引起不稳定流动，包括叶道涡、尾水管涡带、卡门涡、小开度压力脉动、高部分负荷压力脉动，另外还有导叶数和叶片数的耦合、水力自激振动和过渡过程中的不稳定流动等。特定工况下，空化诱发的压力脉动的放大效应使得稳定性问题变得更加复杂。随着旋涡的产生，局部压力降低，大量的空泡带入剪切层并被旋涡所包含。旋涡引起的空化会造成叶片破坏，产生振幅非常大的宽频噪音谱。在通常的流动计算中都是从单相流的角度对叶道涡进行研究，实际上这与叶道涡的真实流态有很大区别。采用单相流数值模拟已不能满足流场精细化研究的需求，此时对于流场的预测需要

引入空化模型以考虑空化对流场和外特性的影响。利用空化模型对叶道涡和尾水涡进行研究才能更真实的描述这一物理现象，对于研究大型水轮机内部流动稳定性具有重要意义。

目前，空化计算大体上朝两个方向发展：从空泡的角度研究空化发生和发展的机理或利用各种空化模型从宏观的角度分析空穴的存在对流场的影响。目前空化模型主要包含如下三种：单相交界面追踪模型、状态方程模型和多相输运方程模型。

(1)单相交界面追踪模型

单相交界面追踪模型是最早的空化模型之一，它基于边界层计算的思想，将计算域分成两个子域：液体域和气体域。单相空化流模型主要针对空化位置相对固定的局部空化。其模拟方法是：先对整个流场进行单相流模拟，判断转轮内是否存在空化区域。如果转轮内存在真实压力小于当时温度下的汽化压力的区域，则重新确定速度和压力边界，再次进行模拟，直到收敛。这种模型对于其他类型空化的模拟比较困难。该方法在势流理论[110-113]、二维欧拉、三维欧拉方程[114]以及 N－S 方程[115, 116]上得以应用。

(2)状态方程模型

模型假定混合物各向同性，一般通过状态方程将密度和压力联系起来。当压力低于汽化压力时，在纯液体和纯气体区域密度保持为常数。整个系统用N－S方程加上与压力相关的状态方程来表征。

(3)多相输运方程

该模型基于 Kubota 等 (1992)[117] 发展的空泡两相流模型(Bubble Two Phase Flow)，利用空化质量输运方程模化汽液相变(如空化体积的增长和减少)，通过合适的源项调整相间的质量传输。

空化的过程包括三相：水蒸气、空气和水。假定相间无滑移，各个分量之间的关系通过体积分数方程(3.15)来描述

$$\alpha_l + \alpha_g + \alpha_v = 1 \tag{3.15}$$

汽相的连续方程是

$$\frac{\partial}{\partial t}(\alpha_v \rho_v) + \nabla \cdot (\alpha_v \rho_v u) = R_e - R_c \tag{3.16}$$

R_e 和 R_c 是分别为水蒸气蒸发和凝结过程的源项，即上述方程右边项为相变引起的质量输运。

对于质量输运源项 R_e 和 R_c 的计算方法，Merkle(1998)[118]，Kunz (1999，2000)[119, 120]，Singhal (2002)[121]，Senocak 和 Shyy(2004)[122] 和 Zwart-Gerber-Belamri(2004)[123, 124] 等许多学者开展了广泛的研究，并给出了不同的计算表达式。

(1)以 Merkle 等为代表的压力求解方程。在输运方程中，液体或汽体的体积分数是自变量，蒸发和凝结项是压力的函数。该质量输运源项的表达式如(3.17)所示

$$R_e = \frac{F_{vap1}}{t_\infty}\left[\frac{p-p_v}{\frac{1}{2}\rho_l C_{ref}^2}\right]\rho_l\alpha_l,\ p \leqslant p_v$$
$$R_c = \frac{F_{con1}}{t_\infty}\left[\frac{p-p_v}{\frac{1}{2}\rho_l C_{ref}^2}\right]\rho_v\alpha_v,\ p > p_v \tag{3.17}$$

式中，流动的特征时间 $t_\infty = L_{ref}/C_{ref}$，$L_{ref}$ 是特征长度，C_{ref} 是特征速度，$F_{vap1}=100$，$F_{con1}=100$，p_v 表示汽化压力。

(2)Kunz 等人的研究中的质量输运源项蒸发项是压力的函数，凝结项是体积分数的函数，如(3.18)所示

$$R_e = \frac{F_{vap2}}{t_\infty}\left[\frac{p-p_v}{\frac{1}{2}\rho_l C_{ref}^2}\right]\rho_l\alpha_l,\ p \leqslant p_v \tag{3.18}$$
$$R_c = \frac{F_{con2}}{t_\infty}\left[\frac{(\alpha_l)^2(1-\alpha_l)}{\rho_l}\right],\ p > p_v$$

$F_{vap2}=3\times10^4$，$F_{con2}=9\times10^5$。

(3)Senocak 的研究中质量输运源项的表达式如(3.19)所示

$$R_e = F_{vap3}\left[\frac{p-p_v}{(C_{v,n}-C_{I,n})^2(\rho_l-\rho_v)}\right]\frac{\rho_l\alpha_l}{\rho_v t_\infty},\ p \leqslant p_v$$
$$R_c = F_{con3}\left[\frac{p-p_v}{(C_{v,n}-C_{I,n})^2(\rho_l-\rho_v)}\right]\frac{1-\alpha_l}{t_\infty},\ p > p_v \tag{3.19}$$

式中，$C_{v,n}$，$C_{I,n}$ 是汽液交界面的法向速度，该模型中交界面的速度与时间相关(定常问题等于 0)。F_{vap3}，F_{con3} 的值随计算对象的不同而不同。

(4)Singhal 等提出的全空化模型(Full Cavitation Model)全面考虑了空化发生时的主要物理过程对质量输运项的影响：相变过程中汽相体积的增大与减小；湍流压强、速度脉动；流体中的不可凝结气体。全空化模型的质量输运源项如下

$$R_e = F_{vap4}\frac{\sqrt{k}}{S}\rho_l\rho_v\left[\frac{2}{3}\frac{p_v-p}{\rho_l}\right]^{1/2}(1-f_v-f_g),\ p \leqslant p_v$$
$$R_c = F_{con4}\frac{\sqrt{k}}{S}\rho_l\rho_l\left[\frac{2}{3}\frac{p-p_v}{\rho_l}\right]^{1/2}f_v,\ p > p_v \tag{3.20}$$

其中，$F_{vap4}=0.02$，$F_{con4}=0.01$；p_v 表示汽化压力。

(5)假定单位体积内所有的空泡都有相同的大小，Zwart-Gerber-Belamri (2004)[123, 124]认为总的质量传输率用单位体积内空泡密度和单个气泡的质量

传输率来计算，并且指出 Singhal 等人的全空化模型认为核子(nuclei)的体积分数在空化过程中保持不变是不对的，只有在空化初生阶段核子的体积分数才能保持不变，随着水蒸气体积分数的增加，核子(nuclei)的密度必然相应减少。为了改进这一影响，水蒸气的体积分数 α_v 用 $\alpha_{nuc}(1-\alpha_v)$ 来代替，所以 Zwart-Gerber-Belamri(ZGB)模型的最终形式为

$$R_e = F_{vap5}\frac{3\alpha_{nuc}(1-\alpha_v)\rho_v}{R_B}\sqrt{\frac{2}{3}\frac{|p_v - p|}{\rho_l}}\operatorname{sgn}(p_v - p),\ p \leqslant p_v \quad (3.21)$$

$$R_c = F_{con5}\frac{3\alpha_v\rho_v}{R_B}\sqrt{\frac{2}{3}\frac{|p_v - p|}{\rho_l}}\operatorname{sgn}(p_v - p),\ p > p_v \quad (3.22)$$

式中，$\operatorname{sgn}(p_v - p)$ 是符号函数，核子(nuclei)的体积分数 r_{nuc} 假定为常数 5×10^{-4}。R_B 为核子半径，假定为常数 $5\times10^{-6}\,\mathrm{m}$，$F_{vap5}=50$，$F_{con5}=0.01$。

上述 5 个代表性模型都是通过蒸发项和凝结项来表示空化发生时的汽液质量输运，通过不同的蒸发和凝结系数对特定的空化问题进行研究。

ZGB 模型在如下几个方面存在不足：核子的半径对空化起着重要的作用，因此核子半径为常数的假定会影响蒸发源项的预测结果。另外，对核子体积分数的修正，也可以有其他的形式。该模型在蒸发源项中也未考虑不可凝结气体对空化现象的影响，然而在一定条件下，不可凝结气体对空化的初生和求解的稳定性都起着重要的作用。这些因素可能会影响对空化流动特征的准确捕捉。

Tuomas(2009)[125] 使用 Merkle 的质量输运模型对非均匀来流条件下的螺旋桨进行了空化流动计算，使用了默认的蒸发和凝结系数 $F_{vap1}=100$ 和 $F_{con1}=100$，但 Tuomas 认为通过修改蒸发和凝结系数可以改善收敛性质，提高进速系数的预测精度；刘德民等也综合考虑了蒸发系数、湍流粘性系数和水的密度来修正蒸发源项中的系数，并对 NACA0015 翼型空化进行了数值模拟，捕捉到了空泡云脱体的过程，和 Kubota 的实验结果[126]相符合。

3.3　针对水轮机内部流动湍流模型的改进

水轮机全流道内部流动是非常复杂的三维湍流运动，尤其是对于工况频繁转换的水泵水轮机，具有双向流动特性，经常会在偏工况、小流量下运行，机组内部流动复杂，流动分离现象突出，机组内部流线弯曲程度大，存在强旋流流动。目前广泛采用的 RANS 湍流模型在模拟上述流动时，也存在一些各自的不足，所以人们针对不同的模拟目标，对湍流模型做了进一步的修正。下面介绍几种典型的修正湍流模型或混合湍流模型。

3.3.1 基于重整化群的非线性 PANS 湍流模型及验证

被广泛应用的标准 $k-\varepsilon$ 湍流模型在模拟强旋流流动以及弯曲壁面流动时会出现严重失真[127]，由标准 $k-\varepsilon$ 模型发展而来的 RNG $k-\varepsilon$ 模型在强旋流、大曲率流动的预测上提高了精度，但是它们均属于各向同性模型，而且采用线性差分格式求解剪切应力，无法捕捉机组内部各种尺度的分离涡。针对此，人们提出了基于标准 $k-\varepsilon$ 模型改进的局部时均化模型(PANS)，这是一种由 RANS 向 DNS 过渡的模型，这些模型在复杂流动的预测上仍存在一定的不足。刘锦涛等也提出了一种以非线性 RNG $k-\varepsilon$ 模型为基础的 PANS 模型[128]。

3.3.1.1 PANS 介绍

基于不可压缩流体的 Navier-Stokes 方程为

$$\frac{\partial V_i}{\partial t}+V_j\frac{\partial V_i}{\partial x_j}=-\frac{\partial p}{\partial x_i}+\nu\frac{\partial^2 V_i}{\partial x_j\partial x_i} \tag{3.23}$$

$$\frac{\partial^2 p}{\partial x_i\partial x_i}=-\frac{\partial V_i}{\partial x_j}\cdot\frac{\partial V_j}{\partial x_i} \tag{3.24}$$

式中 p 为压力，V_i 表示 i 方向的速度，t 为时间，ν 为流体的运动粘度。

基于 Germano[129] 流场分解方法，V_i 在瞬时速度场中可以分为分解部分和未分解部分，其两部分如式(3.25)所示

$$V_i=U_i+u_i \tag{3.25}$$

式中 U_i 为已分解流场速度；u_i 为未分解流场速度。未分解的流场可以用以下表达式来表示

$$U_i=\langle V_i\rangle \tag{3.26}$$

其中符号〈 〉表示已分解流场。

未分解的流场存在如下关系

$$\langle u_i\rangle\neq 0 \tag{3.27}$$

Navier-Stokes 方程可以进一步转化为

$$\frac{\partial U_i}{\partial t}+U_j\frac{\partial U_i}{\partial x_j}+\frac{\partial\tau(V_i,V_j)}{\partial x_j}=-\frac{\partial\langle p\rangle}{\partial x_i}+\nu\frac{\partial^2 U_i}{\partial x_j\partial x_i} \tag{3.28}$$

$$-\frac{\partial^2\langle p\rangle}{\partial x_i\partial x_i}=-\frac{\partial U_i}{\partial x_j}\cdot\frac{\partial U_j}{\partial x_i}+\frac{\partial\tau(V_i,V_j)}{\partial x_i\partial x_j} \tag{3.29}$$

附加的非线性项 $\tau(V_i,V_j)$ 的表示方法如下

$$\tau(V_i,V_j)=(\langle V_iV_j\rangle-\langle V_i\rangle\langle V_j\rangle) \tag{3.30}$$

在 PANS 方程中 $\tau(V_i,V_j)$ 表示 SFS(Sub-Filter Stress)应力项，可由下式计算得到

$$\frac{\partial\tau(V_i,V_j)}{\partial t}+U_k\frac{\partial\tau(V_i,V_j)}{\partial x_k}=P_{ij}+\varphi_{ij}-D_{ij}+T_{ij} \tag{3.31}$$

式中：P_{ij}代表SFS应力产生项，Φ_{ij}代表SFS应力中与压力相关联的产生项，D_{ij}代表SFS应力的耗散项，T_{ij}代表SFS应力的输运产生项。各产生项的表达式如下

$$P_{ij} = -\tau(V_i, V_k)\frac{\partial U_j}{\partial x_k} - \tau(V_j, V_k)\frac{\partial U_i}{\partial x_k} \tag{3.32}$$

$$\varphi_{ij} = -2\tau(p_i, SF_{ij}) \tag{3.33}$$

$$SF_{ij} = -\frac{1}{2}\left(\frac{\partial\langle V_i\rangle}{\partial x_j}\cdot\frac{\partial\langle V_j\rangle}{\partial x_i}\right) \tag{3.34}$$

$$D_{ij} = -2\nu\tau\left(\frac{\partial V_i}{\partial x_k}, \frac{\partial V_j}{\partial x_k}\right) \tag{3.35}$$

$$T_{ij} = -\frac{\partial}{\partial x_k}\left(\tau(V_i, V_j, V_k) + \tau(p, V_i)\delta_{jk} + \tau(p, V_j)\delta_{ik} - \frac{\partial\tau(V_i, V_j)}{\partial x_k}\right) \tag{3.36}$$

其中

$$\tau(V_i, V_j, V_k) = \langle V_i V_j V_k\rangle - \langle V_i\rangle\tau\langle V_j, V_k\rangle - \langle V_j\rangle\tau\langle V_k, V_i\rangle - \langle V_k\rangle\tau\langle V_i, V_j\rangle - \langle V_i\rangle\langle V_j\rangle\langle V_k\rangle \tag{3.37}$$

3.3.1.2 基于 $k-\varepsilon$ 模型的PANS

标准 $k-\varepsilon$ 湍流模型中湍动能 k 与湍动能耗散率 ε 输运方程为

$$\frac{\partial(\rho k)}{\partial t} + \frac{\partial(\rho U_j k)}{\partial x_j} = \frac{\partial}{\partial x_j}\left[\left(\mu + \frac{\mu_t}{\sigma_k}\right)\frac{\partial k}{\partial x_j}\right] + P_k - \rho\varepsilon \tag{3.38}$$

$$\frac{\partial(\rho\varepsilon)}{\partial t} + \frac{\partial(\rho U_j\varepsilon)}{\partial x_j} = \frac{\partial}{\partial x_j}\left[\left(\mu + \frac{\mu_t}{\sigma_\varepsilon}\right)\frac{\partial\varepsilon}{\partial x_j}\right] + C_{\varepsilon1}P_k\frac{\varepsilon}{k} - C_{\varepsilon2}\rho\frac{\varepsilon^2}{k} \tag{3.39}$$

式中，ρ 为流体密度，μ 为介质粘性系数，μ_t 为湍流粘性系数，P_k 湍动能产生项，其计算公式为

$$P_k = -\rho\overline{U'_i U'_j}\frac{\partial U_j}{\partial x_j} \tag{3.40}$$

其他常数取值如下：$C_{\varepsilon1}=1.44$，$C_{\varepsilon2}=1.92$，$\sigma_k=1.0$ 和 $\sigma_\varepsilon=1.3$。

由标准 $k-\varepsilon$ 湍流模型构造的PANS模型中未分解局部时均化湍动能 k_u 和未分解局部时均化湍动能耗散率 ε_u 的基本方程[130]为

$$\frac{\partial(\rho k_u)}{\partial t} + \frac{\partial(\rho u_j k_u)}{\partial x_j} = \frac{\partial}{\partial x_j}\left[\left(\mu + \frac{\mu_t}{\sigma_{ku}}\right)\frac{\partial k_u}{\partial x_j}\right] + P_{ku} - \rho\varepsilon_u \tag{3.41}$$

$$\frac{\partial(\rho\varepsilon_u)}{\partial t} + \frac{\partial(\rho u_j\varepsilon_u)}{\partial x_j} = \frac{\partial}{\partial x_j}\left[\left(\mu + \frac{\mu_t}{\sigma_{\varepsilon u}}\right)\frac{\partial\varepsilon_u}{\partial x_j}\right] + C_{\varepsilon1}P_{ku}\frac{\varepsilon_u}{k_u} - C_{\varepsilon2}^*\rho\frac{\varepsilon_u^2}{k_u} \tag{3.42}$$

式中

$$k_u = \frac{1}{2}\tau(V_i, V_j) \tag{3.43}$$

$$\varepsilon_u = \nu\tau\left(\frac{\partial V_i}{\partial x_j}, \frac{\partial V_j}{\partial x_i}\right) \tag{3.44}$$

$$\tau(V_i, V_j) = -\nu_u S_{ij} \tag{3.45}$$

$$\nu_u = C_\mu \frac{k_u^2}{\varepsilon_u} \tag{3.46}$$

未分解湍动能比率

$$f_k = \frac{k_u}{k} \tag{3.47}$$

未分解湍动能耗散率比率

$$f_\varepsilon = \frac{\varepsilon_u}{\varepsilon} \tag{3.48}$$

未分解湍动能 Prantdl 数 σ_{ku} 以及未分解湍动能耗散率 Prantdl 数 $\sigma_{\varepsilon u}$ 的取值如下所示

$$\sigma_{ku} = \sigma_k \frac{f_k^2}{f_\varepsilon}, \quad \sigma_{\varepsilon u} = \sigma_\varepsilon \frac{f_k^2}{f_\varepsilon} \tag{3.49}$$

耗散系数 $C_{\varepsilon 2}^*$ 为

$$C_{\varepsilon 2}^* = C_{\varepsilon 1} + \frac{f_k}{f_\varepsilon}(C_{\varepsilon 2} - C_{\varepsilon 1}) \tag{3.50}$$

式(3.41)与式(3.42)中 P_{ku} 是由于平均速度梯度引起的未分解局部时均化湍动能 k_u 的产生项，可由标准 $k-\varepsilon$ 湍流模型中湍动能产生项 P_k 按照式(3.51)求出

$$P_{ku} = f_k(P_k - \varepsilon) + \varepsilon_u \tag{3.51}$$

若从标准 $k-\varepsilon$ 湍流模型出发，式(3.38)中的湍动能产生项 P_k 中雷诺应力的求解是基于 RANS 模型线性模型进行离散求解，其计算公式如式(3.52)所示

$$P_k = \mu_t\left(\frac{\partial U_i}{\partial x_j} + \frac{\partial U_j}{\partial x_i}\right)\frac{\partial U_i}{\partial x_j} \tag{3.52}$$

由上述公式可以看出，基于标准 $k-\varepsilon$ 湍流模型构造的 PANS 模型受标准 $k-\varepsilon$ 模型的限制，对湍动能产生项 P_k 的求解是基于各向同性线性模型进行的，不符合流动的各向异性非线性本质，所以在强旋流以及大曲率弯曲壁面流动的模拟中存在一定的缺陷[131]。基于 RNG $k-\varepsilon$ 模型的 PANS 模型对这一类流动的预测将有所改善。

3.3.1.3 基于 RNG $k-\varepsilon$ 模型的非线性 PANS

该模型的主要思想为，以 RNG $k-\varepsilon$ 模型为基础，采用非线性模型求解雷诺应力来建立 PANS 模型。

RNG $k-\varepsilon$ 模型的 k 方程和 ε 方程

$$\frac{\partial(\rho k)}{\partial t}+\frac{\partial(\rho U_j k)}{\partial x_j}=\frac{\partial}{\partial x_j}\left[\alpha_k(\mu+\mu_t)\frac{\partial k}{\partial x_j}\right]+P_k-\rho\varepsilon \tag{3.53}$$

$$\frac{\partial(\rho\varepsilon)}{\partial t}+\frac{\partial(\rho U_j\varepsilon)}{\partial x_j}=\frac{\partial}{\partial x_j}\left[\alpha_\varepsilon(\mu+\mu_t)\frac{\partial\varepsilon}{\partial x_j}\right]+C_{\varepsilon1}^* P_k\frac{\varepsilon}{k}-C_{\varepsilon2}\rho\frac{\varepsilon^2}{k} \tag{3.54}$$

其中

$$\mu_t=\rho C_\mu\frac{k^2}{\varepsilon} \tag{3.55}$$

$$S_{ij}=\frac{1}{2}\left(\frac{\partial U_i}{\partial x_j}+\frac{\partial U_j}{\partial x_i}\right) \tag{3.56}$$

$$\eta=(2S_{ij}\cdot S_{ij})^{1/2}\frac{k}{\varepsilon} \tag{3.57}$$

$$C_{\varepsilon1}^*=C_{\varepsilon1}-\frac{\eta(1-\eta/\eta_0)}{1+\beta\eta^3} \tag{3.58}$$

式中，$C_\mu=0.0845$，$\alpha_k=\alpha_\varepsilon=1.39$，$C_{\varepsilon1}=1.42$，$C_{\varepsilon2}=1.68$，$\eta_0=4.377$，$\beta=0.012$ 。

RANS模型中由平均速度梯度引起的湍动能的产生项P_k与PANS模型中P_{ku}存在以下关系

$$P_k=\frac{1}{f_k}(P_{ku}-\varepsilon_u)+\frac{\varepsilon_u}{f_\varepsilon} \tag{3.59}$$

将f_k,P_k,f_ε代入(3.53)和(3.54)中,可以求得基于RNG $k-\varepsilon$模型的PANS模型,其表达式为

$$\frac{\partial(\rho k_u)}{\partial t}+\frac{\partial(\rho U_j k_u)}{\partial x_j}=\frac{\partial}{\partial x_j}\left[\alpha_k\left(\mu+\frac{\mu_u}{\sigma_u}\right)\frac{\partial k_u}{\partial x_j}\right]+P_{ku}-\rho\varepsilon_u \tag{3.60}$$

$$\frac{\partial(\rho\varepsilon_u)}{\partial t}+\frac{\partial(\rho U_j\varepsilon_u)}{\partial x_j}=\frac{\partial}{\partial x_j}\left[\alpha_k\left(\mu+\frac{\mu_u}{\sigma_u}\right)\frac{\partial\varepsilon_u}{\partial x_j}\right]+C_{\varepsilon1}^* P_{ku}\frac{\varepsilon_u}{k_u}-C_{\varepsilon2}^*\rho\frac{\varepsilon_u^2}{k_u} \tag{3.61}$$

其中

$$\mu_u=\rho C_\mu\frac{k_u^2}{\varepsilon_u} \tag{3.62}$$

$$\sigma_u=\frac{f_k^2}{f_\varepsilon} \tag{3.63}$$

$$C_{\varepsilon2}^*=C_{\varepsilon1}^*+\frac{f_k}{f_\varepsilon}(C_{\varepsilon2}-C_{\varepsilon1}^*) \tag{3.64}$$

$C_{\varepsilon1}^*$ 如式(3.58)所示

$$\eta=(2S_{ij}\cdot S_{ij})^{1/2}\frac{k_u}{\varepsilon_u}\frac{f_\varepsilon}{f_k} \tag{3.65}$$

模型常数仍然采用RNG $k-\varepsilon$模型中的数值。

剪切应力的非线性化采用Ehrhard[132]提出的非线性湍流模型,其中P_k方

程如式(3.40)所示。

湍动能产生项中的剪切应力

$$\tau_{ij}=-\rho\overline{U'_iU'_j} \tag{3.66}$$

剪切应力非线性化的最终模型为

$$\begin{aligned}\overline{U'_iU'_j}=&\frac{2}{3}k\delta_{ij}-2C_{\mu P}\upsilon^2TS_{ij}+C_1C_{\mu P}\upsilon^2T^2\left(S_{ik}S_{kj}-\frac{1}{3}S_{kl}S_{kl}\delta_{ij}\right)+\\&C_2C_{\mu ke}\upsilon^2T^2(\Omega_{ik}S_{kj}-\Omega_{jk}S_{ki})+C_3C_{\mu P}\upsilon^2T^2\left(\Omega_{ik}\Omega_{jk}-\frac{1}{3}\Omega_{lk}\Omega_{lk}\delta_{ij}\right)+\\&C_4C_{\mu ke}\upsilon^2T^3(S_{ki}\Omega_{lj}-S_{kj}\Omega_{li})S_{kl}+C_5C_{\mu P}\upsilon^2T^3S_{ij}S_{kl}S_{kl}+C_6C_{\mu P}\upsilon^2T^3S_{ij}\Omega_{kl}\Omega_{kl}\end{aligned} \tag{3.67}$$

$$C_{\mu P}=\min\left(\frac{1}{0.9S^{1.4}+0.4\Omega^{1.4}+3.5},0.15\right) \tag{3.68}$$

$$\Omega_{ij}=\frac{1}{2}\left(\frac{\partial u_i}{\partial x_j}-\frac{\partial u_j}{\partial x_i}\right) \tag{3.69}$$

$$S=\frac{k}{\varepsilon}\sqrt{2S_{ij}S_{ij}} \tag{3.70}$$

$$\Omega=\frac{k}{\varepsilon}\sqrt{2\Omega_{ij}\Omega_{ij}} \tag{3.71}$$

式中，$C_{\mu ke}=\beta\frac{k^2}{\varepsilon}$，$C_1=-0.2$，$C_2=0.4$，$C_3=2.0-e^{-(S-\Omega)^2}$，$C_4=-32.0C_{\mu P}^2$，$C_5=-16.0C_{\mu P}^2$，$C_6=16.0C_{\mu P}^2$，$T$ 为湍流时间尺度，υ 为湍流速度尺度。

将剪切应力的非线性求解方程代入基于 RNG $k-\varepsilon$ 模型的 PANS 模型公式(3.60)和(3.61)中，即可得到非线性 PANS 模型。

3.3.1.4 非线性 PANS 模型验证

为了验证非线性 PANS 模型对流场的捕捉能力，采用三种水力模型进行了验证，分别是二维 NACA0015 翼型，三维 90°弯管以及低比转速离心泵。非线性 PANS 模型的实现基于 Fluent 软件操作平台，通过用户自定义函数(User Define Function，UDF)功能建立两个标量 k_u 和 ε_u 的输运方程，通过修改方程的扩散系数、源项等建立非线性 PANS 模型计算平台。将非线性 PANS 模型计算结果与 RNG $k-\varepsilon$ 模型以及 LES 模拟结果进行对比，验证非线性 PANS 模型对流动预测的有效性。

计算时采用压力求解器，压力和速度的耦合采用 Coupled 方法计算，动量方程和新建立的两个标量方程 k_u 和 ε_u 的离散采用二阶迎风格式，模型常数均选用 RNG $k-\varepsilon$ 模型的常数值，f_k 和 f_ε 的取值选用文献中的结果，即 $f_k=0.2$，$f_\varepsilon=1$。

对于模型验证时采用的三种水力模型均进行结构化网格划分，并对网格进行网格无关性验证。计算过程中根据压力梯度和速度梯度设置网格自适应的加密方法，使采用的网格满足捕捉复杂流场的计算要求。计算时采用大型工作站 DELL 计算服务器 C6100。工作站的配置如下：12 个主频为 3.4 GHZ 的 CPU，内存为 64 G，硬盘容量为 24 T。计算模型达到收敛的迭代步数均小于 2 000，计算的收敛残差小于 0.000 1。

计算时三种模型的计算结果均与实验数据进行了对比，并分析了非线性 PANS 模型计算结果的准确性。二维 NACA0015 水翼翼型用来验证非线性 PANS 模型对高压力梯度区域的预测能力，三维弯管水力模型用来验证非线性 PANS 模型对大曲率流动的预测能力，三维低比转速离心泵内流场计算用来验证非线性 PANS 模型对涡轮机械内部复杂流动的捕捉和预测能力。

①二维 NACA0015 水翼翼型

二维 NACA0015 水翼翼型的计算区域按照 Cervone 设置，计算区域为 120 mm×1 500 mm。计算时进口速度 $u_0=8$ m/s，试验时测试通道的雷诺数保持为 5×10^5，计算的 NACA0015 翼型攻角为 8°，翼型计算局部区域如图 3.1 所示。计算区域采用结构化网格，翼型压力面和吸力面约有 12 层边界层，第一层边界层厚度设置为 0.01 mm，以保证压力面和吸力面近壁区的 $y^+<1$，局部区域的网格如图 3.2 所示。

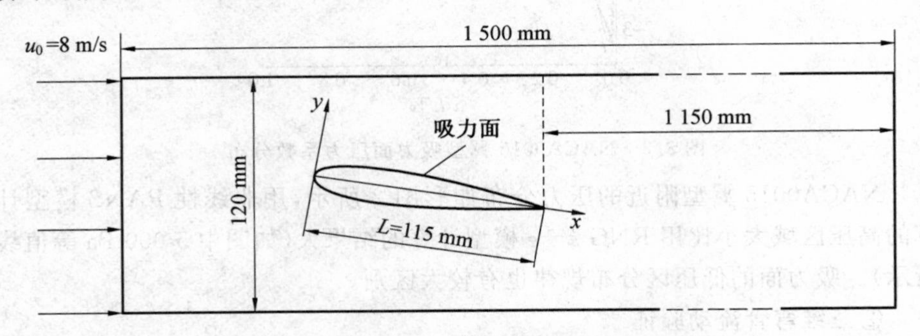

图 3.1　NACA0015 计算区域局部结构图

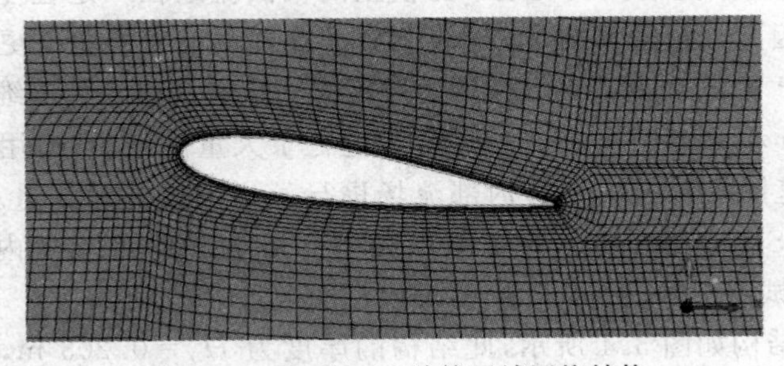

图 3.2　NACA0015 计算区域网格结构

计算时采用速度进口边界，出口采用压力出口，使用 Enhanced wall treatment 来计算近壁区的流动，分别采用 RNG $k-\varepsilon$ 和新建的非线性 PANS 模型

进行预测，对比吸力面的压力系数以及翼型周围的压力分布规律。压力系数的计算由式(3.72)获得

$$C_p = \frac{p - p_f}{\rho u_0^2 / 2} \tag{3.72}$$

式中，p_f 为参考压力。

NACA0015 翼型吸力面压力系数分布如图 3.3 所示，由图中可以看出，采用非线性 PANS 模型计算的翼型吸力面压力系数与试验值非常吻合，而 RNG $k-\varepsilon$ 计算的结果对于吸力面最低压力区域的预测存在较大偏差，特别是压力梯度变化较大的区域，RNG $k-\varepsilon$ 模型的计算结果不能正确地反映翼型表面的压力分布。新建的非线性 PANS 模型可以有效地预测存在较大压力梯度的流动。

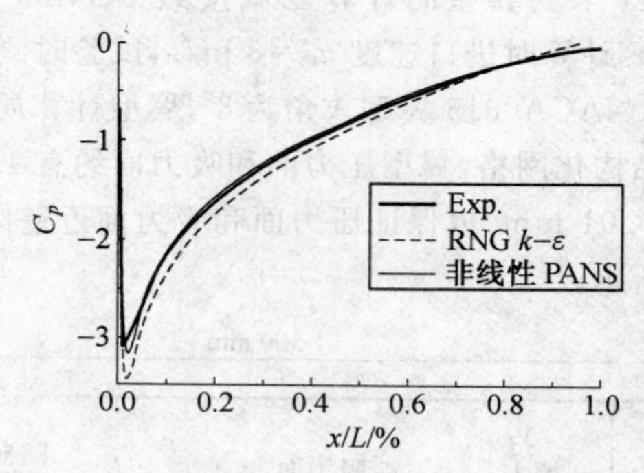

图 3.3　NACA0015 翼型吸力面压力系数分布

NACA0015 翼型附近的压力分布如彩图 2 所示，用非线性 PANS 模型计算的高压区域大小比用 RNG $k-\varepsilon$ 模型计算的结果大(如图中 5 000 Pa 等值线所示)。吸力面的低压区分布规律也有较大区别。

②三维弯管流动验证

涡轮机械特别是混流式机组水力模型的轴面流道在一定程度上可以近似为 90°弯管，因此湍流模型对 90°弯管内部流动预测能力的验证更具备实际意义。这里基于 Kim 和 Patel[133] 试验中采用的试验模型建立了三维弯管水力计算区域。Kim 和 Patel 针对三维 90°弯管进行了大量的试验，运用压力传感器以及热线测速技术对三维弯管内部流场进行了详细捕捉和测量。采用 RNG $k-\varepsilon$模型、LES 和新建的非线性 PANS 模型分别对三维 90°弯管内部流动进行了预测，并与试验结果进行对比来验证模型的有效性。

90°弯管结构如图 3.4 所示，此结构的厚度为 $H_0=0.203$ m，弯管宽度为 $6H_0$，内侧弯管直径为 0.608 m，计算时延长进口管段长度至 $4.5H_0$，出口管段长度为 $30H_0$。入口流速为 $u_m=16$ m/s，雷诺数为 $Re=u_mH_0/\nu=224\ 000$。分别对比弯管在 45°位置处距离壁面 $0.062\ 5H_0$ 处的三维流场信息(如图 3.4 中

的测量线)，分析改进的非线性 PANS 模型对大曲率流动的预测能力。

三维 90°弯管的水力计算区域采用 ICEM 软件进行划分，网格单元数为 344×138×132，网格局部示意图如图 3.5 所示。近壁区采用 12 层边界层网格以使近壁区的 $y^+<1$。计算时提取测量线上三个方向的流速信息，并与试验结果进行对比，同时与 RNG $k-\varepsilon$ 模型以及 LES 计算结果进行比较，评估新建的非线性 PANS 湍流模型对大曲率流动的预测能力。

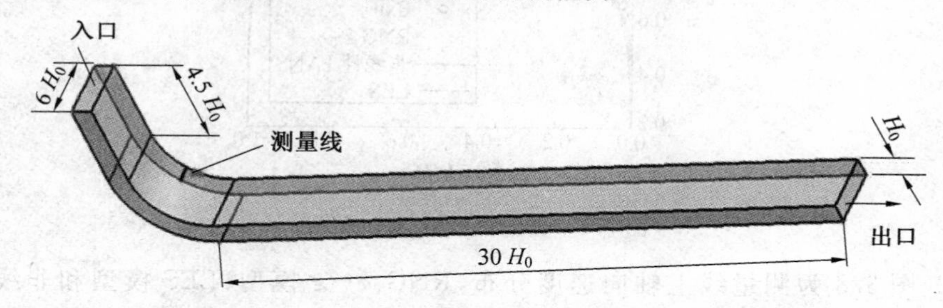

图 3.4　三维 90°弯管结构图

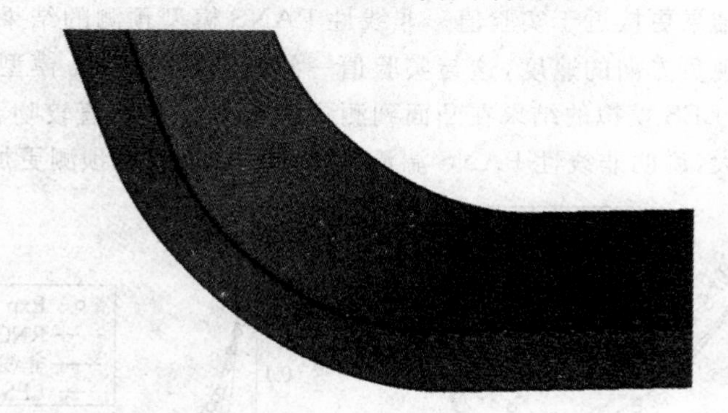

图 3.5　三维 90°弯管网格局部示意图

数值模拟后的结果分别提取测量线上的横向速度(垂直于测量线沿流动方向)、纵向速度(平行于测量线)和轴向速度，并将速度通过 u/u_m 进行无量纲化处理。此外，记 h 为测量线上任意一点到弯管凹侧的垂直距离。

图 3.6 为测量线上横向速度分布，RNG $k-\varepsilon$ 模型预测的结果整体偏大，特别是在靠近凹侧和凸侧的近壁区，相对于实验值的误差较大。改进的非线性 PANS 湍流模型与 LES 结果相比在近壁区的预测结果与实验值吻合较好，说明非线性 PANS 模型对近壁区流动的动量损失描述更加准确。但是，非线性 PANS 模型与 LES 模型在 $0.15<h/H_0<0.45$ 的区域存在一定的误差。

图 3.7 为测量线上纵向速度分布，RNG $k-\varepsilon$ 模型预测的纵向速度绝对值在远离近壁区的位置整体偏小，非线性 PANS 模型计算的纵向速度结果与 LES 结果比较接近，并且与实验值比较吻合，特别是在湍动能得到有效控制的

凸面，这两种模型预测误差较小，在凹面附近由于湍动能较大，速度波动相对值较大，非线性 PANS 模型预测的纵向速度与实验值存在一定误差。

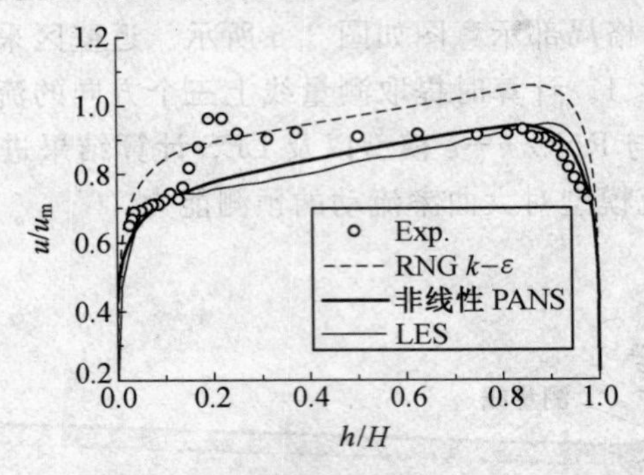

图 3.6　测量线上横向速度分布

图 3.8 为测量线上轴向速度分布，RNG $k-\varepsilon$ 模型、LES 模型和非线性 PANS 模型在靠近凹面处横向速度的最大值均高于实验值，但是非线性 PANS 模型的计算结果更接近于实验值。非线性 PANS 模型预测的结果在测量线的中间部分出现负方向的速度，这与实验值一致，而 RNG $k-\varepsilon$ 模型无法预测这一流动现象，LES 模拟的结果在凸面到测量线中间与实验值较吻合，但是在凹面处误差较大，说明非线性 PANS 湍流模型对于二次流的预测更加准确。

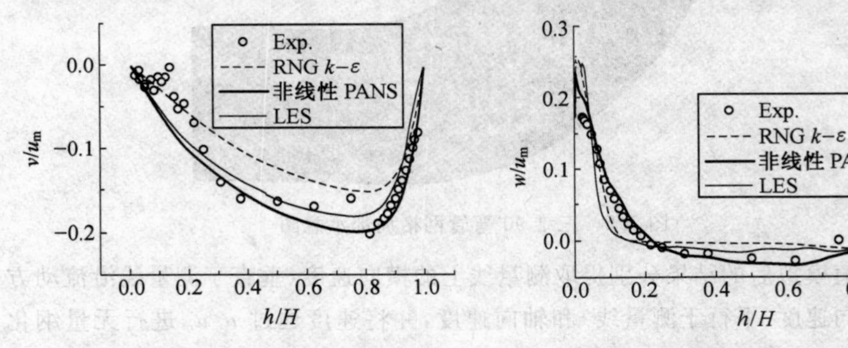

图 3.7　测量线上纵向速度分布　　　图 3.8　测量线上轴向速度分布

综上所述，非线性 PANS 模型对大曲率流动具有相对较好的预测能力，在对二次流的预测上也优于 LES 与 RNG $k-\varepsilon$ 模型。

③低比转速离心泵

为了验证新建的非线性 PANS 湍流模型对涡轮机械内部复杂流动的预测能力，基于 Pedersen[134, 135] 低比转速离心泵循环回路试验建立了水力计算模型。Pedersen 采用的循环回路测试系统如图 3.9 所示，流体在筒体、管道与泵之间循环，是一个闭式循环回路，通过改变筛板的孔径和打孔数量即可改变离心泵的运行条件。Pedersen 通过 PIV 试验获得了测试平面内的速度场数据，基于这一试验结果验证了新建非线性 PANS 模型的预测能力。

Pedersen 试验过程中采用的离心泵模型的几何参数如表 3.1 所示，基于离心泵的几何参数建立低比转速离心泵的水力模型，整个循环回路以及离心泵转轮的水力结构如图 3.10 所示。

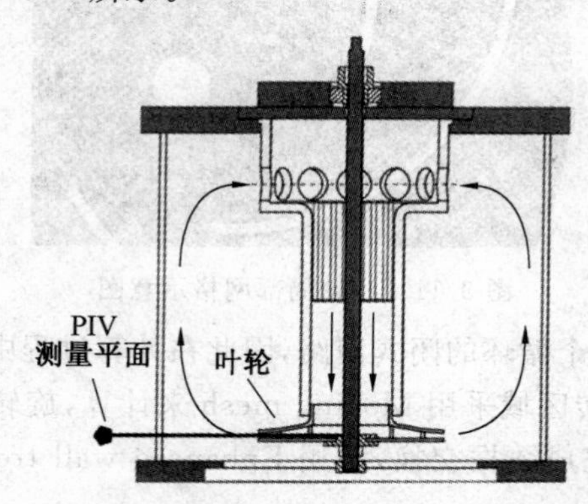

图 3.9　Pedersen 的低比转速离心泵循环回路示意图

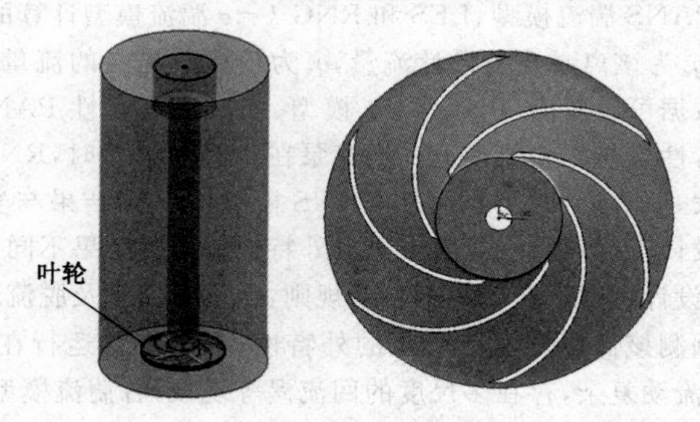

图 3.10　低比转速离心泵循环回路及转轮水力模型

表 3.1　低比转速离心泵模型几何参数

几何参数		几何参数	
转轮进口直径 D_{in}(mm)	71.0	叶片数 Z_p	6
转轮出口直径 D_{out}(mm)	190.0	叶片厚度 t_p(mm)	3.0
转轮进口宽度 b_{in}(mm)	13.8	进口安放角 β_1(°)	19.7
转轮出口宽度 b_{out}(mm)	5.8	出口安放角 β_2(°)	18.4
叶片型线半径 R_b(mm)	70.0	比转速 n_s	16.3

低比转速离心泵循环回路的水力模型网格采用 ICEM 软件进行划分，使用结构化六面体单元离散计算区域，通过网格无关性验证后最终选取叶轮的网格单元数为 1 799 964，整个循环回路网格总数为 5 217 684。低比转速离心泵叶

轮的六面体网格局部示意图如图 3.11 所示。

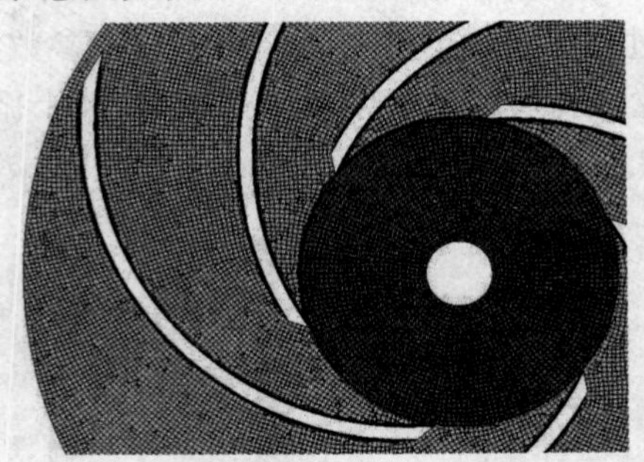

图 3.11　叶轮局部网格示意图

由于该系统是一个循环的闭式回路，因此在计算过程中不需要给定进出口边界条件，叶轮的旋转区域采用 Moving mesh 来计算，旋转部件与静止部件之间采用 interface 来完成数据交换，采用 Enhanced wall treatment 来计算近壁区的流动。

非线性 PANS 湍流模型、LES 和 RNG $k-\varepsilon$ 湍流模型计算的结果如表 3.2 所示。其中，q_d 为该离心泵的设计流量，q_v 为计算工况点的流量，H_{pu} 为泵的扬程。由表中数据可以看出，RNG $k-\varepsilon$ 模型、LES 和非线性 PANS 模型在设计工况点的外特性均与实验值接近。当该泵在小流量运行时，RNG $k-\varepsilon$ 模型预测的误差较大，而 LES 以及非线性 PANS 模型的计算结果与实验值相吻合。三种模型对设计工况点和小流量工况点外特性的预测结果不同，可能与内流场分布有关，在设计工况下转轮内部流动规则，无复杂回流及脱流现象，三种模型均可以准确预测该低比转速离心泵的外特性；当离心泵运行在小流量偏工况时，转轮内部流动复杂，存在多尺度的回流涡等现象，各湍流模型对涡捕捉能力的不同导致预测外特性结果存在明显区别。

表 3.2　低比转速离心泵的性能

	$q_v/q_d=1$		$q_v/q_d=0.25$	
	H_{pu}(m)	q_v(L/s)	H_{pu}(m)	q_v(L/s)
试验	1.75	3.06	2.4	0.76
非线性 PANS	1.77	3.08	2.42	0.78
RNG $k-\varepsilon$	1.77	3.09	2.32	0.70
LES	1.78	3.08	2.45	0.79

为了深入研究 RNG $k-\varepsilon$ 模型、LES 与非线性 PANS 模型对外特性预测结果的不同，提取了图 3.9 中 PIV 测试平面的流线图，与 PIV 试验获得的速度矢量图进行对比。该低比转速离心泵在设计流量运行时，采用三种模型获得的

内部流场如图 3.12 所示。RNG $k-\varepsilon$ 模型在叶轮的一个流道内进口的压力面出现局部回流，其预测的内部流动周期性不明显，由于回流区域小，回流引起的动量损失不足以导致外特性的改变，LES 预测的结果在一个流道的叶片压力面进口处出现绕流现象，非线性 PANS 模型预测的结果显示叶轮内部流场存在周期性分布规律。

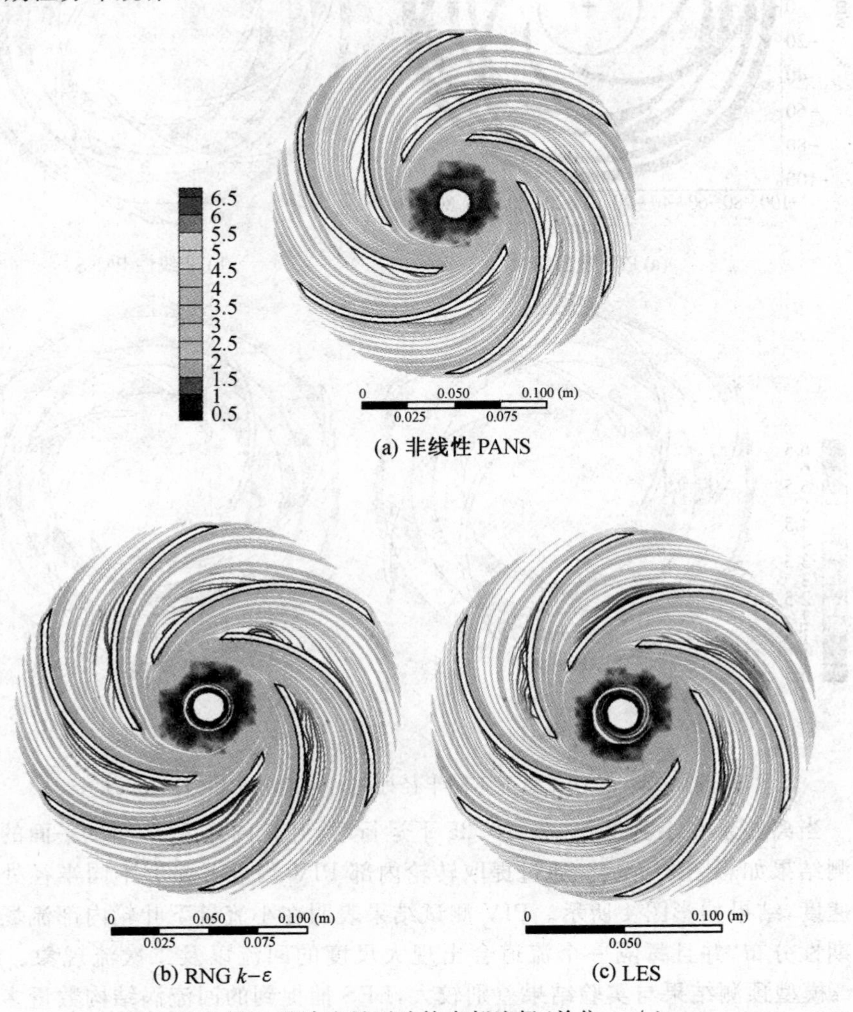

图 3.12　设计流量下叶轮内部流场(单位：m/s)

通过提取转轮内部 PIV 测量平面上不同半径处的相对速度值，并将计算的结果与实验值相对比，结果如图 3.13 所示。实验测试结果表明转轮内部不存在回流现象，对比发现三种模型预测的相对速度分布基本相同。由于实验中没有测量该绕流流涡出现位置，无法判断 LES 模拟的绕流流现象结果是否准确。总体来说，修正的非线性 PANS 模型对设计工况点的结果预测是可信的。

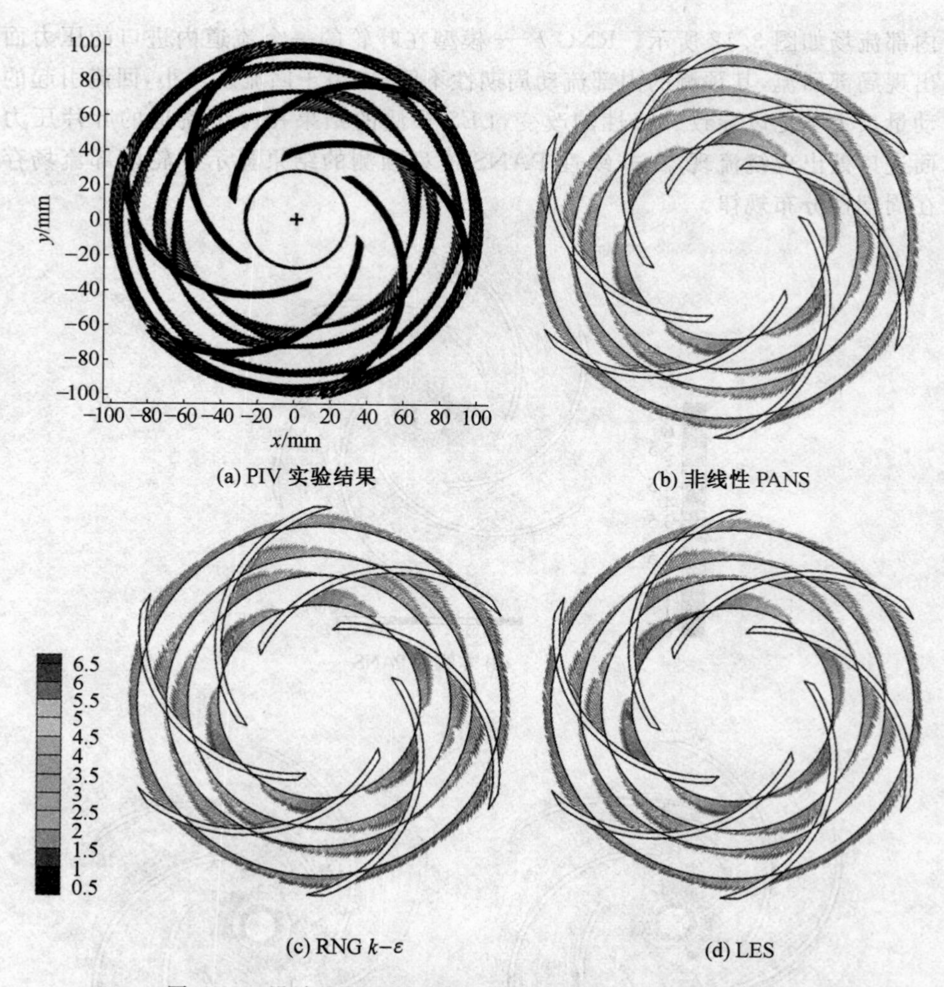

(a) PIV 实验结果　(b) 非线性 PANS
(c) RNG $k-\varepsilon$　(d) LES

图 3.13　设计流量下不同半径处相对速度分布(单位:m/s)

当离心泵在小流量 $q_v/q_d=0.25$ 下运行时,叶轮内部 PIV 测试平面的流场预测结果如彩图 3 所示。通过提取转轮内部 PIV 测量平面上不同半径处的相对速度,结果如彩图 4 所示。PIV 测试结果表明在小流量下叶轮内部流场也呈周期性分布,并且每隔一个流道会出现大尺度的回流以及二次流现象。RNG $k-\varepsilon$模型预测结果与实验结果差别较大,LES 捕捉到的回流涡结构数量多于实验结果,而非线性 PANS 模型可以较好地捕捉实验发现的周期性分布规律。这是由于新建的非线性 PANS 模型对于剪切应力的求解是基于非线性格式获得,对于流动的捕捉更加接近实际,而 RNG $k-\varepsilon$ 模型是基于线性格式求解,在离心泵小流量工况,机组内部流动复杂,流动的非线性特征更加明显,线性湍流模型难以准确预测各种尺度的复杂流动。

综上所述，非线性 PANS 湍流模型可以较好地捕捉大曲率回流以及二次流等复杂流动，基于 RNG $k-\varepsilon$ 模型建立的非线性 PANS 模型可以应用到水泵水轮机复杂流动的数值模拟中。

3.3.1.5 非线性 PANS 模型对水轮机内压力脉动预测

前文对非线性 PANS 模型的验证表明，非线性 PANS 模型对外特性和内流场的计算与实验结果都能很好地吻合，这为水轮机内部复杂流动，以及水泵水轮机运行不稳定性的精确数值分析和研究奠定了基础。

下面使用非线性 PANS 模型对某水泵水轮机内部流动的压力脉动进行预测。

水泵水轮机在设计完成时，都需要经过全面的模型测试，以检验该模型是否可以稳定安全的运行，而压力脉动是模型实验中的一个重要指标。原型机组难以自由安排压力脉动测点，完成原型机组压力脉动的测试较为困难，因此水泵水轮机内部流动的压力脉动测试基本是通过模型实验完成的。在轴流水轮机的压力脉动研究中，刘树红等[136]发现由于模型机组和原型机组的雷诺数不同，内部流动形态不同，模型与原型机组相对应的两个工况点压力脉动的特征也不相同。对于混流式水轮机，模型与原型机组之间压力脉动的相似规律仍不清楚。这里针对模型与原型水泵水轮机压力脉动的相似性进行了研究，探索压力脉动的相似性规律，以验证 PANS 模型对压力脉动的预测。

①相似参数

模型和原型水轮机工况点满足以下相似关系

$$q_P = q_m \frac{n_p}{n_m} \left(\frac{D_p}{D_m}\right)^3 \tag{3.73}$$

$$H_p = H_m \frac{g_m}{g_p} \left(\frac{n_p}{n_m} \cdot \frac{D_p}{D_m}\right)^2 \tag{3.74}$$

$$P_p = P_m \frac{\rho_p}{\rho_m} \left(\frac{n_p}{n_m}\right)^3 \left(\frac{D_p}{D_m}\right)^5 \frac{\eta_m}{\eta_p} \tag{3.75}$$

式中：下标 m 代表模型机组相关参数，下标 p 代表原型机组相关参数，q(m^3/s)为水泵水轮机的体积流量，n (rpm)为转轮转速，D (m)为转轮直径，ρ(kg/m^3)为密度，η 为机组的水力效率，H(m)为水泵水轮机的水头，P(kW)为机组的轴功率。

选取原型与模型水泵水轮机的几何尺寸比例为 8 : 1，两者几何相似。

②工况点

空载开度为水轮机的起始加载开度，该开度下的流动稳定性尤为重要。选取同一开度(空载开度)的模型水轮机和原型水轮机为研究对象，在空载开度对应的“S”特性(特指水泵水轮机特性曲线存在拐点)曲线上选取水轮机工况最优效率点对应的流量为最大流量，依次减小流量设置不同的计算工况点，最小流量为 0。计算工况点在“S”曲线中的位置如图 3.14 所示。

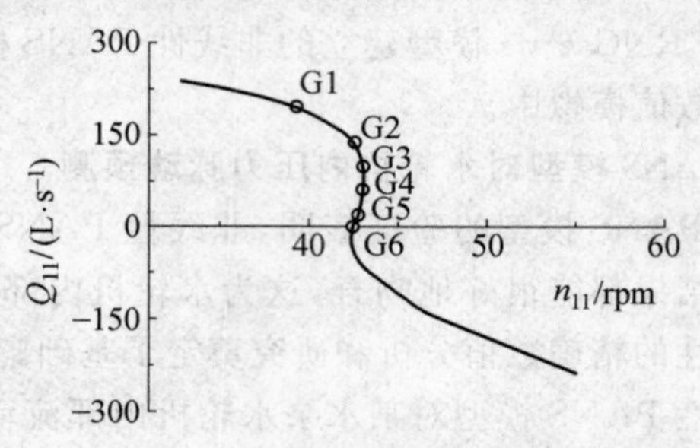

图 3.14　水泵水轮机空载开度下“S”区工况点示意图

水泵水轮机“S”区的稳定性主要与水轮机工况以及水轮机制动工况有关。工况点的编号如表 3.3 所示，其中 G3 工况点为飞逸点。

表 3.3　工况点的编号

编号	单位转速(rpm)	单位流量(L/s)
G1	39.27	198.38
G2	42.59	139.17
G3	42.97	98.63
G4	43.03	61.46
G5	42.72	17.55
G6	42.46	0

③压力监测点

水轮机压力脉动幅值最大的点位于转轮与活动导叶之间的无叶区，故主要研究无叶区的压力脉动在“S”特性曲线上的演化规律，压力脉动监测点的布置以导叶流域和无叶区为主，如图 3.15 所示。

下面分别对模型和原型混流式水轮机在空载开度下“S”特性曲线上不同工况点的压力脉动进行数值模拟，探索模型与原型水泵水轮机无叶区压力脉动的相似规律，并对压力脉动沿导叶流域的传递规律进行研究，阐述不同工况点下压力脉动的频谱特征。

④压力脉动相似性

模型机不同工况点(G1～G6)的压力脉动时域图如图 3.16 所示。从图中可以看出，“S”特性曲线上不同工况点的无叶区压力脉动的主频是相同的。从工况点 G1 到 G6，压力脉动幅值最小的点为点 G1，最大的点为点 G4。

原型机不同工况点(G1～G6)的压力脉动时域图如图 3.17 所示。从图中可以看出，水轮机工况点 G1 和点 G2 压力脉动幅值较小，低频分量不明显。当

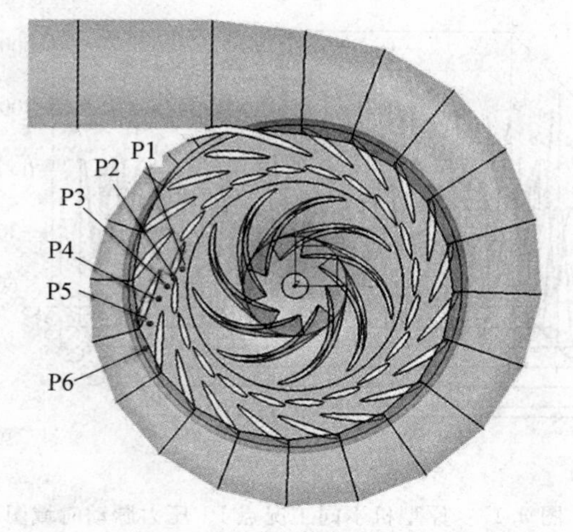

图 3.15　压力脉动监测点

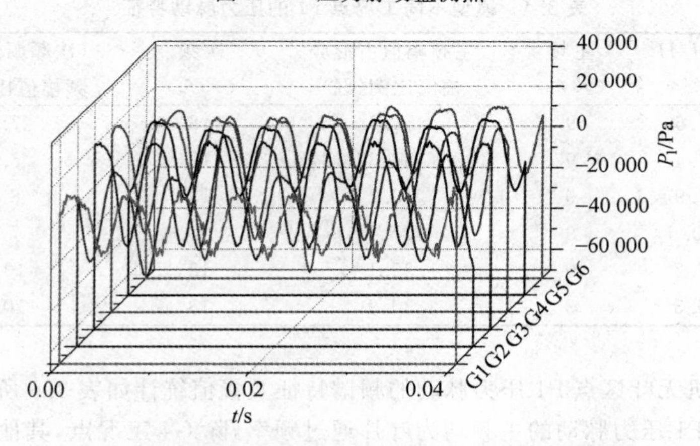

图 3.16　模型机不同工况点 P1 压力脉动时域图

机组进入飞逸点(G3)后，压力脉动出现一个明显的低频分量。进入水轮机制动工况后，低频分量在点 G5 消失。当机组在零流量运行时，压力脉动的低频分量再次出现。

模型机无叶区点 P1 压力脉动的频谱特征及幅值统计如表 3.4 所示。当机组的流量比飞逸工况点大时，压力脉动的幅值先增大后减小。当流量略小于飞逸点工况时，压力脉动幅值明显增大，机组在运行过程中应尽量避开此区域运行。所有工况点的主频占混频幅值的比例均在 30%以上，除了点 G4，其他几个工况点的比例接近；在 G1～G4 点次频占混频幅值的比例均在 7%左右，当接近零流量时，次频的比例提高较大，可达到 10%。

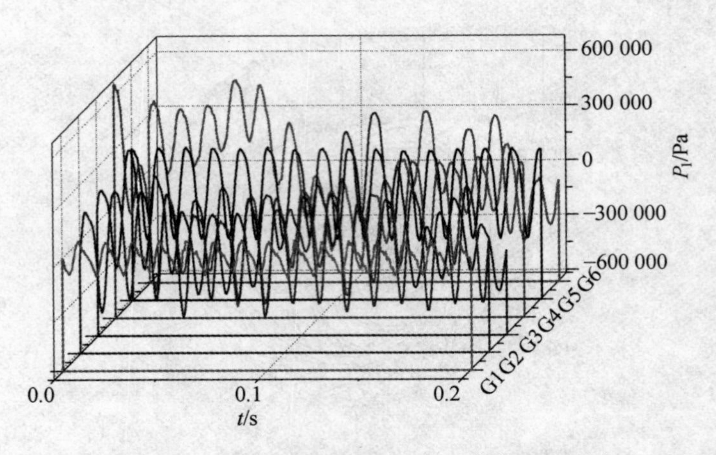

图 3.17　原型机不同工况点 P1 压力脉动时域图

表 3.4　模型不同工况点 P1 的压力脉动特征

工况	$\Delta H/H$ (%)	主频 ($\times f_n$)	主频幅值占混频幅值比例(%)	次频 ($\times f_n$)	次频幅值占混频幅值比例(%)
G1	5.6	9	30.7	18	7.1
G2	8.4	9	31.3	18	8.0
G3	7.9	9	46.7	18	6.8
G4	10.6	9	37.4	4	7.6
G5	7.2	9	35.1	18	10.6
G6	6.3	9	30.9	18	10.9

原型机无叶区点 P1 压力脉动的频谱特征及幅值统计如表 3.5 所示。不同工况下点 P1 压力脉动的主频均为叶片通过频率，除 G4 工况点，其他工况的次频均为叶片通过频率的 2 倍。在 G4 工况点，主频幅值占混频幅值的比例达到 46.2%，飞逸点的主频和次频幅值占混频幅值的比例较小。压力脉动的相对幅值在飞逸点达到最大值。

表 3.5　原型机组不同工况点 P1 的压力脉动特征

工况	$\Delta H/H$ (%)	主频 ($\times f_n$)	主频幅值占混频幅值比例(%)	次频 ($\times f_n$)	次频幅值占混频幅值比例(%)
G1	3.6	9	25.3	18	12.6
G2	11.9	9	38.4	18	6.4
G3	15.4	9	15.4	1	12.3
G4	14.8	9	14.5	0.45	9.9
G5	8.6	9	46.2	18	6.6
G6	13.1	9	16.3	1	14.6

通过模型机与原型机的雷诺数的计算公式可以得到模型与原型之间的频率关系式(3.76)。模型机的特征频率与原型机相应的特征频率之比为2.4,即为模型机与原型机的转速比

$$\frac{f_m}{f_p}=\frac{Re_m D_{1p}^2}{Re_p D_{1m}^2}=2.4 \tag{3.76}$$

模型机与原型机压力脉动的特征频率(叶片通过频率及其倍数频率)对应的分频幅值统计如表3.6所示。模型和原型机组无叶区压力脉动幅值在"S"特性曲线上随流量的减小呈现先增大后减小的趋势。

表3.6 不同工况飞逸点压力脉动的各分频幅值

		$9f_n$(Pa)	$18f_n$(Pa)	$27f_n$(Pa)	$36f_n$(Pa)	$\Delta H/H$ (%)
G1	模型	10 484.5	2 405.2	401.0	182.5	5.6
	原型	53 395.7	26 761.8	4 478.7	622.7	3.6
G2	模型	16 367.8	4 204.0	563.9	162.7	8.4
	原型	268 327.5	44 379.5	5 395.8	3 258.4	11.9
G3	模型	23 712.7	3 468.1	574.78	199.8	7.9
	原型	171 261.4	27 190.3	7 436.9	1 511.8	15.4
G4	模型	24 126.6	2 886.4	988.7	278.9	10.6
	原型	154 708.7	33 263.7	7 894.9	1 269.4	14.8
G5	模型	13 237.4	3 984.3	818.5	187.8	7.2
	原型	231 363.8	33 267.4	7 648.8	2 429.5	8.6
G6	模型	10 272.2	3 636.7	876.1	230.0	6.3
	原型	160 339.8	17 039.7	8 003.6	1 495.4	13.1

将各分频幅值以及压力脉动的频率进行无量纲化处理,如式(3.77)和(3.78)所示

$$\varphi_p = A_f/\Delta H \tag{3.77}$$

$$\varphi_f = f/f_n \tag{3.78}$$

式中,A_f为分频幅值,ΔH为压力脉动的峰——峰值。

对比分析6个工况点下的无量纲压力脉动的频谱图(图3.18)可以看出,同一工况点下模型机组与原型机组无叶区压力脉动的主频相同且均为叶片通过频率。两机组无叶区压力脉动均存在叶片通过频率的高倍频分量。在飞逸点以及零流量点,原型机组出现了模型机组不存在的低频成分,导致这种差异产生的原因,与内部涡的形态区别有关。低频差异的产生原因可能有:虽然数值计算时惯性力及压力由于边界条件的设置基本满足相似规律,但由于模型机

与原型机的尺寸比为 1∶8，雷诺数差别较大，流体的内摩擦力（即粘滞力）很难满足相似规律；模型机组的水头与原型机组水头之比约为 1∶10，致使两机组不满足重力相似、表面张力相似以及弹性力相似的准则。

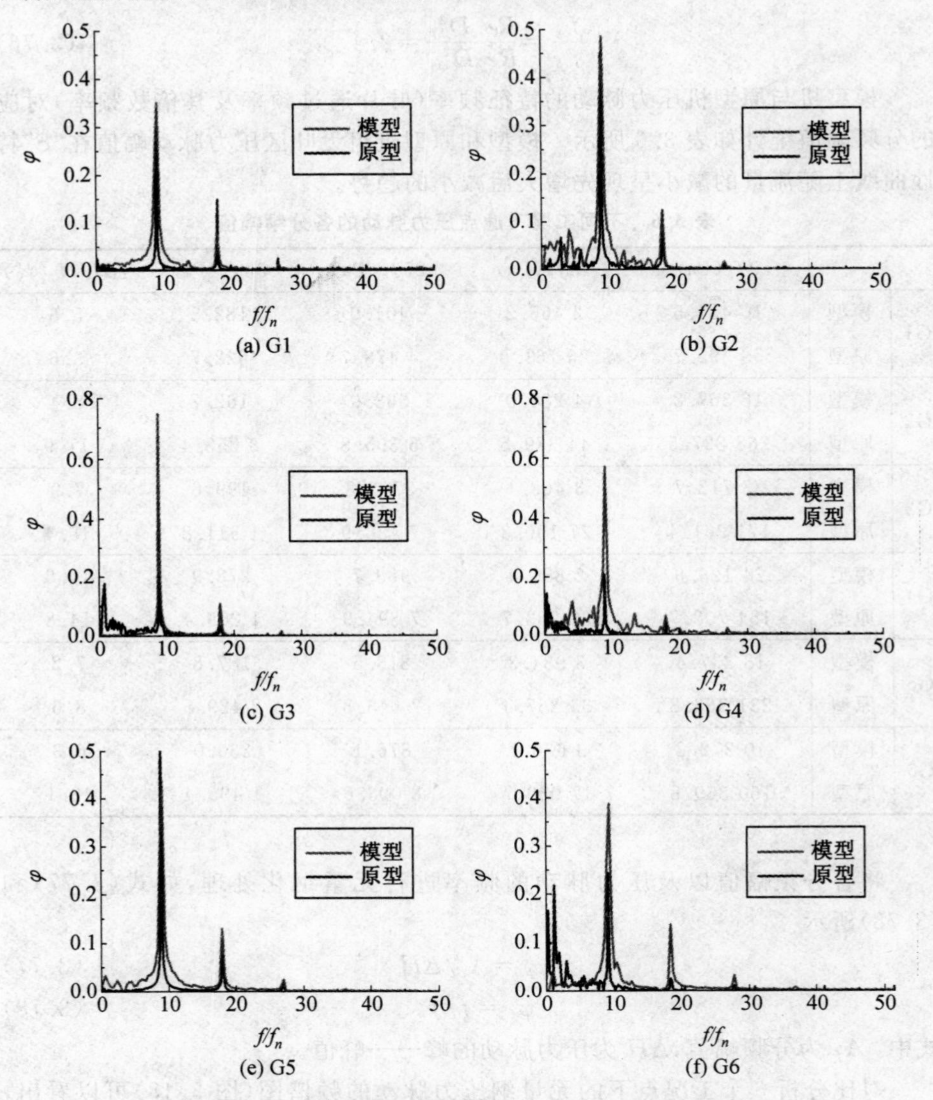

图 3.18　模型机和原型机压力脉动无量纲化处理

⑤模型与原型机组流动相似性

模型机和原型机的雷诺数由式(3.79)计算得到，分别为：$Re_m = 3.62 \times 10^6$，$Re_p = 96.51 \times 10^6$。下标 m 代表模型机，p 代表原型机

$$Re = \frac{\pi n D_1^2}{60\nu} = \frac{2\pi f D_1^2}{\nu} \tag{3.79}$$

模型机与原型机的雷诺数之比为 1∶26.67。两机组不同工况点转轮 S1 流面流线图如图 3.19 所示。由图可见，同一工况点下模型机与原型机转轮内部流动存在明显区别。原型机组在飞逸点（G3）运行时，转轮内部已经出现明显的回流涡，与模型机相比，原型机转轮内部流动的周期性差，内部流动更加紊乱。当流量减小至点 G4 时，模型机和原型机转轮内部均出现回流涡。“S”特性曲线的斜率 $dQ_{11}/dn_{11} > 0$ 的位置出现在点 G4 附近，说明“S”特性的存在和转轮内部回流涡有一定的关联，可能与转轮内部出现的旋转失速现象有关，但是旋转失速的主频较低，在模型实验中旋转失速过程可达几秒钟，计算耗费时间长，很难采用数值模拟的方法捕捉旋转失速造成的特性改变现象，目前只能通过实验来预测旋转失速的相关特征。

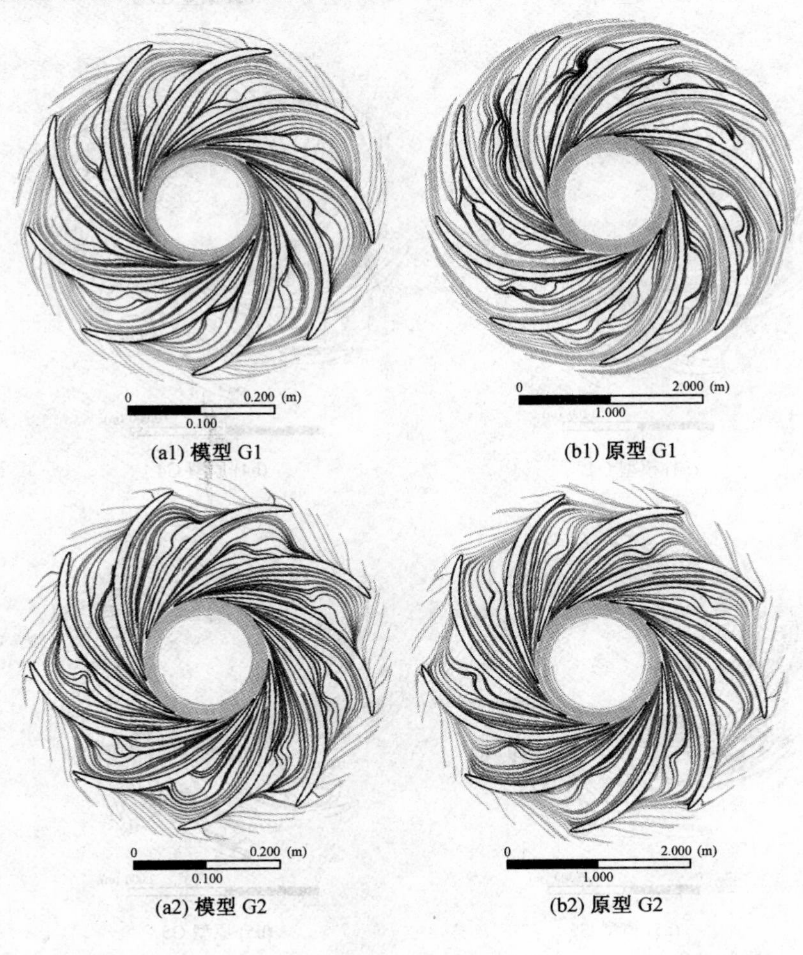

(a1) 模型 G1　(b1) 原型 G1

(a2) 模型 G2　(b2) 原型 G2

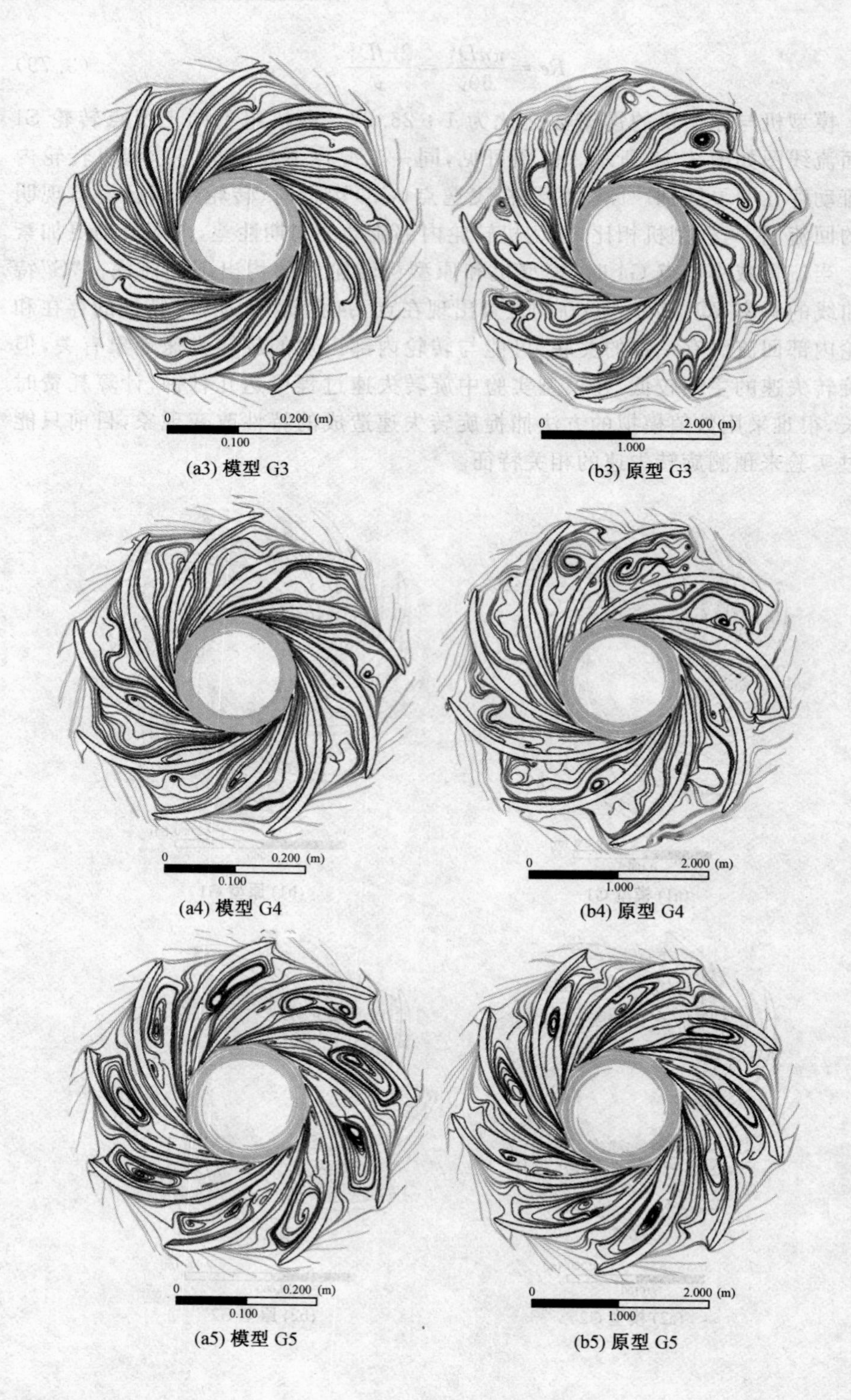

(a3) 模型 G3　　(b3) 原型 G3

(a4) 模型 G4　　(b4) 原型 G4

(a5) 模型 G5　　(b5) 原型 G5

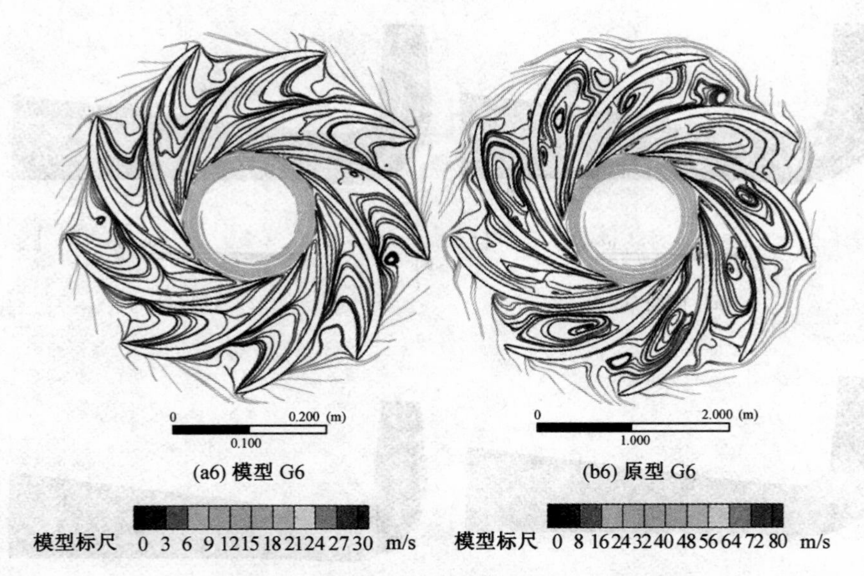

(a6) 模型 G6　　(b6) 原型 G6

图 3.19　模型机和原型机不同工况点转轮 S1 面流线图

不同工况点模型机与原型机的尾水管涡带形态如图 3.20 所示。尾水管涡带采用压力等值面获得。模型机的尾水管涡带粗大，原型机的尾水管涡带细长。水轮机工况下，点 G1 模型机的体积小于点 G2，而原型机则相反，点 G2 的尾水管涡带体积大于点 G1，并且原型机尾水管涡带的延伸超过肘管段，而模型机的尾水管涡带到肘管段截止。在点 G4，原型机的尾水管涡带细长而呈螺旋状，模型机的尾水管涡带成粗短的柱状形态。模型机尾水管涡带的起始位置均在转轮出口(尾水管入口)，而原型机在接近零流量时，尾水管涡带在距离转轮出口边 0.3D_1的下游位置出现。

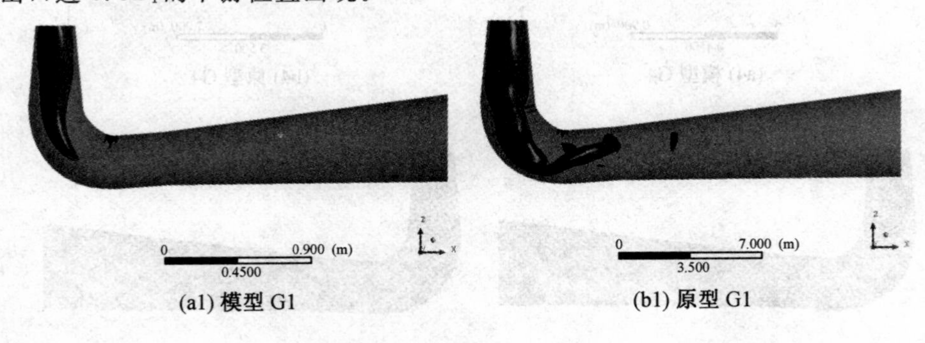

(a1) 模型 G1　　(b1) 原型 G1

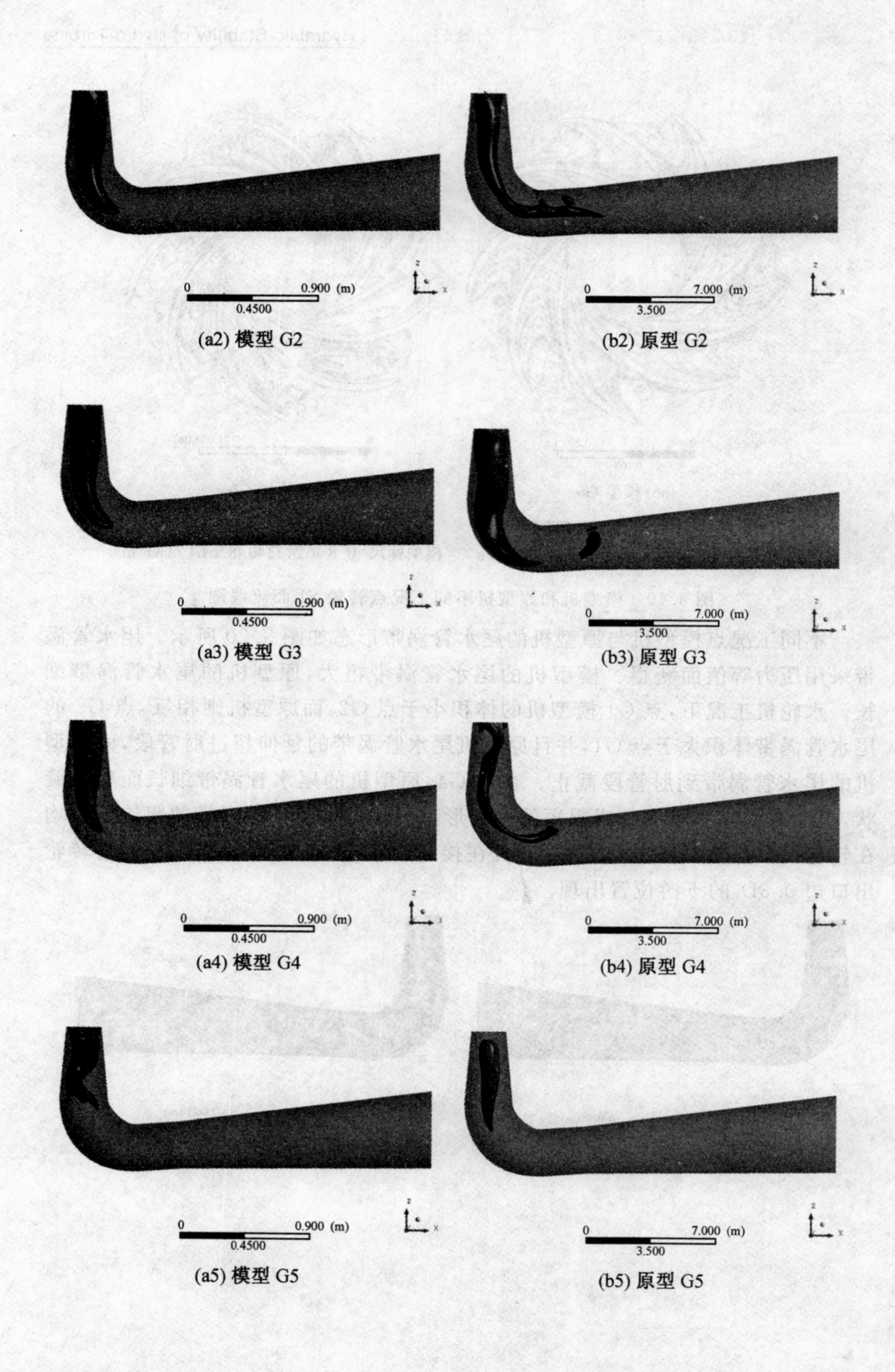

(a2) 模型 G2　(b2) 原型 G2

(a3) 模型 G3　(b3) 原型 G3

(a4) 模型 G4　(b4) 原型 G4

(a5) 模型 G5　(b5) 原型 G5

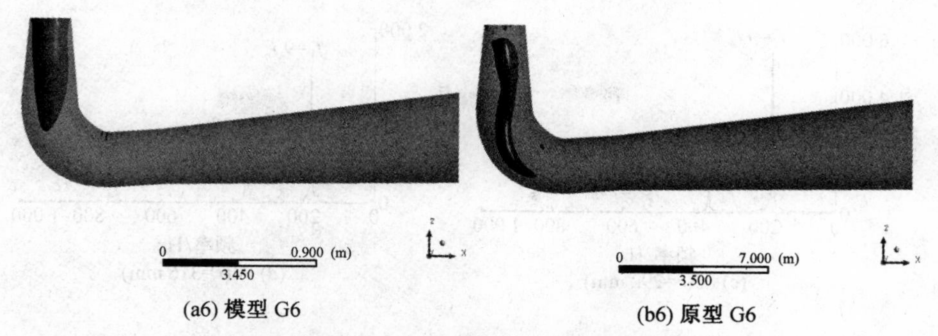

(a6) 模型 G6　　(b6) 原型 G6

图 3.20　不同工况点模型机和原型机尾水管涡带

⑥压力脉动的传播

为了研究压力脉动沿导叶流域的传播规律，对模型机不同测点的压力脉动进行傅里叶变换从而获得点 P1～P6 的压力脉动频谱图，如图 3.21 所示，其中 r 为测点对应的半径。当 $r<342$ mm 时，压力脉动的主频为叶片通过频率；当 $r=380$ mm 时，压力脉动的主频转变为叶片通过频率的 2 倍。在半径较大时，测点离转轮较远，受转轮叶片数的影响小，由于导叶干涉而产生的压力脉动逐渐起到主要作用，2 倍的叶片通过频率为 $18f_n$，正是 20 个导叶与转轮转动频率相互干涉的结果。采用非线性 PANS 模型计算的压力脉动可以捕捉到高频分量信息，如 $48f_n$。叶片通过频率对应的幅值从固定导叶入口至活动导叶出口逐渐增大，转轮与导叶之间的幅值最大，但是增大的速率在 $r<292$ mm 时迅速提高。r 较小时(小于 292 mm)压力脉动不存在 $48f_n$ 高频分量，随着 r 增大，高频分量对应的幅值逐渐增大。

对不同测点各分频对应的幅值进行统计，结果如表 3.7 所示。各分频对应的幅值随半径的变化规律如图 3.22 所示。叶片通过频率对应的幅值随半径的减小而增大；2 倍叶片通过频率对应的幅值在 270 mm$<r<$280 mm 时降低明显，在 280 mm$<r<$316 mm 的范围内分频幅值基本保持不变，$r>316$ mm 时幅值迅速降低。高倍频 $36f_n$ 对应的幅值随着半径的增大呈现先减小后增加的趋势，但增加趋势缓慢。各叶片通过频率的倍数对应的幅值在半径小于 300 mm时幅值变化趋势一致，均随半径的增大而减小。

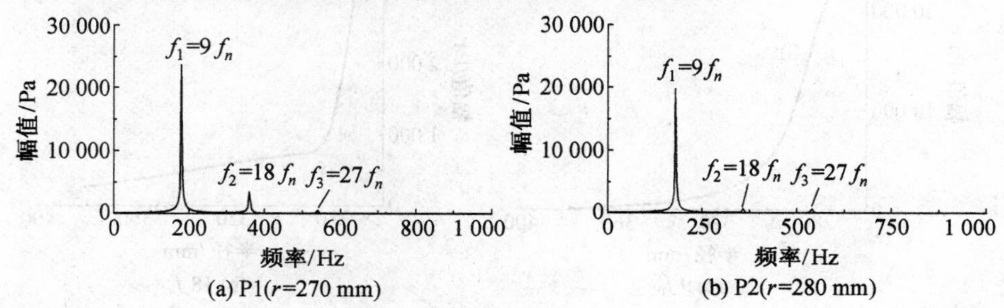

(a) P1(r=270 mm)　　(b) P2(r=280 mm)

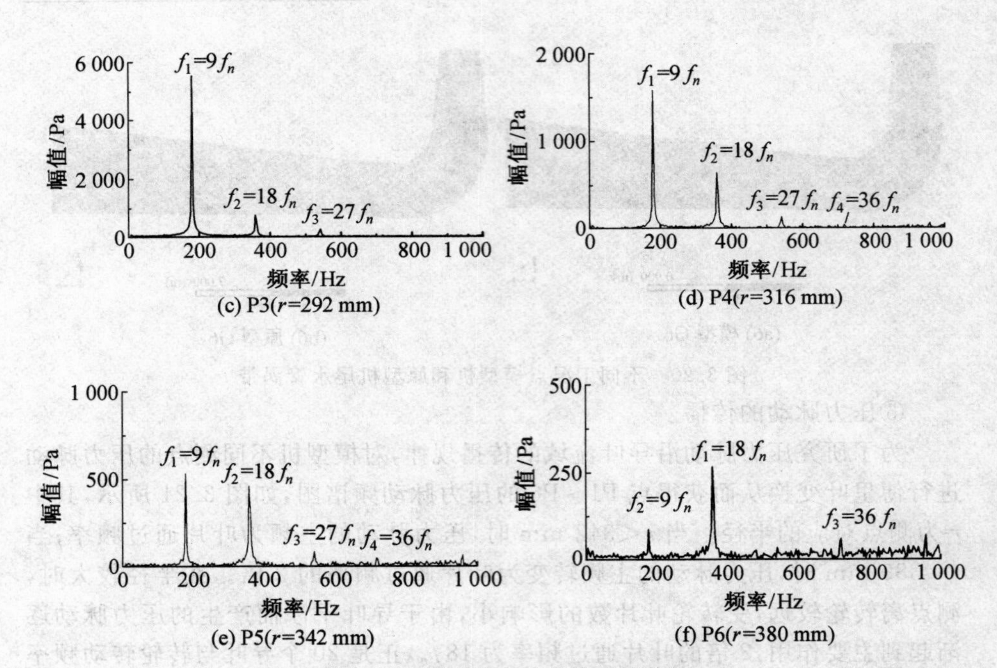

图 3.21　不同测点压力脉动频谱图

表 3.7　不同测点压力脉动的各分频幅值(单位:Pa)

	$9f_n$	$18f_n$	$27f_n$	$36f_n$
P1	23 712.7	3 468.1	574.78	199.8
P2	19 725.1	745.1	707.6	116.4
P3	5 528.8	750.1	263.2	41.8
P4	1 586.2	638.8	136.7	45.7
P5	533	460.5	87.4	49.3
P6	86.2	265.8	33.2	58.9

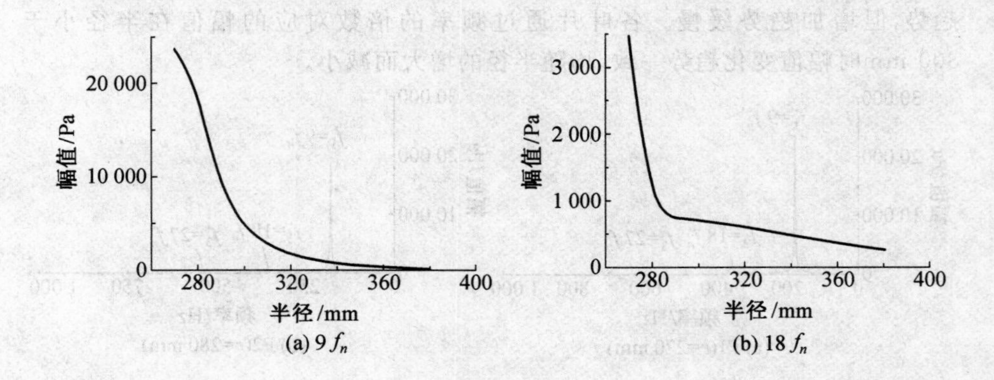

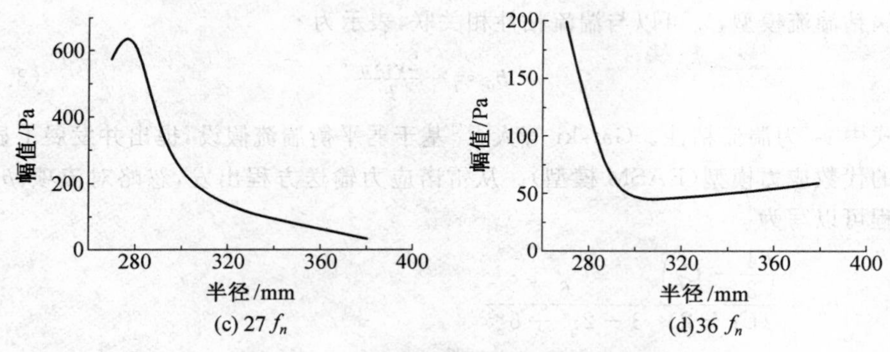

图 3.22 不同分频对应幅值变化规律

3.3.2 考虑强旋转和大曲率流动的各向异性 $k-\varepsilon$ 模型修正及验证

水泵水轮机"S"特性曲线上工况点的内部流动属于典型的水力机械偏工况点复杂分离流动，数值模拟的瓶颈是湍流模型的不足，原因在于在哥氏力、离心力、曲率及逆压梯度作用下的偏工况流动非常复杂，实验结果表明，凸面附近的流动会使雷诺切应力受到抑制，湍动能减小；而凹面则相反，现在的绝大多数湍流模式不能精确反映曲率和哥氏力对雷诺应力和湍动能的影响。

目前广泛采用的 $k-\varepsilon$ 系列模型都是基于各向同性湍流假设建模，无法准确地捕捉叶轮机械偏工况下由于冲角引起的分离流动。尹俊连等考虑转轮强旋转和叶片曲率影响下的分离流动具有的各向异性，结合了雷诺应力模型对各向异性流动精确模化的优点和涡粘湍流模型计算经济、收敛快的优点，改进了标准 $k-\varepsilon$ 湍流模型，并和实验数据进行了验证。

3.3.2.1 模型发展过程

N－S 方程经过时均化处理转化为

$$\frac{\partial u_i}{\partial x_i}=0 \tag{3.80}$$

$$\frac{\partial}{\partial t}(\rho u_i)+\frac{\partial}{\partial x_j}(\rho u_i u_j)=-\frac{\partial p}{\partial x_i}+\frac{\partial}{\partial x_j}\left[\mu\left(\frac{\partial u_i}{\partial x_j}+\frac{\partial u_j}{\partial x_i}-\frac{2}{3}\delta_{ij}\frac{\partial u_l}{\partial x_l}\right)\right]+\frac{\partial}{\partial x_j}(-\rho\overline{u'_i u'_j}) \tag{3.81}$$

式中，$-\rho\overline{u'_i u'_j}$ 为雷诺应力，可以写为

$$\overline{u'_i u'_j}=\left(b_{ij}+\frac{2}{3}\delta_{ij}\right)k \tag{3.82}$$

其中，b_{ij} 为各向异性张量，k 为湍动能。对于不可压缩流动可以表示为

$$b_{ij}=\frac{\overline{u'_i u'_j}}{k}-\frac{2}{3}\delta_{ij} \tag{3.83}$$

b_{ij} 含有与湍流结构相关的信息，可以用已知的流动变量来表征，对于线性

涡粘湍流模型，b_{ij} 可以与湍流粘性相关联，表示为

$$b_{ij}=-\frac{2\nu_T s_{ij}}{k} \tag{3.84}$$

式中 ν_T 为湍流粘性。Gatski 等人[137]基于弱平衡湍流假设，提出并发展了显式的代数应力模型(EASM 模型)。从雷诺应力输送方程出发，忽略对流项，b_{ij} 方程可以写为

$$b_{ij}=\frac{\left(\frac{4}{3}-C_2\right)}{(C_3-2)}\frac{6}{3-2\eta^2+6\zeta^2}$$

$$\left[S_{ij}^*+\left(S_{ik}^*W_{ik}^*+S_{jk}^*W_{ki}^*-2\left(S_{ik}^*S_{kj}^*-\frac{1}{3}S_{kl}^*S_{kl}^*\delta_{ij}\right)\right)\right] \tag{3.85}$$

方程(3.85)中的变量主要由流动参数的时均量和湍流输运变量组成，对基于 $k-\varepsilon$ 湍流模式有如下的关联式

$$\eta^2=S_{ij}^*S_{ij}^* \tag{3.86}$$

$$\zeta^2=W_{ij}^*W_{ij}^* \tag{3.87}$$

$$S_{ij}^*=\frac{1}{2}g\,\frac{k}{\varepsilon}(2-C_3)S_{ij} \tag{3.88}$$

$$W_{ij}^*=\frac{1}{2}g\,\frac{k}{\varepsilon}(2-C_4)W_{ij} \tag{3.89}$$

$$W_{ij}=\Omega'_{ij}+\frac{C_4-4}{C_4-2}e_{mji}\omega_m \tag{3.90}$$

$$g=\left(\frac{1}{2}C_1+\frac{P^k}{\varepsilon}-1\right)^{-1} \tag{3.91}$$

式中，S_{ij} 为平均应变率张量，Ω'_{ij} 为平均旋转率张量，在以 ω_m 角速度旋转的参考坐标系下表示为

$$S_{ij}=\frac{1}{2}\left(\frac{\partial U_i}{\partial x_j}+\frac{\partial U_j}{\partial x_i}\right) \tag{3.92}$$

$$\Omega'_{ij}=\frac{1}{2}\left(\frac{\partial U_i}{\partial x_j}-\frac{\partial U_j}{\partial x_i}\right) \tag{3.93}$$

模型系数 $C_1\sim C_4$ 的定义参见文献。方程(3.86)～(3.93)和湍动能 k 联立就构成了以平均流动参数和湍流统计变量表达的雷诺应力张量的非线性表达式。为了发展考虑湍流应力的各向异性的线性涡粘模型，*York* 等人[137]根据方程(3.85)中的第一个线性项发展了湍流粘性系数的半隐式表达式

$$C_\mu=\frac{K_1+K_2C_\mu\left(\frac{Sk}{\varepsilon}\right)^2+K_3C_\mu\left(\frac{Sk}{\varepsilon}\right)+K_4C_\mu^2\left(\frac{Sk}{\varepsilon}\right)^3}{K_5+K_6C_\mu\left(\frac{Sk}{\varepsilon}\right)^2+K_7C_\mu^2\left(\frac{Sk}{\varepsilon}\right)^4+K_8\left(\frac{Wk}{\varepsilon}\right)^2} \tag{3.94}$$

从而湍流粘性可以表示为

$$\nu_T = C_\mu \frac{k^2}{\varepsilon} \tag{3.95}$$

上式中,S 为应变率张量的模,$K_1 \sim K_8$ 为模型常数,可以用 $C_1 \sim C_4$ 的代数方程表示,ε 为湍流耗散率,具体的推导过程可以参见文献[138]。

在上述方程中,坐标系旋转和曲率对流动的影响是通过 ω_m 来表征,并且通过有效旋转率大小 W 反映在涡粘性表达式中,W 的表达式为

$$W = \sqrt{2W_{ij}W_{ij}} \tag{3.96}$$

从而方程(3.90)可以表示为

$$W_{ij} = \Omega'_{ij} + e_{mji}\omega_m + \frac{-2}{C_4 - 2} e_{mji}\omega_m \tag{3.97}$$

$$W_{ij} = \Omega_{ij} + \frac{2}{C_4 - 2}\Omega^r_{ij} \tag{3.98}$$

上式中,$\Omega_{ij} = \Omega'_{ij} + e_{mji}\omega_m$ 为惯性坐标系下的绝对涡量张量,$\Omega^r_{ij} = -e_{mji}\omega_m$ 为旋转坐标系的旋转率张量,同时也是涡量修正张量[139],尽管在数学上相似,但是旋转参考坐标系的旋转效应会影响到流场的全部流域,而曲率变化对流场的影响则随流域的时空变化而变化。

为了保证系统的旋转和流线曲率对涡粘性的影响与坐标系的选择无关,与文献[140-144]中的处理方法类似,方程(3.97)中的 ω_m 可以看作平均应变率张量主轴的旋转率。为了能使上述方程封闭,ω_m 必须与平均速度场相关联。这里采用 Wallin 和 Johansson 提出的计算公式,该公式也在 Spalart 和 Shur 以及 Gatski 和 Jongen 等人提出的非线性代数应力模型中得到了应用,其表达式为

$$\omega_i = A^{-1}_{ij} S_{pl} \dot{S}_{lq} e_{pqj} \tag{3.99}$$

式中 $\dot{S}_{ij}$ 为应变率张量的物质导数,i、j、l、p、q 为张量下标符号

$$A^{-1}_{ij} = \frac{II^2_s \delta_{ij} + 12III_s S_{ij} + 6II_s S_{ik} S_{kj}}{2II^3_s - 12III^2_s} \tag{3.100}$$

这里,II_s 和 III_s 分别为平均应变率张量的第二和第三不变量,对于二维流动,方程(3.99)可以简化为

$$\omega_3 = \frac{S_{11}\dot{S}_{12} - S_{12}\dot{S}_{11}}{2S^2_{11} + 2S^2_{12}} \tag{3.101}$$

方程(3.97)~(3.99)中 ω_m 的定义与 York 等人采用的模型是不同的。原始的修改模型对涡量修正张量和有效旋转率张量 W 进行了简单的近似。为了对比起见,列出了原始模型修改项的表达式

$$\omega_m = 0.5(S - \Omega) \tag{3.102}$$

$$W = \left(\frac{4 - C_4}{2 - C_4}\right)\Omega - \left(\frac{2}{2 - C_4}\right) S \tag{3.103}$$

$$\Omega=\sqrt{2\Omega_{ij}\Omega_{ij}} \tag{3.104}$$

方程(3.102)～(3.104)的推导还可以参见文献。

综上所述，改进的湍流封闭方程为

$$\frac{\partial(\rho u_i k)}{\partial x_i}=\frac{\partial}{\partial x_j}\left[\left(\mu+\frac{\mu_t}{\sigma_k}\right)\left(\frac{\partial k}{\partial x_j}\right)\right]+\rho(p_r-\varepsilon) \tag{3.105}$$

$$\frac{\partial(\rho u_i \varepsilon)}{\partial x_i}=\frac{\partial}{\partial x_j}\left[\left(\mu+\frac{\mu_t}{\sigma_\varepsilon}\right)\left(\frac{\partial \varepsilon}{\partial x_j}\right)\right]+\frac{\rho}{k}(C_1\varepsilon p_r-C_2\varepsilon^2) \tag{3.106}$$

$$\mu_t=\rho C_\mu\frac{k^2}{\varepsilon} \tag{3.107}$$

其中 C_μ 的表达式见方程(3.94)。

3.3.2.2 模型验证

为了验证上述理论的正确性，针对典型算例进行了数值模拟。计算当中在商业 CFD 软件 FLUENT 平台上通过 UDF 来修改湍流粘性系数。计算中采用分离式求解器，压力速度的耦合采用 SIMPLEC 算法；对流项采用 QUICK 格式，湍流粘性项的松弛因子相应减小，计算实验表明取值 0.3 对于保证数值计算的稳定性比较合适，数值收敛的标准与文献相同。

计算的算例为低比转速离心泵内部流动，该算例用来检验改进后的各向异性 $k-\varepsilon$ 模型在复杂涡轮机械真实流动性能预测方面的表现。

表 3.8 中列出了该低比转速离心泵模型的主要几何参数和操作工况参数，几何模型和网格生成如图 3.23 所示。计算流域包括蜗壳、叶轮、进水段在内的整个流道。为了与实验数据对比，计算域包含了叶轮与外部泵壳的间隙[145]。网格生成采用贴体六面体网格，网格单元总数为 4 120 000。为了捕捉边界层的流动分离，在叶片和前后盖板的近壁处进行了网格加密，$y+$ 控制在 10 以内。计算网格进行了网格无关性计算，计算中借助于 FLUENT 中的基于流场参数解的网格自适应技术，首先选择考核的流场参数如速度分布、壁面摩擦系数等，进行初步计算，收敛后进行网格的加密，如此重复直至参数不再变化。

表 3.8 离心泵的主要几何和操作参数

参数	数值
进口直径[mm]	63
出口直径[mm]	50
转速[rpm]	2 490
设计流量[m^3/h]	25
设计扬程[m]	31
比转速	65

为了得到离心泵的扬程流量曲线，计算中选取了 6 个工况点，分布范围为

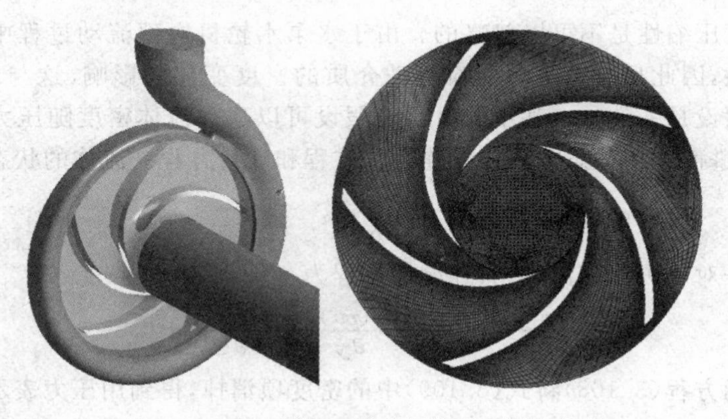

图 3.23 离心泵的三维几何模型和网格生成

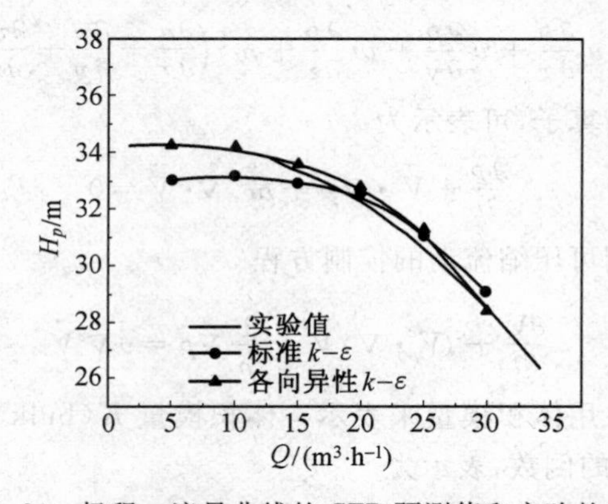

图 3.24 扬程一流量曲线的 CFD 预测值和实验的对比

设计流量 Q_d 的 5%～130%。图 3.24 给出了两种模型预测的扬程流量特性以及与实验结果的对比，从中可以看出标准的 $k-\varepsilon$ 模型在小扬程范围与实验数据吻合很好，但是从间隙流的角度出发，其预测的结果具有较大的误差，而改进后的各向异性 $k-\varepsilon$ 模型预测结果在整个流量范围内都具有良好的一致性，说明了改进的模型具有一定的优越性。

大量的实验测试[146]表明离心泵在偏离设计点，尤其是小流量范围运行时由于转轮叶片进水边的液流冲角很大，流动分离现象非常严重。现有的双方程湍流模型对偏工况的预测结果往往与实验结果有较大的差距，其重要原因在于雷诺应力的各向同性假设[147]，无法捕捉由于叶轮旋转和叶片扭曲带来的各向异性的雷诺应力。改进后的模型可以用于水轮机特性的数值预测。

3.3.3 考虑水体弹性的三维非定常湍流的建模

在基于一维特征线法的瞬变流建模中，水体弹性和管路弹性对压力波的传播具有很大的影响。对机组而言，结构的刚性很大，壁面的弹性可以忽略，但是水体的可压缩性是不可以忽略的。由于水泵水轮机内部流动过程中温度变化微乎其微,因此只考虑了压力对流动介质的密度变化的影响,这与 Song 的弱可压缩假设是一致的。基于弱可压缩假设可以建立流体密度随压力变化的状态方程,进而运用状态方程修改连续性方程和动量方程。流体的状态方程如下

$$\frac{\partial p}{\partial \rho}=\alpha^2 \tag{3.108}$$

于是对于可压缩流动,其连续性方程为

$$\frac{\partial \rho}{\partial t}+\frac{\partial(\rho u)}{\partial x}+\frac{\partial(\rho v)}{\partial y}+\frac{\partial(\rho w)}{\partial z}=0 \tag{3.109}$$

利用方程(3.108)将式(3.109)中的密度项消掉,得到用压力表示的连续性方程为

$$\frac{\partial p}{\partial t}+u\frac{\partial p}{\partial x}+v\frac{\partial p}{\partial y}+w\frac{\partial p}{\partial z}+\rho\alpha^2\left(\frac{\partial u}{\partial x}+\frac{\partial v}{\partial y}+\frac{\partial w}{\partial z}\right)=0 \tag{3.110}$$

采用拉普拉斯算子,可表示为

$$\frac{\partial p}{\partial t}+\vec{V}\cdot\nabla p+\rho\alpha^2\ \nabla\cdot\vec{V}=0 \tag{3.111}$$

动量方程采用可压缩流动的控制方程

$$\frac{\partial\vec{V}}{\partial t}+(\vec{V}\cdot\nabla)\vec{V}+\frac{1}{\rho}\nabla p=\nu\nabla^2\vec{V} \tag{3.112}$$

流体的压缩性用体积模量来表示。体积模量 K(bulk modulus of elasticity)是体积压缩率的倒数,表示为

$$K=dp/(d\rho/\rho) \tag{3.113}$$

$$K=(p-p_0)/\left(\frac{\rho-\rho_0}{\rho}\right) \tag{3.114}$$

$$\rho=\rho_0/\left(1-\frac{p-p_0}{K}\right) \tag{3.115}$$

根据公式(3.108)可得声速的表达式为

$$a=\sqrt{\frac{K\left(1-\frac{p-p_0}{K}\right)}{\rho_0}} \tag{3.116}$$

在一定温度和中等压强下,水的体积模量 K 变化不大,可假定为常数,其值为 2×10^9 Pa。其中 p_0 为 101 325 Pa,ρ_0 为 1 000 kg/m^3。

尹俊连采用该模型对某抽蓄电站水泵水轮机模型稳态工况进行了非定常流动的对比性计算[148]。其计算发现,在水体可压缩条件下可以捕捉到三个特征频率,而不可压条件下的计算却不能得到第三特征频率。比较一个周期内两种条件下的压力脉动幅值可以看出,水在不可压缩的条件下的幅值比可压缩要小,也就是可压缩计算所得流场的非定常性更强。

3.3.4 改进的 RNG $k-\omega$ 和 DES 模型

水轮机全通道几何结构比较复杂，内部流场多变，包含了多个过流部件之间的耦合流动计算，考虑计算资源的限制以及计算策略的可实现性，很多条件下采用高精度的数值模拟依然难以实现，所以改进的 RANS 算法显得比较重要。

吴晓晶[149]在 RNG $k-\varepsilon$ 湍流模型的基础上，提出了基于 RNG $k-\varepsilon$ 模型改进的 RNG $k-\omega$ 模型来进行水轮机全流道的定常湍流计算，并使用修正的分离涡模拟(DES)湍流模型进行水轮机内部非定常流动计算，取得了不错的计算效果。

3.3.4.1 改进的 RNG $k-\omega$ 模型

改进思路如下：依然保持 RNG $k-\varepsilon$ 湍流模型的两方程架构，湍动能 k 方程依旧沿用，而对湍流耗散率 ω 进行变形，得到新的湍流模型。

湍流耗散频率 ω 定义为

$$\omega=\frac{\varepsilon}{C_k k} \tag{3.117}$$

参考 RNG $k-\varepsilon$ 模型模化过程，按照不可压缩流动假设，以及忽略浮升力效应，可以得到：

湍动能方程为

$$\rho\frac{\mathrm{D}k}{\mathrm{D}t}=\frac{\partial}{\partial x_j}\left(\left(\mu+\frac{\mu_t}{\sigma_k}\right)\frac{\partial k}{\partial x_j}\right)+G_k-\rho\varepsilon \tag{3.118}$$

湍动能耗散率方程为

$$\rho\frac{\mathrm{D}\varepsilon}{\mathrm{D}t}=\frac{\partial}{\partial x_j}\left(\left(\mu+\frac{\mu_t}{\sigma_\varepsilon}\right)\frac{\partial \varepsilon}{\partial x_j}\right)+C_{1\varepsilon}\frac{\varepsilon}{k}G_k-C_{2\varepsilon}\rho\frac{\varepsilon^2}{k}-R \tag{3.119}$$

其中 $G_k=\mu_t S^2$，R 形式和 RNG $k-\varepsilon$ 模型中一致。代入式(3.118)得到

$$\begin{aligned}\rho\frac{\mathrm{D}\omega}{\mathrm{D}t}=&\frac{1}{C_k k}\left(\frac{\partial}{\partial x_j}\left(\left(\mu+\frac{\mu_t}{\sigma_k}\right)\frac{\partial \varepsilon}{\partial x_j}\right)+C_{1\varepsilon}\frac{\varepsilon}{k}G_k-C_{2\varepsilon}\rho\frac{\varepsilon^2}{k}-R\right)\\&-\frac{\omega}{k}\left(\frac{\partial}{\partial x_j}\left(\left(\mu+\frac{\mu_t}{\sigma_\varepsilon}\right)\frac{\partial k}{\partial x_j}\right)+G_k-\rho\varepsilon\right)\end{aligned} \tag{3.120}$$

经过整理，利用微分分析法可以得到

$$\rho\frac{\mathrm{D}\omega}{\mathrm{D}t}=P_\omega-\Phi_\omega+D_\omega-R_\omega \tag{3.121}$$

其中各项分别为

$$P_\omega=\left(\frac{1}{C_k k}C_{1\varepsilon}\frac{\varepsilon}{k}-\frac{\omega}{k}\right)G_k=(C_{1\varepsilon}-1)\frac{\omega}{k}G_k \tag{3.122}$$

$$\Phi_\omega=\frac{1}{C_k k}C_{2\varepsilon}\frac{\varepsilon^2}{k}-\frac{\omega}{k}C_k\omega k=(C_{2\varepsilon}-1)C_k\omega^2 \tag{3.123}$$

$$D_\omega = \frac{1}{C_k k}\frac{\partial}{\partial x_j}\left(\frac{\mu_t}{\sigma_\varepsilon}\frac{\partial \varepsilon}{\partial x_j}\right) - \frac{\omega}{k}\frac{\partial}{\partial x_j}\left(\frac{\mu_t}{\sigma_k}\frac{\partial k}{\partial x_j}\right)$$

$$= \frac{\mu_t}{k}\left(\frac{1}{\sigma_\varepsilon}+\frac{1}{\sigma_k}\right)\frac{\partial k}{\partial x_j}\frac{\partial \omega}{\partial x_j} + \mu_t\frac{\omega}{k}\left(\frac{1}{\sigma_\varepsilon}-\frac{1}{\sigma_k}\right)\frac{\partial^2 k}{\partial x_j^2}$$

$$+ \mu_t\frac{\omega}{k^2}\left(\frac{1}{\sigma_\varepsilon}-\frac{1}{\sigma_k}\right)\left(\frac{\partial k}{\partial x_j}\right)^2 + \frac{\partial}{\partial x_j}\left(\frac{\mu_t}{\sigma_\varepsilon}\frac{\partial \omega}{\partial x_j}\right) \tag{3.124}$$

$$R_\omega = \frac{1}{C_k k}\frac{C_\mu \rho \eta^3 (1-\eta/\eta_0)}{1+\beta\eta^3}\frac{\varepsilon^2}{k} = \frac{C_\mu \rho \eta^3 (1-\eta/\eta_0)}{1+\beta\eta^3}\omega^2 \tag{3.125}$$

利用上面推导的(3.121)～(3.125)就构成了基于 RNG 理论的湍流耗散率频率 ω 的模化方程，结合湍动能方程

$$\rho\frac{\mathrm{D}k}{\mathrm{D}t} = \frac{\partial}{\partial x_j}\left(\left(\mu+\frac{\mu_t}{\sigma_k}\right)\frac{\partial k}{\partial x_j}\right) + G_k - \rho C_k k\omega \tag{3.126}$$

以及湍流粘性系数公式

$$\mu_t = C_\mu \rho \frac{k}{\omega} \tag{3.127}$$

就构成了封闭湍流方程组。

3.3.4.2 基于改进的 RNG $k-\varepsilon$ 模型的 DES 模型

上面利用 RNG 理论建立了以湍动能 k 和湍流耗散率频率 ω 为基础的双方程湍流模型。通过与 Wilcox 的原始 $k-\omega$ 模型的对比可以看出，本方程组的主要区别在于引入了能反应流体应变率的 R_ω，从而更有利于对分离流动，强旋转或者曲率变形大的湍流流动的模化和计算，并利用 ω 在边界上的渐进特点提高计算的稳定性。但上述模型主要基于雷诺时均模型，对于水轮机机组全流道非定常流动的计算，其内部充满复杂的非定常旋涡流动，雷诺模型往往有所限制。而分离涡模型(DES)是一种结合了 RANS 模型和 LES 的混合模化理论，在网格稀疏或者壁面区域使用 RANS 模型计算，而在网格密度足够的区域，使用 LES 进行计算，具有较好的计算精度和网格节约性。

下面在上述基础上，推导基于此方程的分离涡(DES)湍流模型。按照 Spalart 的思想，根据量纲分析，$k-\omega$ 模式中的湍流含能尺度为 $l \sim \sqrt{k}/\omega$，利用该公式将湍动能方程中的耗散项，也就是最后一项进行替换，可以得到替换后的湍动能方程

$$\rho\frac{\mathrm{D}k}{\mathrm{D}t} = \frac{\partial}{\partial x_j}\left(\left(\mu+\frac{\mu_t}{\sigma_k}\right)\frac{\partial k}{\partial x_j}\right) + G_k - \rho C_k \frac{k^{3/2}}{l} \tag{3.128}$$

同时，涡粘系数的定义可以更改为

$$\mu_t = C_\mu \rho k^{1/2} l \tag{3.129}$$

为了体现大涡和分区模化的思想，将湍流长度尺度 l 按照如下方式进行构造

$$l = \min(\frac{\sqrt{k}}{\omega}, C_{\text{DES}}\Delta) \tag{3.130}$$

按这种构造方法，当湍流流动尺度小于网格尺度时(例如壁面附近)，或者网格密度不够时，长度尺度变为：$l = \frac{\sqrt{k}}{\omega}$，湍动能方程(3.128)即为原有的 $k-\omega$ 方程，粘性系数的定义为：$\mu_t = C_\mu \rho k / \omega$。当网格尺度足够密，湍流尺度较大时，即 $\frac{\sqrt{k}}{\omega} > C_{\text{DES}}\Delta$，按照局部平衡的理论，湍动能的生成项和耗散项相等，从而有 $G_k = \mu_t S^2 = \rho C_k \frac{k^{3/2}}{l}$，其中 $l = C_{\text{DES}}\Delta$，$G_k = \mu_t S^2$，S 为平均应变张量模数：$S \equiv \sqrt{2S_{ij}S_{ij}}$。这样可以得到湍流粘性系数的表达式为

$$\mu_t = \rho\ (C_\mu^{3/4} C_{\text{DES}}\Delta)^2 S \tag{3.131}$$

可见，此时的粘性系数 μ_t 正比于 $(\Delta)^2 S$，形式上与 Smagorinsky 的亚格子构造方式相同，体现了大涡模拟的思想。于是当网格尺度足够小时，上面导出的基于改进的 $k-\omega$ 模型的分离涡模拟的模式是大涡模拟 Smagorinsky 模式的非平衡效应推广。

3.3.5 基于 LES 和 RANS 的自适应尺度模拟(SAS)

2006 年，Menter 和 Egorov 提出了混合 RANS 和 LES 策略的非稳态流动模拟方法——自适应尺度模拟(SAS)[150]，并针对一个燃烧室内的三维空腔流动进行了模拟验证，取得了不错的结果。

SAS 模型在湍流模型的源项中引入了第二力学尺度，所以在动量方程中，除了速度的一阶梯度之外，还有一项速度的二阶微分项，根据引入不同的 RANS 模型可以建立起一系列不同的 SAS 模型。

由于具有 LES 的优点，SAS 模型对于具有分离、旋涡等复杂流动具有很高的预测精度。

3.4 水轮机内部流场的 LES

前面已经提及，LES 对于复杂流动中的高频分量的预测具有较高的精度，而近几年内，由于计算机硬件水平有了很大提高，LES 开始在非定常计算中发挥重要作用。苏文涛[151]等对某一混流式水轮机模型的内部流动进行了数值模拟，模拟方法采用 LES，并结合了多相流空化模型，下面对其做一些总结。

3.4.1 计算模型及 LES

数值模拟所研究的混流式水轮机模型结构如图 3.25 所示，其三维模型由蜗壳、固定导叶、活动导叶、转轮及尾水管五部分组成。

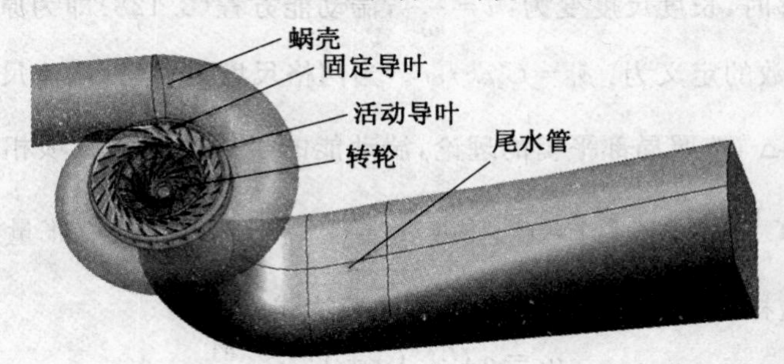

图 3.25 数值模拟混流式水轮机几何模型

表 3.9 模型水轮机基本几何参数

参数类型	符号	参数值	参数类型	符号	参数值
转轮直径低压侧	D_1	360 mm	转轮直径高压侧	D_2	400 mm
叶片数	Z_r	15	蜗壳包角	α_C	345°
蜗壳进口直径	D_C	420 mm	尾水管出口截面面积	D_D	0.574 m^2
活动导叶数	Z_g	24	固定导叶数	Z_s	23
导叶高度	B	76.68 mm	导叶分布圆直径	D_0	480.9 mm
比转速	n_s	155			

在本水轮机模型的选取上，参考的原型机水头为 175 m，单机装机容量可达 75 万千瓦，目前属于国内单机装机容量最大的机组之一，对此混流水轮机的研究可为百万机组的设计及优化提供一定的参考。

在湍流流动中，小尺度涡的结构趋于各向同性，LES 可以将小尺度的涡分离出来，然后通过小尺度涡对大尺度涡的影响来研究不同尺度涡结构的相互作用，在大涡流场的运动方程中采用附加应力项的形式来体现小涡的影响。

对于不可压缩牛顿流体流动，连续性方程和动量守恒方程分别为

$$\frac{\partial u_i}{\partial x_i}=0 \tag{3.132}$$

$$\frac{\partial u_i}{\partial t}+\frac{\partial u_j u_i}{\partial x_j}=-\frac{1}{\rho}\frac{\partial p}{\partial x_i}+v\frac{\partial^2 u_i}{\partial x_j x_j} \tag{3.133}$$

式中 u_i ——i 方向流动速度(m/s)；

x_i ——笛卡儿坐标系下 x、y、z 三个分量(m)；

p——压力(Pa)；

ρ——流体的密度(kg/m^3)；

υ——流体的运动粘度(m^2/s)。

应用 LES 过滤器对式(3.132)和(3.133)进行速度过滤，可以得到

$$\frac{\partial \overline{u_i}}{\partial x_j}=0 \quad (3.134)$$

$$\frac{\partial \overline{u_i}}{\partial t}+\frac{\partial \overline{u_j u_i}}{\partial x_i}+v\frac{\partial^2 \overline{u_i}}{\partial x_i \partial x_j} \quad (3.135)$$

其中，变量符号的上横线"－"表示过滤后的尺度变量，由于式(3.135)左边存在非线性项，导致方程不封闭。为了封闭方程，将式(3.135)变换为

$$\frac{\partial \overline{u_i}}{\partial t}+\frac{\partial \overline{u_j u_i}}{\partial x_i}+v\frac{\partial^2 \overline{u_i}}{\partial x_i \partial x_j}+\frac{\partial \tau_{ij}}{\partial x_j} \quad (3.136)$$

其中 $\tau_{ij}=\overline{u}_j\,\overline{u}_i-\overline{u_j u_i}$ 即为亚格子应力，在 LES 中需要建立亚格子模型并对其进行求解。选取了适当的亚格子应力模型之后，通过求解式(3.134)和(3.136)即可获得 LES 后的过滤速度场以及压力场。

亚格子应力模型(Subgrid-Scale Model)简称为 SGS 模型，以 Smagorinsky 理论模型为基础，进一步又可发展得到 Smagrinsky-Lilly 模型。

表述如下

$$\tau_{ij}=2(C_s\overline{\Delta})^2\overline{S}_{ij}(2\overline{S}_{ij}\overline{S}_{ij})^{1/2}-\frac{1}{3}\tau_{kk}\delta_{ij} \quad (3.137)$$

式中 C_s——Smagorinsky 系数；

$\overline{\Delta}$——LES 过滤尺度(m)；

$\overline{S_{ij}}$——可解尺度的变形率张量(1/s)，$\overline{S_{ij}}=\frac{1}{2}\left(\frac{\partial \overline{u_i}}{\partial x_j}+\frac{\partial \overline{u_j}}{\partial x_i}\right)$；

δ_{ij}——克罗内克符号。

于是，Smagrinsky 模型中假定 SGS 应力可以通过以下公式进行计算求解

$$\tau_{ij}-\frac{1}{3}\tau_{kk}=-2\mu_t\overline{S_{ij}} \quad (3.138)$$

式中 μ_t 为亚格子尺度的湍动粘度(Pa・s)，一般可按如下公式进行计算

$$\mu_t=(C_s\Delta)^2|\overline{S}| \quad (3.139)$$

而

$$|\overline{S}|=\sqrt{2\overline{S_{ij}}\,\overline{S_{ij}}} \quad (3.140)$$

$$\Delta=(\Delta_x\Delta_y\Delta_z)^{1/3} \quad (3.141)$$

式中 Δ_i——沿 i 方向的网格的长度。

Smagrinsky 常数 C_s 可根据 Kolmogorov 常数 C_k 获得，计算式如下式所示

$$C_s=\frac{1}{\pi}\left(\frac{3}{2}C_k\right)^{3/4} \quad (3.142)$$

通常情况下，为考虑减小 SGS 应力的扩散，提高计算过程收敛性，C_s 取值可适当减小，特别是在近壁区，C_s 的值对结果影响较大。在近壁区可以按照 Van Driest 模型[152]来修正 C_s值，即

$$C_s = C_{s0}(1 - e^{y^+/A^+}) \tag{3.143}$$

其中 y^+ 为节点到壁面的距离，参数 $A^+ = 25$，$C_{s0} = 0.1$，故 $C_s = 0.1$。

文中采用基于质能交换的 Zwart-Gerber-Belamri(ZGB)空化模型。

3.4.2 计算网格及边界条件

由于水轮机内部流动非常复杂，为了更好地模拟水轮机内部的流动，现将模型水轮机全流道按其结构分为蜗壳、固定导叶、活动导叶、转轮、尾水管五部分，分别进行结构化网格划分，并在导叶和转轮的叶型周围进行了边界层网格加密，网格的划分结果如图 3.26 所示。

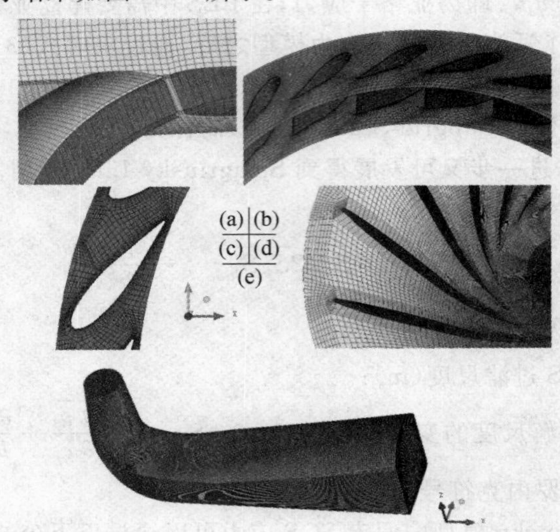

图 3.26 网格划分细节图，(a) 蜗壳，(b) 固定导叶，(c) 活动导叶，(d) 转轮，(e) 尾水管

为了验证网格的合理性及其精度要求，选择网格尺度放大因子为 $\lambda = 1.2$，对不同的网格数进行了无关性验证。验证以模型实验效率为标准，对于计算工况 $a = 18$ mm，$n_{11} = 60.6$ r/min，验证结果如图 3.27 所示，在一定范围内随着网格数的增加，效率逐渐趋近于一定值，当计算域单元数达到 829 万时可满足计算需

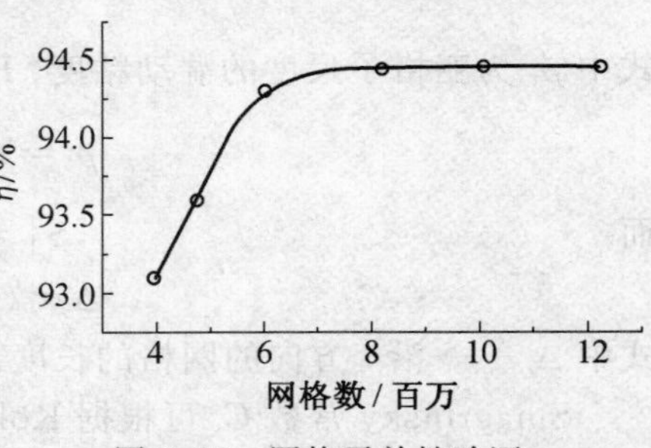

图 3.27 网格无关性验证

求(该工况下模型实验效率$\eta=94.8\%$)。最终各个计算单元的网格结构参数如表3.10所示。

表3.10 计算域网格结点数及单元数

位置	蜗壳及固定导叶	活动导叶	转轮	尾水管
节点数	1 104 122	1 919 160	3 551 122	970 830
单元数	1 228 125	2 054 640	3 768 512	993 876

计算边界条件的设置分别如下。进口条件:采用总压进口,设置在计算域进口,即蜗壳进口处,给定总压值,通过模型水轮机实验中所采用的水头和进口水流速度来给定总压值;出口条件:尾水管的出口指定为压力出口;壁面条件:固体壁面采用无滑移边界条件。

3.4.3 LES计算结果

数值模拟中选取与实验测量相同的流动工况,即在偏离最优导叶开度$a=18$ mm的两条活动导叶开度线$a=10$ mm和$a=14$ mm上,分别选取5个工况点进行LES(单相流和空化流动)计算,具体计算工况分布如表3.11所示。

表3.11 算工况点参数

a(活动导叶开度) mm	n_{11}(单位转速) r/min	Q_{11}(单位流量) m^3/s	σ(空化数)
10	54.5～64.4	0.251 5～0.235 1	0.340 8～0.340 2
14	55.0～65.4	0.369 1～0.346 7	0.341 0～0.340 2

为了验证空化LES计算运行效率的准确程度,图3.28给出了效率曲线与模型水轮机实验获得的综合特性曲线的对比。

图3.28中计算得到的效率点(η, n_{11})由圆圈标示,圆圈中心标示了效率点的位置。可以看出,效率点均非常接近于模型实验的开度线$a=10$ mm和$a=18$ mm,即空化计算的效率曲线与综合特性曲线相符合。另外对比模型综合特性曲线可知,设计工况处效率曲线陡峭,而偏工况时,效率曲线比较平缓。可见,启用空化模型的LES可以很好地再现并预测水轮机的外特性。

3.4.3.1 叶道涡的演化

叶道涡是转轮内部发生空化后形成的涡结构,整体处于低压区,这些空泡溃灭时会对叶片表面产生严重的侵蚀,所以准确预测叶道涡的生成与发展对水轮机正常运转具有重要意义。为了对叶道涡形态进行可视化,ANSYS软件提供了许多涡结构特征提取方法,如螺旋度(Helicity)方法、涡流强度(Swirling strength)方法、涡量(Vorticity)方法、Q方法和λ_2方法等。

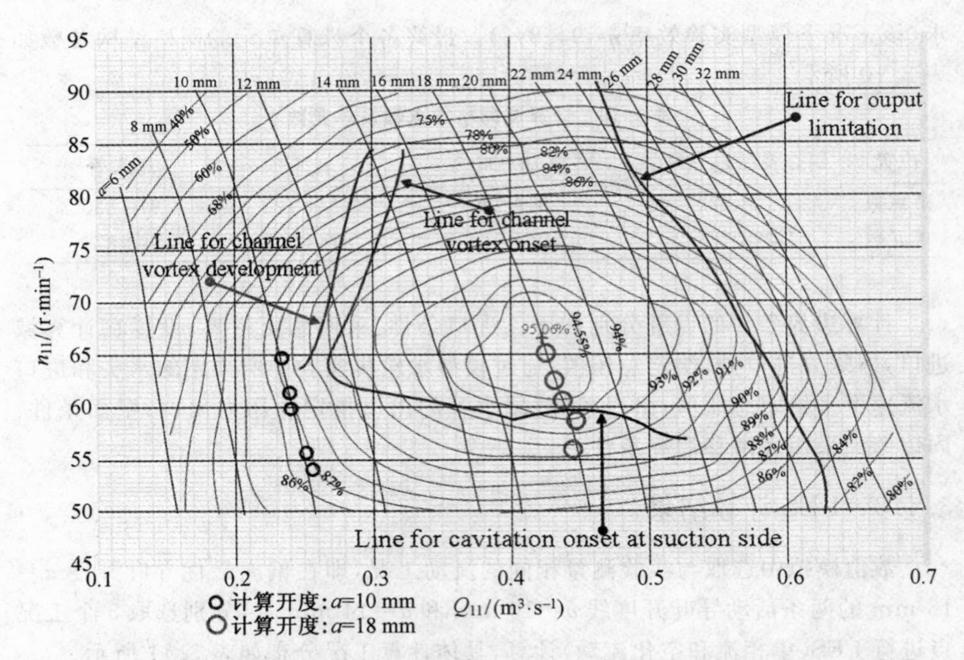

图 3.28　使用空化 LES 计算得到不同开度下效率曲线与综合特性曲线对比图

一般可选用涡量准则对转轮区的涡量分布进行表示,以获得叶道涡的形态。涡量是反映向量场旋转的一个向量,数学上表达为速度的旋度。通过给定涡量的阈值,涡量准则可以正确判定出旋涡存在的区域,下面分别对启用和不启用空化模型时的工况进行对比分析。针对活动导叶开度 a =10 mm、n_{11} = 59.9 r/min 工况,先分别计算出空化 LES 和单相 LES 模拟结果的平均速度场,再采用 0.5 倍平均涡量 $<|\Omega|>$ 作为阈值进行叶道涡显示,如图 3.29 所示。可以看出空化 LES 可以捕捉到更多的叶道涡,且更加符合模型实验获得的叶道涡形态,但单相 LES 则不能很好地捕捉到沿流向的叶道涡运动。

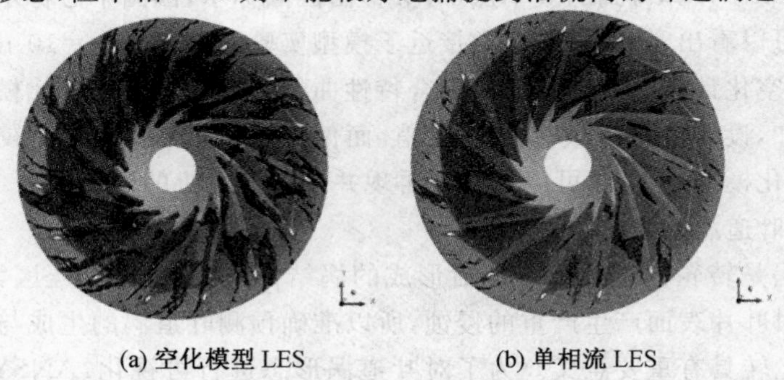

(a) 空化模型 LES　　(b) 单相流 LES

图 3.29　平均流场的叶道涡可视化,工况 a =10 mm, n_{11} =59.9 r/min,涡量准则阈值 $0.5<|\Omega|>$

针对叶道涡的演化过程，下面将进一步对涡结构的变化进行说明。如图3.30所示，计算工况为活动导叶开度 $a=14$ mm、$n_{11}=61.0$ r/min，进行空化LES计算。

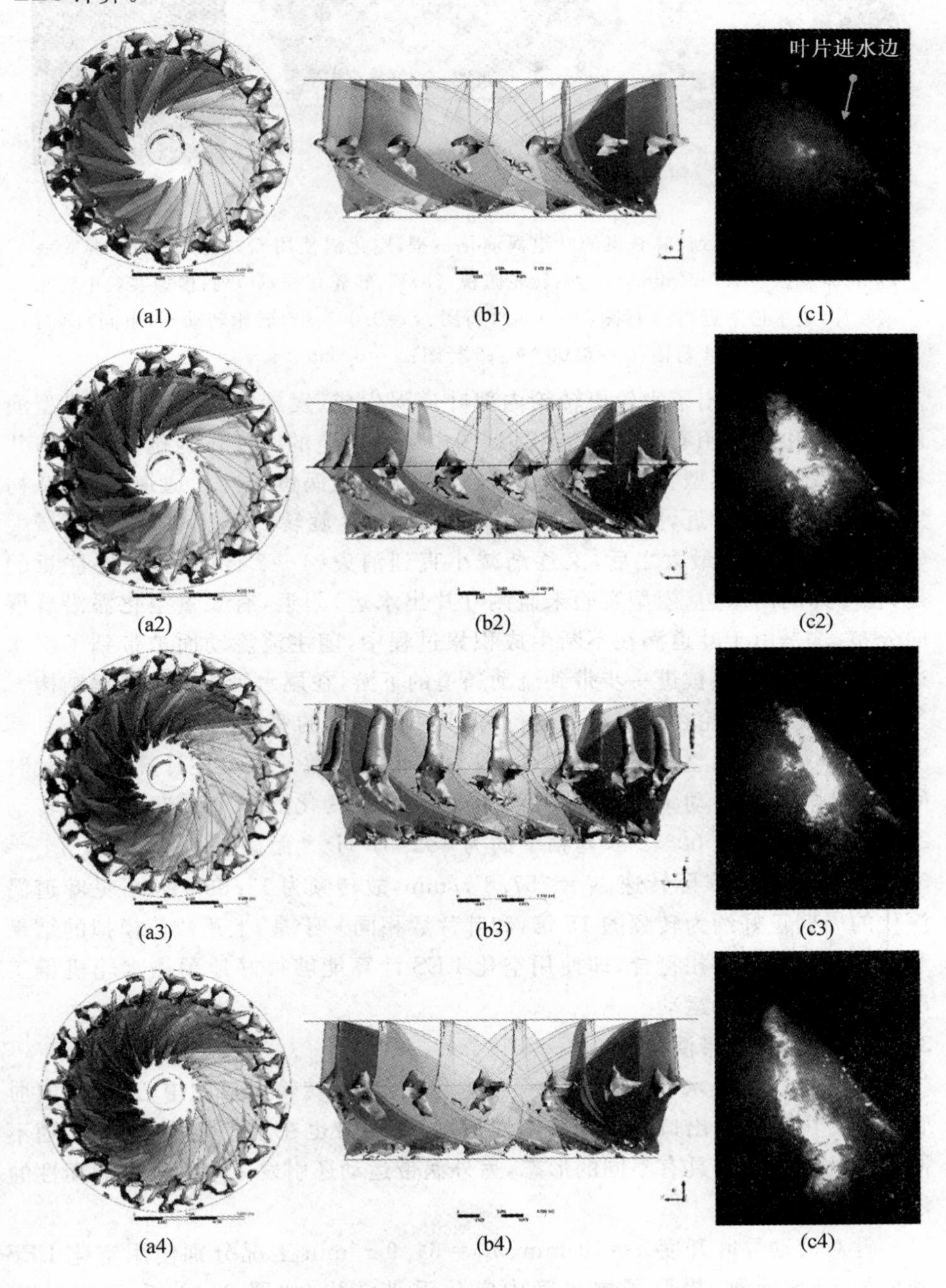

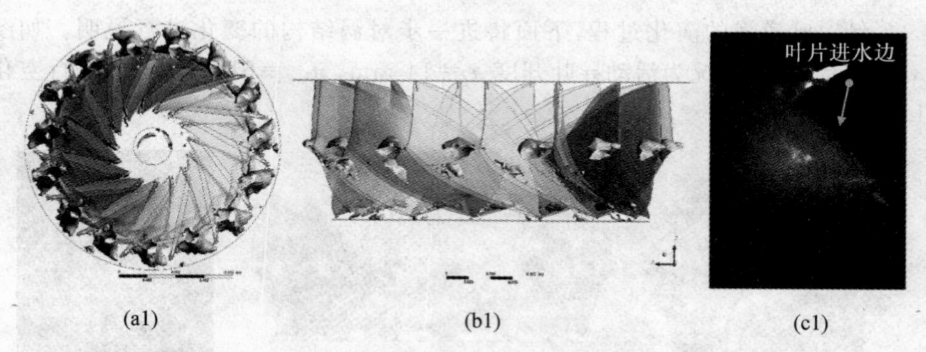

图 3.30　空化 LES 计算获得的叶道涡演化过程，空化涡使用 Q 方法提取，工况 $a=14$ mm，$n_{11}=61.0$ r/min. (a)列：转轮俯视；(b)列：转轮正视；(c)列：模型实验中转轮某叶片(进水边附近)。1 行图：$t=0$ s；2 行图：$t=0.0013$ s(转轮转动 6°，下同)；3 行图：$t=0.0026$ s；4 行图：$t=0.0039$ s；5 行图：$t=0.0052$ s.

图 3.30 中给出了水轮机转轮内部叶道涡生成、发展和溃灭的一个典型演化过程，空化涡使用 Q 方法进行提取(图中标为蓝色的叶片作为位置参考)，并和相同工况下的模型实验进行了比较。可见，叶道涡位于叶片通道之间，并初生于叶片进水边附近，随时间的变化，转轮顺时针旋转，空化涡体积逐渐增大(1～3 行图)，达到最大之后，又逐渐减小直到消失(4～5 行图)。需要注意的是，在叶片的出水边(模型实验未监测叶片出水边)附近，有大量空化涡沿着展向分布，这是由于叶道涡在不断生成积累过程中，随主流流动而被带到了出水边。部分空化涡将被进一步带到流动通道的下游，在尾水管中形成碎涡结构。

实验发现，转轮在偏工况下运行时，其中叶道涡的变化呈现高频特征，且其演化频率为转频的整数倍，该倍数一般为转轮叶片数。在上述计算中，设置时间步长为转轮每转动 1°的时间，可以得到叶道涡变化的一个周期内转轮转动 24°，对应时间为 0.005 2 s，其频率约为 192.31 Hz。而该流动条件下，$n_{11}=61.0$ r/min，转轮实际转速 $N=757.8$ r/min，故转频为 12.63 Hz，可见叶道涡演化的周期正好约为转频的 15 倍，和叶片数相同。于是，上述数值模拟的结果和模型实验的结果相符合，即使用空化 LES 计算能够很好地预测水轮机偏工况运行时的叶道涡运动。

3.4.3.2　空化涡带演化

尾水管涡带是水轮机中的另一种空化现象，从转轮出口的中心开始，向肘管发展。由于转轮出口水流的周期性运动，该涡带也在不断地旋转运动，随不同工况的变化涡带具有不同的形态，另外涡带运动还引发尾水管壁面周期性的压力脉动。

针对活动导叶开度 $a=10$ mm、$n_{11}=64.9$ r/min 工况分别使用空化 LES 和单相 LES 计算，提取了尾水管中空化涡带结构，如图 3.10 所示，其中以

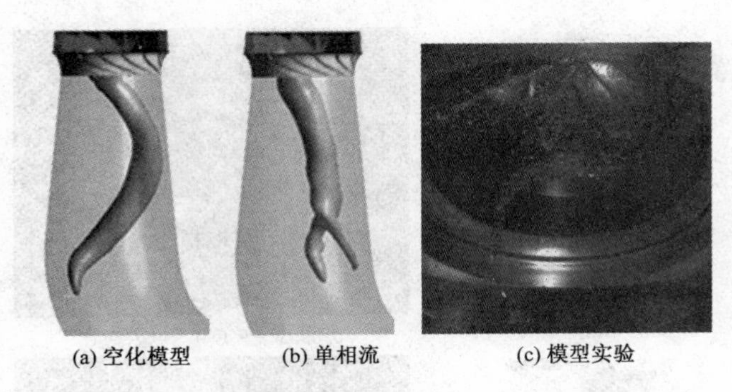

图 3.31　尾水管涡带形态对比，工况 $a=10$ mm、$n_{11}=64.9$ r/min

25 ℃下水的汽化压力为等值面提取涡形态，从图中可见，空化 LES 计算得到的涡带形态与模型实验观测到的结果接近，该工况下尾水管涡带呈现螺旋状。另外发现在该工况下单相 LES 出现了分岔的涡带形态，说明单相流计算不能很好地处理气液密度变化和压力变化的关系，而空化两相流则考虑了空泡密度与流场运动的关系，故能获得较为满意的空化涡带形态。

为了获取尾水涡带的演化过程，也对活动导叶开度 $a=14$ mm、$n_{11}=61.0$ r/min的工况进行了空化 LES 计算，如图 3.32 所示。图中显示了从尾水管开始的锥管段涡带部分，事实上涡带发展是从转轮下方的泄水锥开始，为了显示清楚涡带的旋转情况，特意截取尾水管中的一段空化涡带。图中完整表征了尾水管涡带旋转一周的演化过程，其所用时间约为转轮旋转 2.5 周的时间，由此可见，涡带的演化是一个低频过程，即约为转频的 0.4 倍。

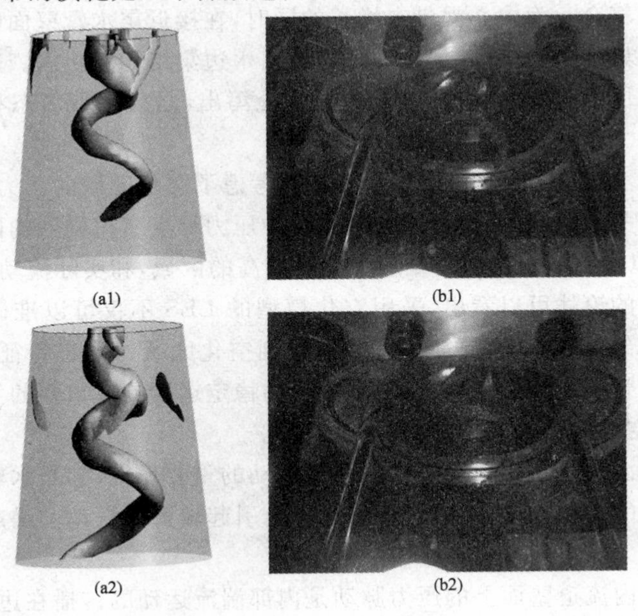

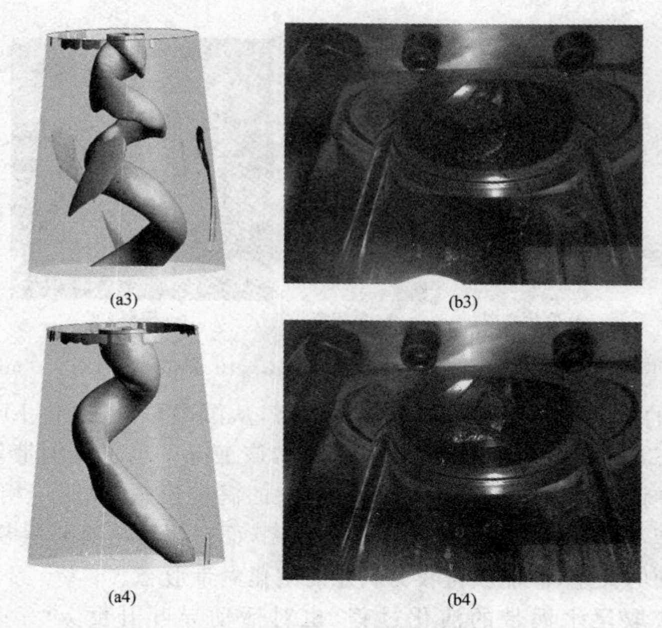

图 3.32 空化 LES 计算获得的空化涡带演化过程，使用 Q 方法提取，工况 $a=14$ mm，$n_{11}=61.0$ r/min. 1 行图：$t=0$ s；2 行图：$t=0.0396$ s；3 行图：$t=0.1188$ s；4 行图：$t=0.1980$ s.

从形态结构也可以看出，从泄水锥生成的空化涡被携带到下游的时候，会随着转轮的旋转而变成螺旋状结构，并不断增长，以此获得的空化涡结构和模型实验比较符合。而中心涡带在增长的同时，在接近尾水管壁面的部分有破碎涡生成，可以推测部分破碎涡来源于转轮出水边集结的空化涡。这些破碎涡在涡带旋转一周的时间内，将从下游的肘管处泻出，之后涡带形态将开始下一个周期变化。

从机理上看，由于空化 LES 计算特别考虑了空化区域的压力、密度变化和流场运动的关系，故能够更好地处理流场中压力梯度变化剧烈的区域。可见通过 LES 可以预测尾水管入口处压力梯度较高的区域，和实际流动情况相符合。

由上面的论述可以看出，采用空化模型的 LES 不仅可以准确地获得混流式水轮机内部三维流场，更能很好地捕捉到空化区域的形态特征，尤其针对叶道涡和尾水管涡带的形态演化，对水轮机的稳定运行具有重要的意义。

3.4.3.3 空化涡带的机理分析

尾水管涡带是水轮机流道内不稳定流动的重要形式，它是水轮机部分负荷工况下运行的一种必然现象，其压力脉动会引起较大的振动和噪声。下面简要介绍这种水力振动因素。

水轮机内流道壁面上的压力脉动是内部湍流运动的传播在边界上的反映，

流体出现速度脉动的同时必然会有压力脉动产生。若对N－S方程进行散度运算，即可得到动压强的表达为

$$\Delta^2 p' = -\rho\left[2\frac{\partial \bar{u}_i}{\partial x_j}\cdot\frac{\partial u'_j}{\partial x_j}+\frac{\partial^2}{\partial x_j \partial x_i}(u'_j u'_i - \overline{u'_j u'_i})\right] \quad (3.144)$$

上式中，p' 表示脉动压强；$u'_j u'_i$ 表示流道壁截面上的速度分量；$x_j x_i$ 表示流道壁截面上的两个位移方向。上式右边的第一项表示的是速度梯度项，由剪切力和流速脉动的相互作用引起；第二项是脉动的作用。从中可以看出，压力脉动来自于速度的脉动，瞬时压力脉动仅与该瞬时流场的运动特性有联系。

尾水管涡带的产生与工况变化密切相关，一般在导叶开度为40％～70％或者最优流量的30％～80％的范围内产生。水轮机中尾水管的压力脉动在所有压力脉动中最大，是造成出力摆度和水轮机振动的主要根源，目前的研究表明，尾水管压力脉动是混流式水轮机以及轴流定桨式水轮机中普遍存在的现象，对绝大多数水轮机的稳定运行构成巨大威胁。

综上所述，对于数值计算可做如下评价。数值模拟亦称为“数值实验”，通过数值计算来对水轮机进行设计可以大大减少水轮机的设计成本，并缩短设计周期。以往水轮机设计过程中，每次设计完成后都需要对所设计的水轮机转轮进行模型实验，实验过程不仅需要消耗大量的时间，而且需要大量的经费支持，若采用数值计算的方法对水轮机进行优化设计，则模型实验可以由“数值实验”替代，只需在设计完成后采用模型实验方法对所设计的水轮机进行验证即可，从而缩短设计周期，并且节省人力物力。

第 4 章　水泵水轮机水轮机工况的水力稳定性

抽水蓄能电站作为电网的重要组成部分，不仅可以对电网负荷进行削峰填谷、调频以及调相，还可以用作紧急事故发生时的备用电源，提高整个供电系统的可靠性。水泵水轮机作为抽水蓄能电站的核心部件，是我国抽蓄电站国产化进程中的关键技术。水泵水轮机同时具有水轮机和水泵两种功能，其基本运行工况有发电工况、抽水工况、静止工况、发电调相工况和抽水调相工况五种，它能够通过不同工况之间的转换及组合实现对电网结构的优化，但是频繁的工况转换使得水泵水轮机的运行安全性和稳定性逐渐引起人们的关注。

4.1　水泵水轮机水力不稳定性问题的根源

目前对于水泵水轮机普遍采用的设计思路为：以水泵工况进行水力设计，通过水轮机工况进行校核、验证。实践证明，通过这种设计方法得到的机组在大部分运行区域内效率高，运行稳定。但同时泵工况外特性曲线和机组的全特性曲线均显示在某些区域存在不稳定运行区，即泵工况驼峰区和水轮机低水头启动“S”特性区，这是水泵水轮机普遍存在的现象。

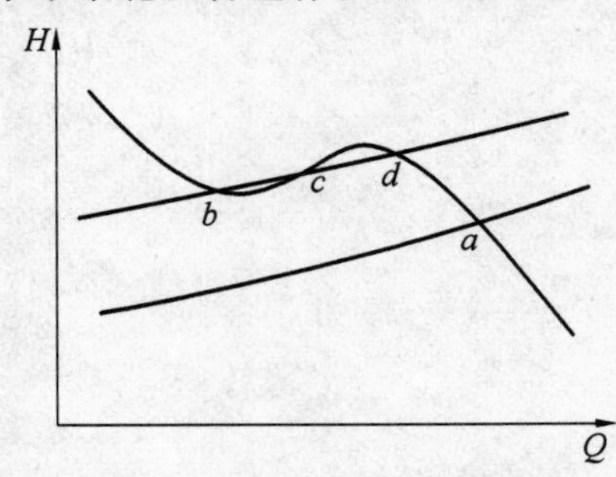

图 4.1　水泵水轮机泵工况流量—扬程曲线示意图

图 4.1 是水泵水轮机在泵工况运行时的 $H-Q$ 曲线示意图，某一开度下泵工况特性曲线与系统特性曲线的交点即为实际运行工况点。当两条特性曲线仅有的交点处于负斜率区时（如图中点 a），运行不稳定性减小；当系统特性曲线穿过驼峰区，并与泵特性曲线交于 b、c、d 三点时，其中点 c 处于正斜率区，泵工况运行安全性降低，不稳定性增大。这在泵工况启动过程中可能导致机组输

入功率剧烈摆动，以及输水系统的剧烈震荡，严重时可能引发机组或输水系统的破坏。

图 4.2 所示为水泵水轮机全特性曲线。不难发现，在低水头水轮机工况启动过程中存在“S”区。“S”区主要由水轮机工况、水轮机制动工况和反水泵工况组成，在“S”区内，同一个单位转速可能会对应 3 个不同的流量，造成运行不稳定。

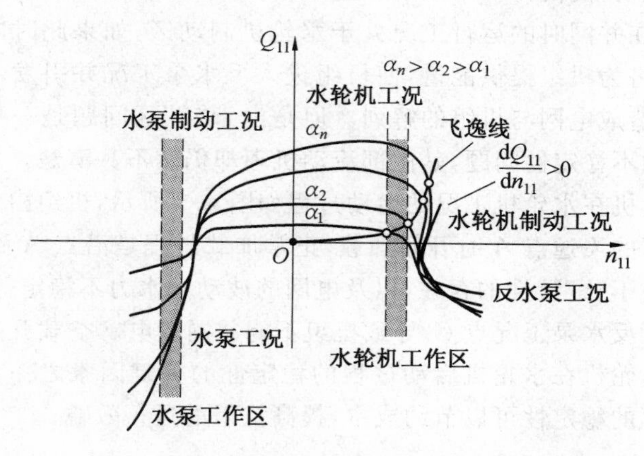

图 4.2　水泵水轮机全特性曲线

驼峰区和“S”区特性并不是独立的，二者之间存在一定关系。水泵水轮机是按照水泵工况进行设计的，以满足水泵工况运行的稳定性要求，削弱水泵工况的“驼峰”特性，最后再根据水轮机工况的运行条件进行修型以满足设计要求。这种设计方法使水泵工况和水轮机工况最优区不重合，导致水泵水轮机存在“S”特性。“S”区特性的存在对机组运行带来的影响主要有三个方面：1. 对发电机空载运行的影响；2. 对调相转发电的影响；3. 发电工况甩负荷后对钢管和蜗壳压力脉动的影响。

为了满足电网需求，水泵水轮机工况转换频繁，在水泵水轮机的过渡过程中，机组通常会运行在“S”区，“S”特性的存在是运行不稳定的一个重要原因。目前许多抽蓄电站都因水泵水轮机的“S”区特性而多次发生机组无法并网现象，如广州蓄能水电厂（广蓄）、河南宝泉抽水蓄能电站、浙江天荒坪抽水蓄能电站和湖北罗田县的天堂抽水蓄能电站等。其中天荒坪抽蓄电站在 1999 年就发生该故障 13 起，占全年机组启动不成功原因的 21.7%，严重降低了机组的开机成功率；特别是在水头低于 560 m 的空载开度运行时，转轮和活动导叶之间的压力脉动较大，机组振动剧烈[153]；而天堂抽水蓄能电站自 2001 年投产至 2005 年底，机组开机不成功次数已累计达到 175 次，造成了巨大的经济损失；另外，江苏宜兴抽水蓄能电站机组的调试期间，3 号机组进行过速试验时出现了异常的振动声音和活动导叶异步现象[154]，这是由于在瞬态过程中，流量由反水泵工况的小流量在短时间内迅速增加，使机组运行在水轮机制动工况，导致尾水管压力急剧上升和蜗壳压力急剧下降，引起负水击现象，进而出现活动导叶异步现象。

对于"S"区造成的机组并网困难，目前有以下两种解释：(1)"S"区特性决定了机组在同一转速下可能对应 2～3 个流量，即 2～3 个工况，机组可能因在这几个工况跳动，而使得功率波动严重，最终导致无法并网。(2)由于"S"特性的存在，机组在并网时的运行工况处于水轮机制动区，如果此时电网和机组已经连上，电网将为机组提供能量，使机组进入反水泵工况并引发水轮机转速不断升高，最终造成电网与机组的解列。但是由于"S"区问题是一种全三维瞬态非定常的流动不稳定性问题，其内部流动机理却仍然不甚清楚。

水泵水轮机在水轮机工况的启动过程如图 4.3 所示，机组由 0 点开始启动至空载开度下的飞逸点 A 时开始加载，正常加载过程是沿点 A 到达点 B 实现正常发电。由于"S"特性的存在，以及电网的波动和水力不稳定等因素的影响，机组极易进入反水泵工况点 C，导致机组不能并网发电。空载开度下的稳定性是决定水泵水轮机在水轮机启动过程的稳定性的关键因素之一。提高水轮机工况启动过程的稳定性可以节约成本，提高机组的运行效益。

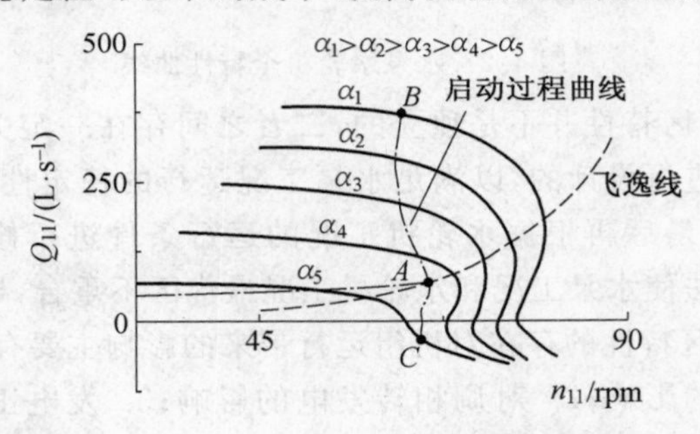

图 4.3　水泵水轮机启动过程曲线

4.2　水泵水轮机"S"特性研究现状

"S"区是一个不稳定的区域，"S"特性曲线是考核水泵水轮机设计水平的一个重要指标，其优劣直接关系到瞬态过渡过程的稳定性。为了解决"S"特性引起的不稳定性问题，国内外专家和学者对"S"特性的产生机理和影响因素进行了相关研究。

Amblard[155] 最先提出了水泵水轮机的全特性曲线。1999 年，水泵水轮机的"S"特性在 IEC60193 中得到了定义和说明。早期对"S"特性的研究主要是以实验为主，Blanchon[156]，Casacci[157]和Lacoste[158]分别对水泵水轮机"S"区偏工况下的稳定性进行了分析。Borciani和Thalmann[159]通过实验方法改变机组的空化系数，研究了空化性能对运行区域的影响，同时还证明空化系数会改变机组的"S"特性，主要影响水轮机制动区和反水泵区的特性。Hasmatuchi[160]通过实验对"S"区不同工况点的压力脉动进行了详细分析，指出压力脉动的幅值在水轮机工况时最小，当进入水轮机制动区后压力脉动幅值随流量的降低而提高，在流量接近零时压力脉动幅值出现小幅度降低，但当机组运行在反水泵区时压力脉动幅值随流量的增加而迅速提高。Hasmatuchi[161]和Senoo[162]通过高速摄像技术对转轮内部流场和导叶附近流场进行分析，研究了机组在偏工况运行时转轮内部旋转失速和导叶失速现象，捕捉到了失速的主频等信息。

采用模型实验的方法对机组的全特性进行测试，不仅周期长，而且成本高，因此采用数值模拟的方法预测机组的全特性逐渐受到重视。刘锦涛[163]采用SST $k-\omega$ 模型对不同开度下(相对开度大于20%)的"S"特性进行了预测，计算结果与实验值吻合较好；尹俊连[164]分析了"S"区偏工况下导叶流域存在的射流尾迹流。Zhang通过数值模拟对"S"区内部流动特征进行了分析，发现"S"区的形成与进口边的回流有一定的关联。Liu[165]通过优化水力模型改善了浙江仙居抽水蓄能电站模型机组的"S"特性。

为了消除机组的"S"特性，国内外学者均开展了大量的研究工作。Klemm通过实验发现采用非同步导叶(MGV)可以改善机组的"S"特性，并将其成功地应用于比利时COO－Ⅱ抽水蓄能电站中，很好地改善机组在空载和部分负载运行时的稳定性。游光华[166]通过实验研究发现可以使用MGV来改善机组在"S"区运行时出现的低水头空载运行不稳定性。刘德有[167]指出使用MGV的机组在甩负荷过程中的稳定性明显改善。邵卫云[168]通过同步导叶全特性转换求解出利用MGV时的全特性，并研究了MGV可以降低蜗壳入口压力脉动的原因。刘锦涛也对MGV的全特性进行了实验和数值模拟。

然而，目前对于水泵水轮机稳定性的研究，还需要进行大量的实验与数值模拟工作以全面了解其稳定性内涵。

4.3 水泵水轮机"S"区特性数值计算概述

水泵水轮机"S"区以及泵工况驼峰区特性及其内部流动机理可以通过数值计算方法进行研究，由于一般运行为过渡过程，所以需要使用工况连续变化时的非定常模拟。但是，对特定工况的稳态模拟仍然可以得到有用的外特性信息和内部流场信息，包括流道内分离和涡流，为水泵水轮机优化设计提供参考。

下面介绍“S”特性的数值预测方法，包括网格生成、湍流模型、边界条件及计算求解等方面；采用稳态模拟，通过内部流场的分析，揭示了“S”曲线典型工况点的流场特征，分析了形成“S”特性的原因，为以后的优化设计提供了依据。

4.3.1 物理模型

模型水泵水轮机由以下四部分组成，分别为蜗壳、双列叶栅（固定导叶和活动导叶）、转轮和尾水管，如图 4.4 所示。其主要几何参数列于表 4.1 中，其中比转速 n_s 的定义为

$$n_s = n\sqrt{P}/H^{1.25} \tag{4.1}$$

式中 n 为额定转速，单位为 rpm；P 为额定容量，单位为 kW；H 为额定水头，单位为 m。从比转速上讲，该模型机属于中高比转速类型，模型实验表明其全特性曲线具有明显的“S”特性曲线。

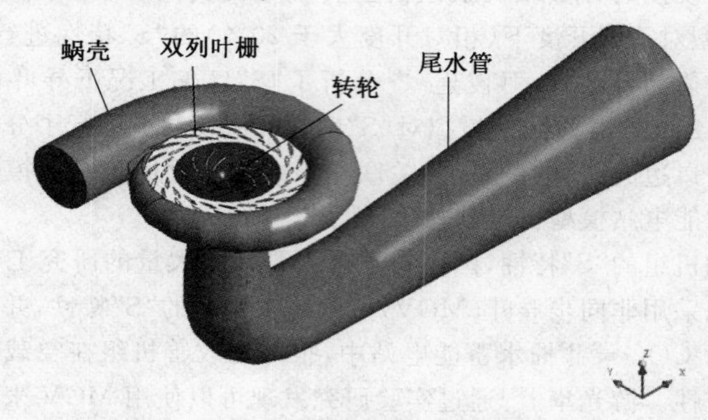

图 4.4 模型水泵水轮机结构示意图

表 4.1 模型水泵水轮机的主要几何参数

参数名	参数值
蜗壳包角	$\alpha=345°$
转轮高压侧直径	$D_1=422$ mm
转轮低压侧直径	$D_2=300$ mm
叶片数	$Z_r=9$
活动导叶数	$Z_g=20$
固定导叶数	$Z_s=20$
导叶相对高度	$B_0=0.21\ D_1$
导叶分布圆	$D_0=1.16D_1$
比转速	$n_s=180$ m·kW

4.3.2 数值计算模型

由于“S”曲线的工况点偏离最优点，转轮进口的来流条件不是轴对称的，因此必须对全流道进行建模分析。

4.3.2.1 网格生成

采用商业软件 ICEM CFD 对各个部件进行了网格划分，图 4.5 为全流道的网格生成示意图，计算中采用结构化网格，各个部分全部采用六面体单元填充。图 4.6～4.9 分别为各个部件的网格。为了能较好捕捉近壁处的流动，导叶和转轮叶片的壁面附近进行了局部的加密，使 y^+ 在 30～300 之间。

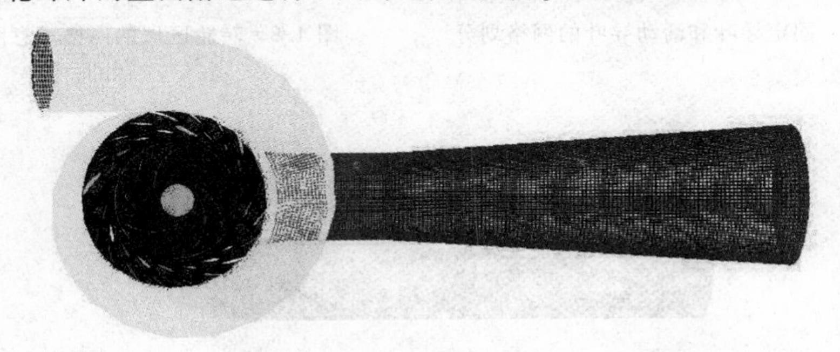

图 4.5　全流道模型的网格生成

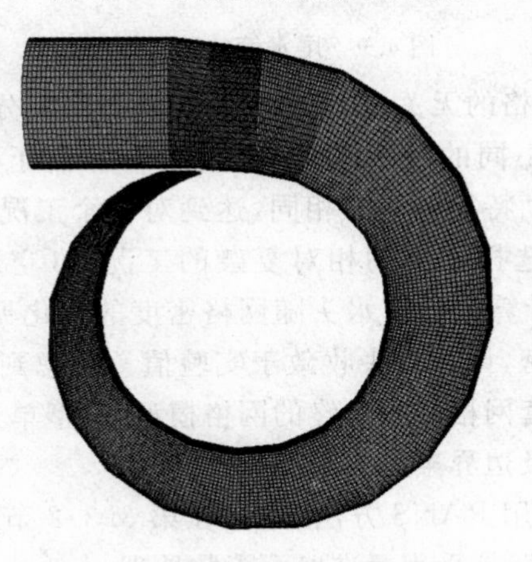

图 4.6　蜗壳部分的网格剖分

图 4.7 固定导叶和活动导叶的网格划分

图 4.8 转轮区域的网格示意图

图 4.9 尾水管的网格划分

为了验证计算网格的无关性，对水泵水轮机各个部分进行了不同密度的网格划分，组成了 6 种不同的网格组合，见图 4.10。由于计算涉及的工况点较多，每个工况点的流动特征也不尽相同，达到对各个工况点均无关的网格划分是难以实现的，因此选择了流动相对复杂的工况点（空载点 $n_{11}=73.4$ rpm，$Q_{11}=305$ L/s）进行计算。计算水头随网格密度的变化见图 4.11，从图中可以看出，随着网格的加密，计算水头收敛于实验值。考虑到计算的经济性和计算精度，最终选择第五套网格作为最终的网格模型，模型单元总数为 4 059 652。

4.3.2.2 控制方程及边界条件

这里稳态求解采用 RANS 方法，选用在第 3.3.2 节介绍的修正的各向异性 $k-\varepsilon$ 湍流模型，近壁处采用标准壁面函数处理。

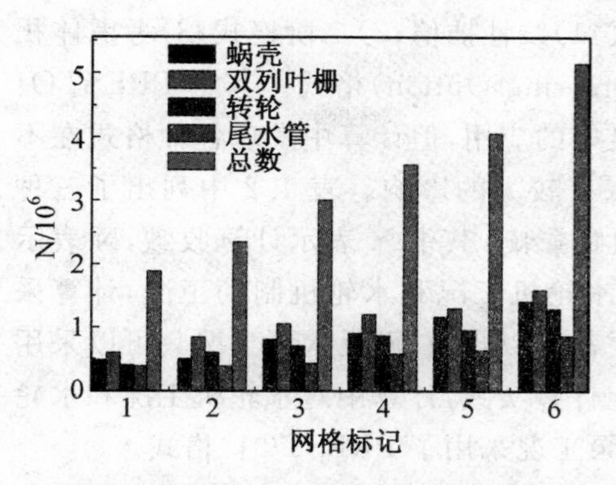

图 4.10 网格无关性验证的网格设置

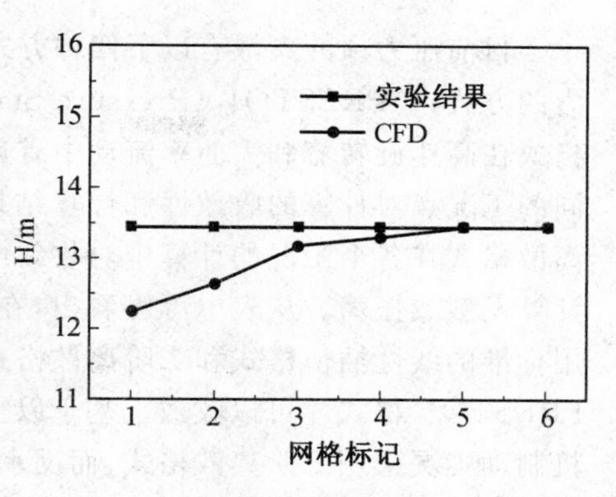

图 4.11 计算水头随网格数的变化

边界条件的选择对水泵水轮机“S”特性曲线的计算具有特殊的意义。一般来讲，水轮机工况的计算为固定水头和转速，通过计算得到流量，但是由于“S”曲线在同样的单位转速 n_{11} 下，单位流量 Q_{11} 具有多值现象，而在 CFD 计算的结果却是唯一的，因此对于“S”特性的计算必须采用流量进口和压力出口边界条件。具体设置为：

1)进口采用质量流量入口边界条件，质量流量的大小根据试验条件而定。进口湍流参数采用水力直径 D_H 和湍流强度 I。水力直径 D_H 为进口直径，具体为水轮机工况和水轮机制动工况进口处为蜗壳，水力直径 D_H 为蜗壳进口管直径；反水泵工况进口为尾水管进口，水力直径设置为尾水管进口直径。湍流强度 I 按照式(4.2)计算得到

$$I = 0.16\,(Re_{D_H})^{-1/8} \tag{4.2}$$

其中 Re_{D_H} 为按照水力直径 D_H 计算得到的雷诺数。

2)出口设置为压力出口边界，出口压力 $p=0$ Pa。湍流参数设置同进口，其他参数采用第二类边界条件。

3)壁面处采用无滑移边界条件。

4.3.2.3 计算求解

控制方程的求解在基于有限体积法的商业 CFD 软件 FLUENT 上进行，求解器为基于压力的分离式求解器。计算中旋转区域与静止区域的过渡采用多参考坐标系法(MRF)处理，衔接面之间采用 Interface 处理。压力速度耦合方式采用 SIMPLEC 方式，对流离散格式采用二阶迎风格式，扩散项为中心差分格式。整个“S”曲线按照工况的不同，进行了三个分区(水轮机工况、水轮机制动工况、反水泵工况)的计算，分区的界限分别为：$m_{11}=0$ 和 $q_{11}=0$。由于工况点的不同，采用压力求解器进行计算时压力项的离散方式对计算收敛性是十分敏感的。

目前压力项的离散有以下四种方式:1)线性插值;2)二阶格式;3)考虑体积力的方式;4)PRESTO!(Pressure Staggering Option)格式。其中PRESTO!格式在高速旋转流和大曲率流动中有良好的应用,但计算中发现各种格式在不同的工况点对计算的收敛性和计算结果有较大的影响。表4.2中列出了三种离散格式在各个工况的计算中对收敛性的影响,其中Y表示计算收敛,N表示计算发散或振荡。从表中可以看出,在水轮机工况和水轮机制动工况,计算采用标准的线性插值格式和二阶离散格式都可以收敛,而反水泵工况只可以采用PRESTO!格式才可以收敛。基于以上计算实践,计算中对水轮机工况和水轮机制动工况采用二阶离散格式,而反水泵工况采用了PRESTO!格式。

表4.2 压力项离散格式对计算收敛性的影响

算例		水轮机工况	水轮机制动工况	反水泵工况
Case1	线性	Y	Y	N
Case2	二阶	Y	Y	N
Case3	PRESTO!	N	N	Y

4.3.3 数值计算初步结果

图4.12(a)给出了水轮机工况和水轮机制动工况下标准$k-\varepsilon$模型和非线性修正$k-\varepsilon$模型(3.3.2节中)对特性曲线的计算结果,并与模型实验结果进行了对比。从图中可以看出,标准$k-\varepsilon$模型的计算结果误差较大,是工程计算所不能接受的,而修正的$k-\varepsilon$模型除了小单位流量区计算水头偏高外,计算曲线与实验曲线吻合良好,据此判定上述发展的CFD方法可以用来分析水泵水轮机内部流场及校核优化设计后的机组特性曲线。

为了得到"S"特性的形成机理,以便于改进水力设计,对"S"曲线(图4.12(b))上典型工况点转轮内部的流场进行了分析,工况点选择为接近最优效率点的工况A,接近飞逸点的工况B和反水泵工况C。

首先分析了工况点A的转轮内部流场。图4.13~4.14、彩图5~6为该工况转轮S1流面和S2流面及子午面上的相对速度矢量及总压分布特征,其中S1流面定义在上冠和下环中间。从其流场矢量分布看出,整体流场与最优工况相近,流场中没有脱流现象,压力分布均匀有序,转轮出口侧有少量旋流。

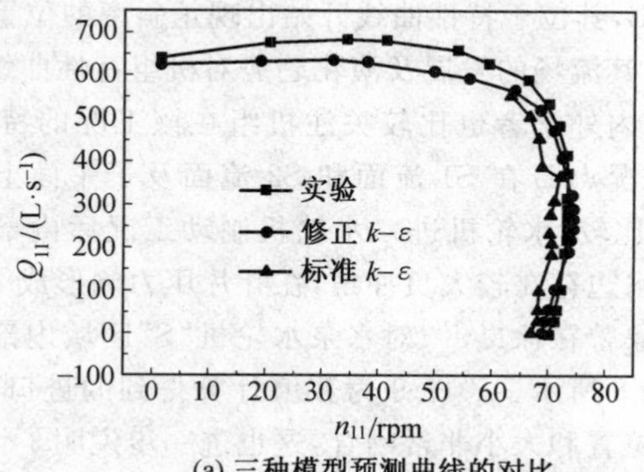

(a) 三种模型预测曲线的对比

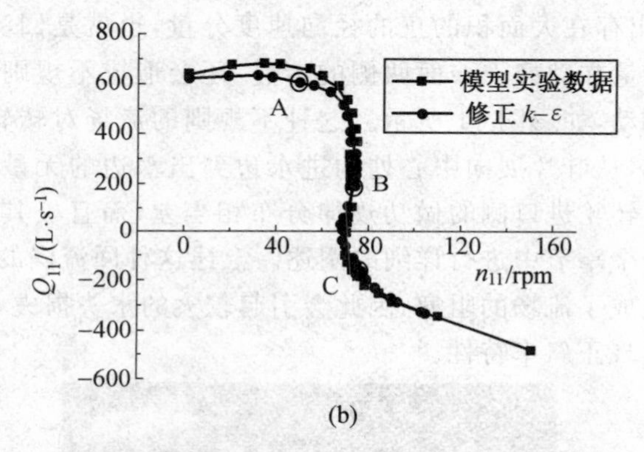

(b)

图 4.12 计算结果与实验数据的对比

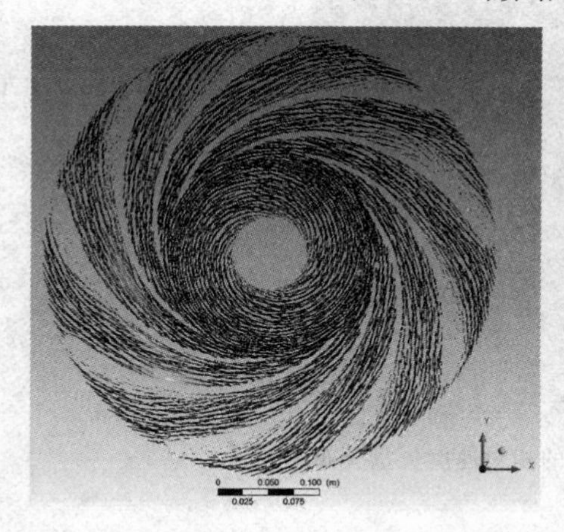

图 4.13 工况 A S1 流面的相对速度矢量分布

图 4.14 工况 A S2 流面的相对速度矢量分布

对于工况点 B，其位于特性曲线开始出现正斜率的位置，也是开始向"S"特性发展的起始点，其流场的发展及演化趋势对机组特性曲线的形成具有代表性的意义。为此，国内外学者也比较关注机组在该工况的特性[169]。图 4.15、图 4.16、彩图 7 为工况点 B 在 S1 流面和 S2 流面及子午面上的相对速度矢量分布。与工况 A 相比较，水轮机进入水轮机制动工况后内部流场发生了明显变化。在高压侧进水边存在较大负冲角，在叶片压力侧形成了与旋转方向相反的回流涡。这种现象曾在徐岚[170]对水泵水轮机"S"区域内部流场可视化的研究中被发现，如彩图 8 所示。彩图 9 为数值计算得到的进口处的局部放大图，可以看出回流涡的位置和大小非常吻合，这也进一步说明了计算的可靠性。进一步对流场进行分析，彩图 10 给出了转轮和活动导叶之间动静干涉面径向速度的分布，可以看出存在大面积的正的径向速度分量，也就是回流。这种回流的存在势必造成能量在动静干涉面两侧的传递，还会造成不规则的压力分布，引起较大的压力脉动，如彩图 11 所示。这种不规则的流场对转轮叶片的总压分布有重要的影响，从叶片展向中心处的进水边到出水边的无量纲压力分布(图 4.17)可以看出，转轮进口侧的做功规律分布相当差，而且极其不稳定，这种不稳定特性将在下个章节中进行详细的阐述。上述这种回流涡的出现类似于"挡水环"的作用，造成了流场的阻塞，因此会引起较大的水头损失，单位转速下降，特性曲线因而呈现正斜率特性。

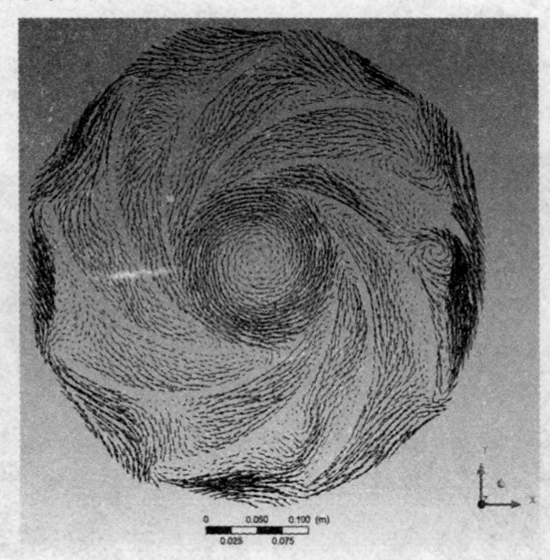

图 4.15　工况 B S1 流面的相对速度矢量分布图

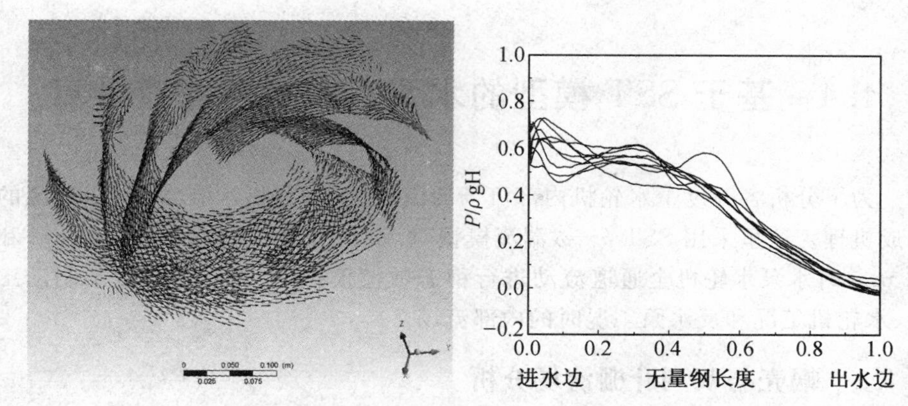

图 4.16　工况 B S2 流面的相对速度矢量分布　图 4.17　叶片展向中心处总压分布

对于工况点 C，图 4.18、4.19 和彩图 12 给出了反水泵工况转轮 S1 流面、S2 流面和轴面上的相对速度分布，可以看到转轮内部的流场相当紊乱。反水泵运行工况下，机组相当于前弯型叶片的离心泵，这种类型的叶片会造成叶轮流道内流动的不稳定，导致严重的脱流，这点在图中有明显的表现。再者，这时的叶片安放角很大，形成的扬程很大，而且此时的压力场极不规则，如彩图 13 所示，这些因素造成了反水泵工况下较大的压力脉动，甚至引起较高的导叶水力矩，造成导叶系统的破坏，这也是机组由于“S”特性引起不稳定运行不宜深入进入反水泵工况的重要原因。

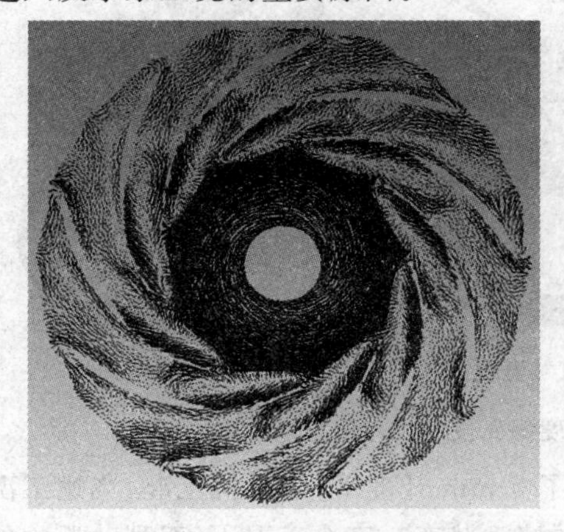

图 4.18　工况 C 流面 S1 的相对速度矢量分布

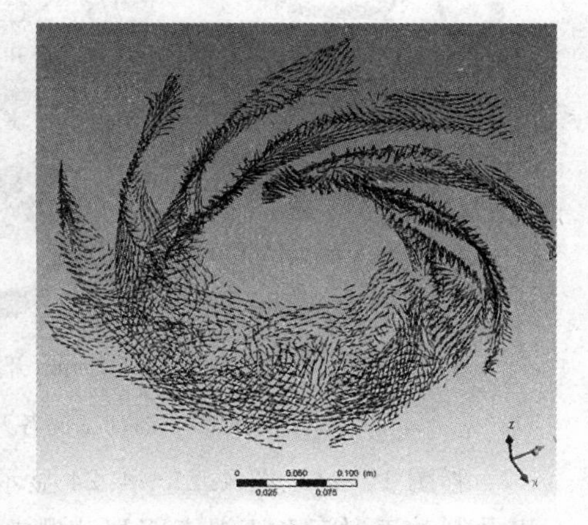

图 4.19　工况 C 流面 S2 的相对速度矢量分布

综上所述，上述计算较好地预测出“S”特性曲线的形状和走势，因此基于全流道的稳态数值模拟方法可以用于水力设计过程的特性曲线的预测中。水泵水轮机机组的特性曲线出现正斜率是由转轮高压侧的回流涡的“挡水环”作用引起，因此如何在设计中消除转轮高压侧的回流涡成为优化设计的重要因素。

4.4　基于 SST 模型的水泵水轮机全流道计算

为了分析各开度下水轮机内部流场的演化过程，分析水泵水轮机“S”区的形成机理。这里采用 SST $k-\omega$ 湍流模型对活动导叶开度为 5 mm、10 mm 和 32 mm 时水泵水轮机全通道流动进行稳态数值模拟，计算了各开度下制动工况、水轮机工况和反水泵工况时的内部流场。

4.4.1　蜗壳与双列叶栅流场分析

图 4.20 显示了处于“零”流量附近制动工况时，三个开度下各自蜗壳段压力与流线分布情况。制动工况点位于水轮机工况与反水泵工况之间，该工况下的流动复杂。但图 4.20 显示此时的蜗壳段内压力分布仍较为均匀，流动平稳。可见蜗壳段的流动状态对“S”区产生的影响较小。

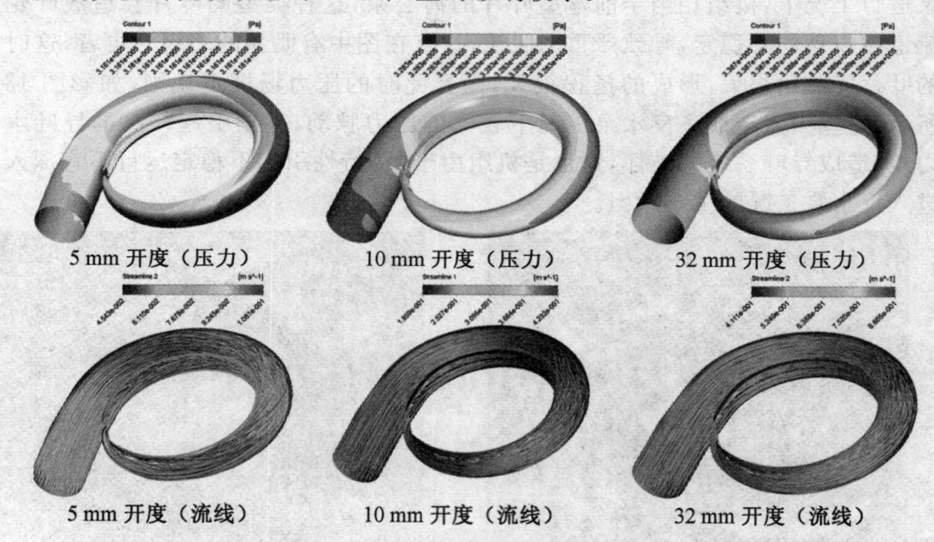

图 4.20　制动工况各开度蜗壳段流线与压力分布

彩图 14～15、图 4.21～4.24 显示了 5 mm 开度下，水轮机工况、飞逸工况以及制动工况三个工况点双列叶栅内的流动状态。三个工况下，双列叶栅内的流动状态关于对称面对称。5 mm 为小开度状态，此时固定导叶流道内的流体压力高，流速低；流动稳定且损失小。离开固定导叶后，流体以极快的降压升速的方式进入活动导叶流道，且流体主要从顶盖和底盖附近流向下游。中间流面处存在一定的回流，即转轮内的流体从中间流面位置进入无叶区，随后向顶盖和底盖方向运动，在空间上形成螺旋式运动。从水轮机工况向制动工况发展的过程中此回流的强度将逐渐增大，最终在制动工况下，部分回流进入到活动导叶入口处，使中间流面附近的活动导叶的头部压力降低，而固定导叶出口处流动也呈现对称的螺旋式环形。对于水轮机工况与飞逸工况的压力分布，靠近顶盖和底盖的主流区压力随流动方向逐渐降低；中间流面受回流影响较大，流体在活动导叶后缘点附近被其阻碍而压力升高，在制动工况下更会导致流体直接冲击活动导叶形成局部高压。此外，在顶盖和底盖附近，主流绕流活动导叶后缘点，并在下弧面位置形成旋涡运动；流量降低时，旋涡强度增大，并向相邻活动导叶头部偏移。

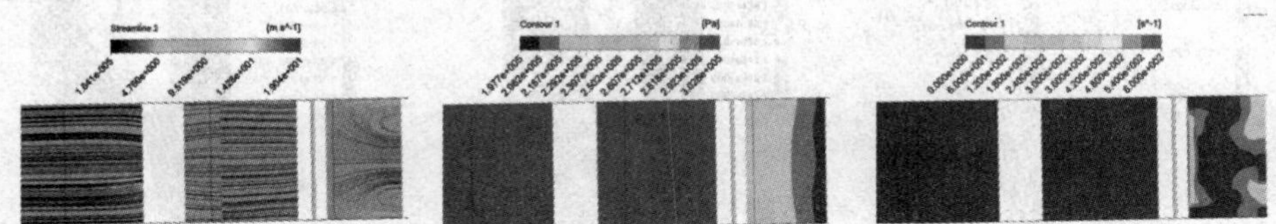

图 4.21　双列叶栅径向流场（流线、压力、旋涡强度），5 mm 开度飞逸工况

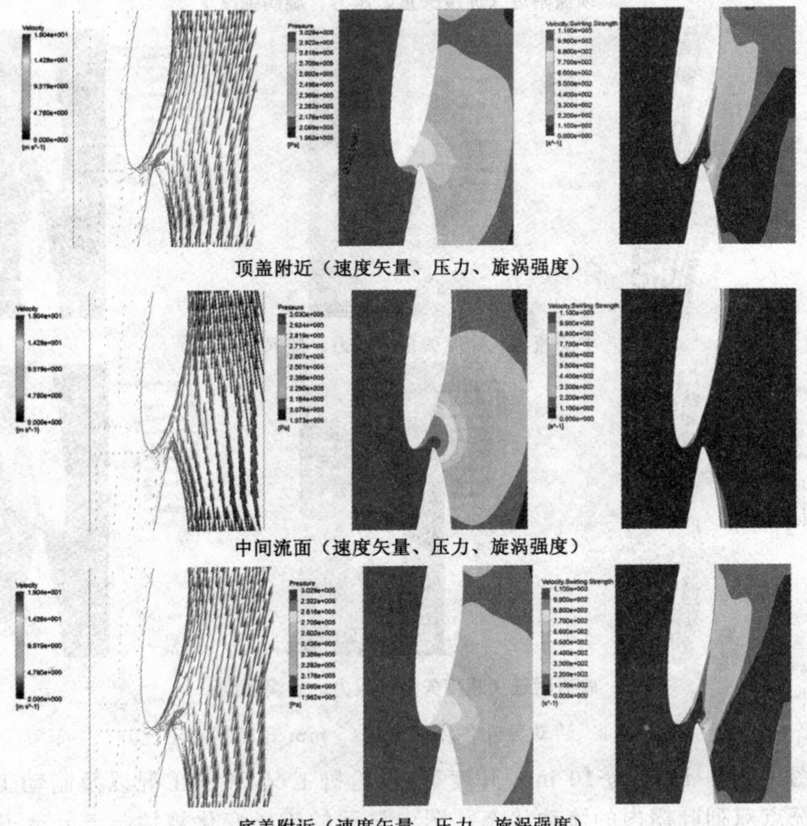

图 4.22　活动导叶各流面流场（5 mm 开度飞逸工况）

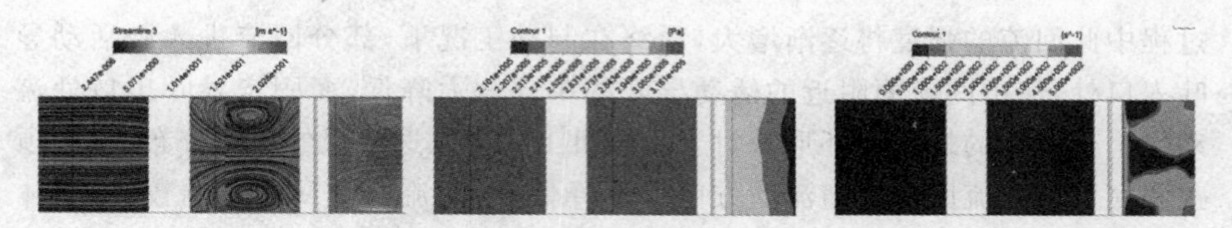

图 4.23　双列叶栅径向流场(流线、压力、旋涡强度),5 mm 开度制动工况

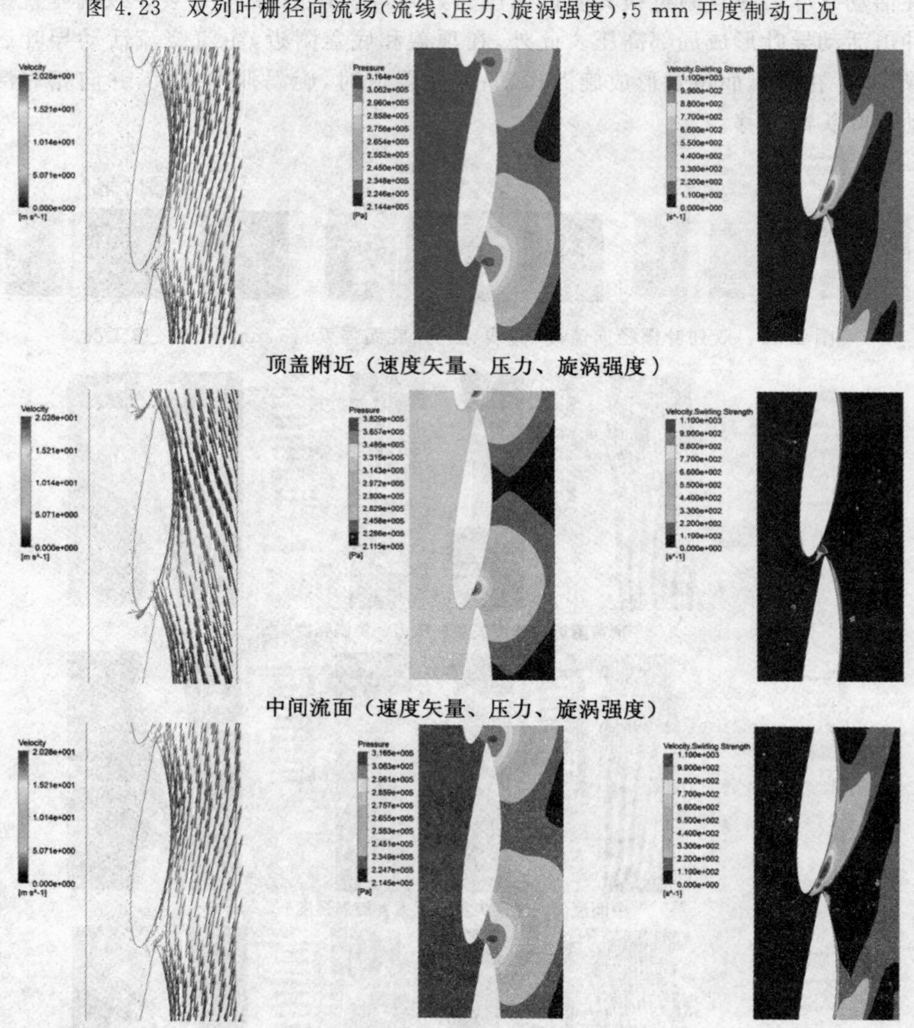

顶盖附近（速度矢量、压力、旋涡强度）

中间流面（速度矢量、压力、旋涡强度）

底盖附近（速度矢量、压力、旋涡强度）

图 4.24　活动导叶各流面流场(5 mm 开度制动工况)

图 4.25～4.30 为 10 mm 开度下,水轮机工况、飞逸工况以及制动工况三个工况点双列叶栅内的流动状态。图中显示的流场变化规律与 5 mm 开度基本一致,但开度的增加对压力和旋涡的分布变化产生了一定影响。相比 5 mm

开度，10 mm 开度的活动导叶流道加长，水轮机工况下，流道呈现出明显的压力梯度。制动工况下，冲击形成的局部高压位置也向后缘点位置偏移。观察各流面旋涡强度分布可知，水轮机工况下，活动导叶尾部的“旋涡带”有一定加长；制动工况下，“旋涡带”偏移至相邻活动导叶中段的下弧面位置处。根据水轮机流量调节方程（式(4.3)），导叶开度增大能够增强水轮机的过流能力，在相同的水头和转速时，具有更大的流量。这可能是导致旋涡形状和位置发生变化的原因之一

$$Q=\frac{R_2\omega+\frac{\eta_h gH}{\omega}}{\frac{1}{2\pi b_0}\cot\alpha_0+\frac{R_2}{A_2}\cot\beta_0} \tag{4.3}$$

式中 R_2——转轮出口边半径（水轮机工况），m；

ω——转轮旋转速度，rad・s^{-1}；

η_h——水力效率；

H——水头，m；

b_0——活动导叶高度，m；

α_0——导叶水流出口角，度；

A_2——水轮机转轮出口过流面积，m^2；

β_0——转轮出口角

图 4.31～4.36 为 32 mm 开度下，水轮机工况、飞逸工况以及制动工况三个工况点双列叶栅内的流动状态。此时，活动导叶形成明显的流道。相比 5 mm和 10 mm 开度，32 mm 开度的水轮机工况下无叶区内无回流，固定导叶中能够观察到较为明显的压力梯度，但从双列叶栅进口至出口的整体静压梯度较小；在进入飞逸工况和制动工况的过程中，无叶区内产生回流，且范围和强度不断增大。回流还对流动造成阻碍，导致固定导叶内的静压梯度逐渐降低，但活动导叶出口的静压梯度上升。导叶开度的增大缩小了无叶区的范围，加强了活动导叶与转轮之间的相互干涉，观察制动工况下的压力图与旋涡强度图能够发现，在活动导叶靠近后缘点的下弧面位置，各流面均存在由冲击造成的局部高压区；顶盖和底盖附近流面的旋涡再次出现在活动导叶尾部，由于活动导叶与转轮距离缩小，该旋涡影响范围也一直延续到转轮进口。

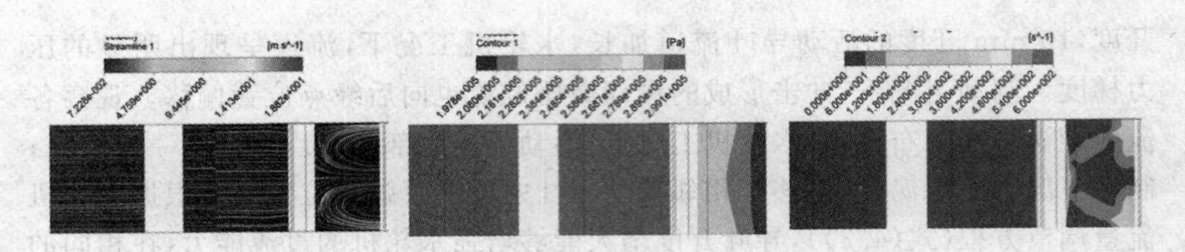

图 4.25　双列叶栅径向流场(流线、压力、旋涡强度),10 mm 开度水轮机工况

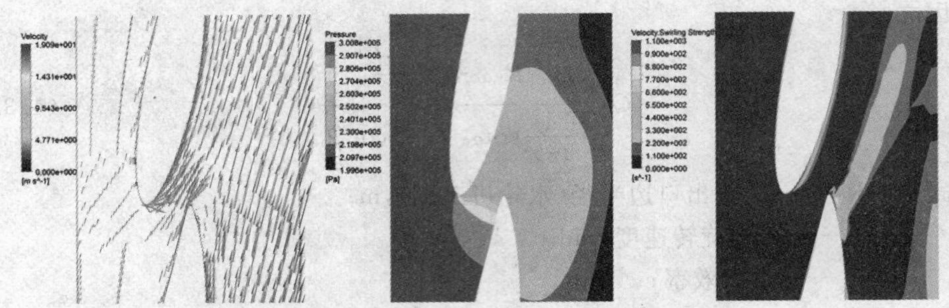

顶盖附近（速度矢量、压力、旋涡强度）

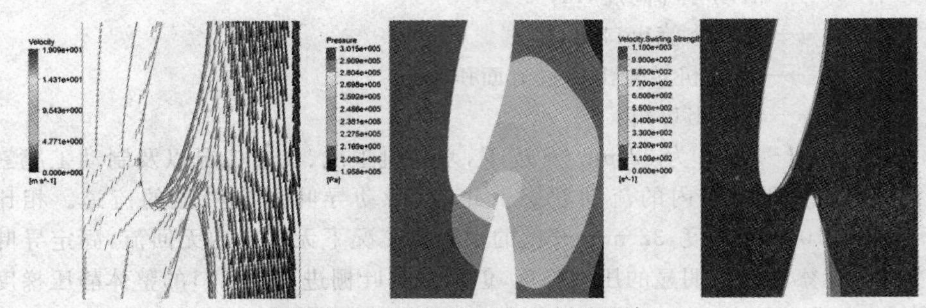

中间流面（速度矢量、压力、旋涡强度）

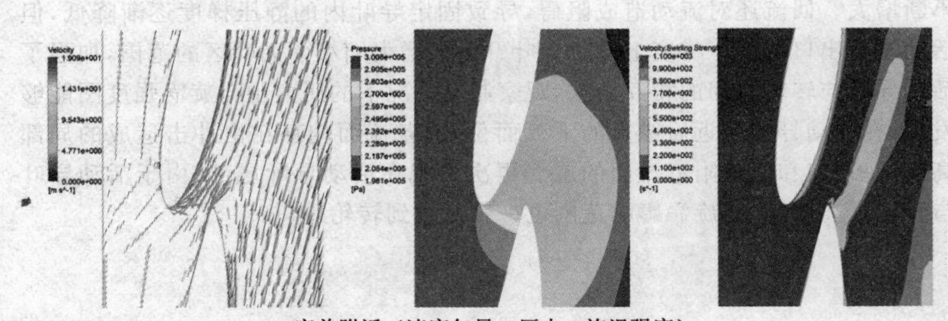

底盖附近（速度矢量、压力、旋涡强度）

图 4.26　活动导叶各流面流场(10 mm 开度水轮机工况)

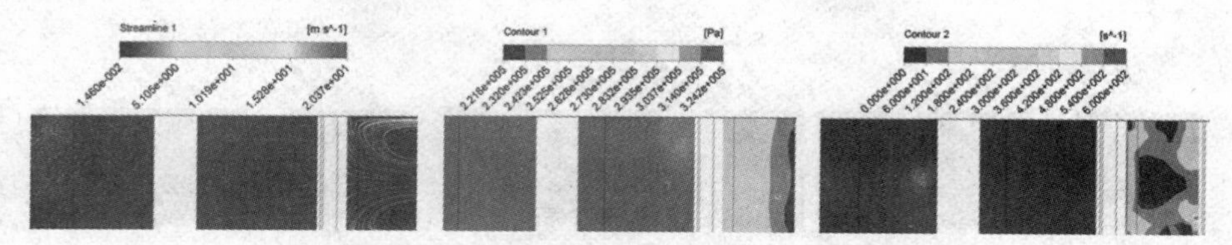

图 4.27　双列叶栅径向流场(流线、压力、旋涡强度),10 mm 开度飞逸工况

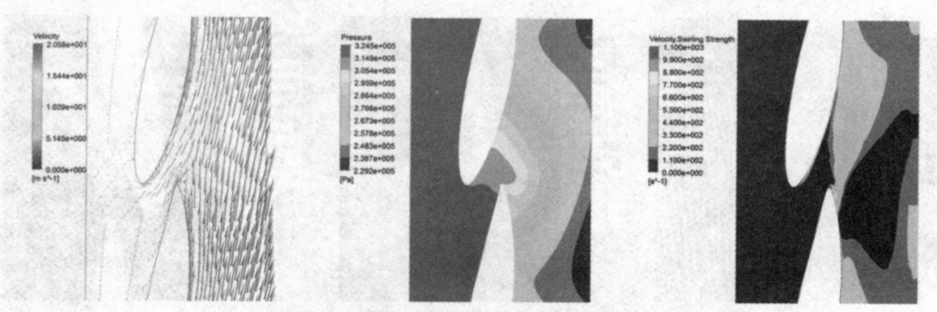

顶盖附近（速度矢量、压力、旋涡强度）

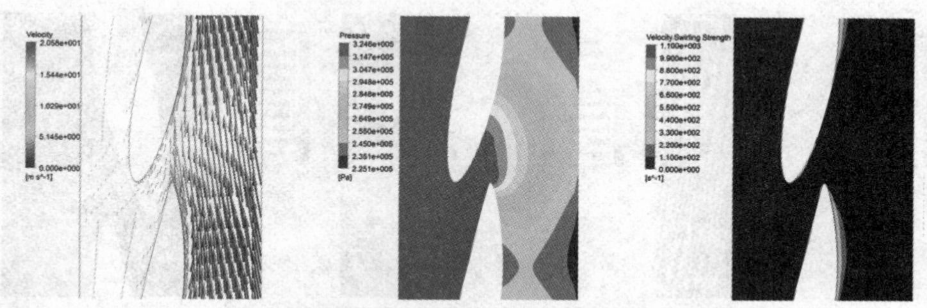

中间流面（速度矢量、压力、旋涡强度）

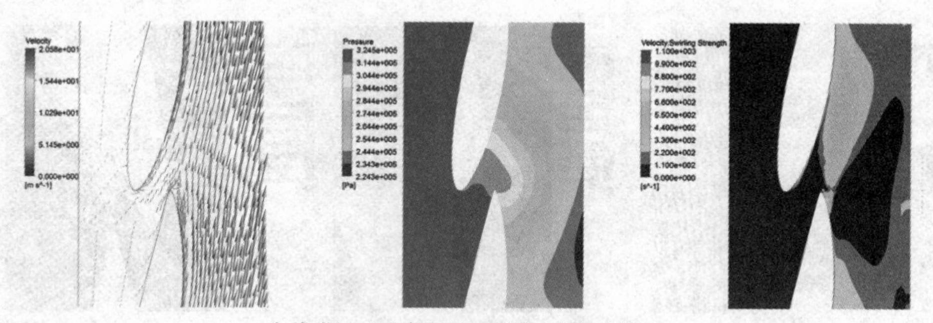

底盖附近（速度矢量、压力、旋涡强度）

图 4.28　活动导叶各流面流场(10 mm 开度飞逸工况)

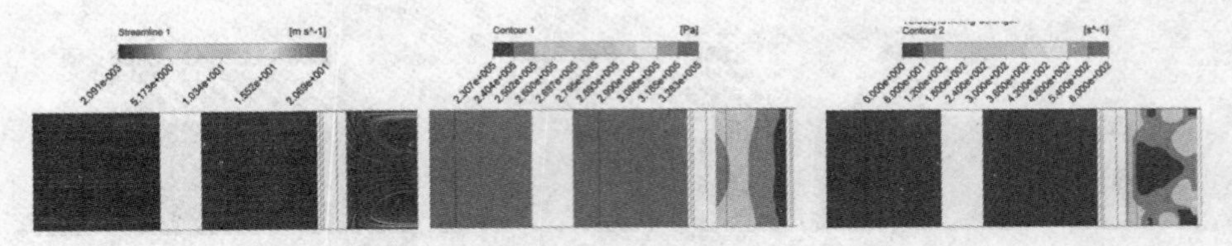

图 4.29　双列叶栅径向流场(流线、压力、旋涡强度),10 mm 开度制动工况

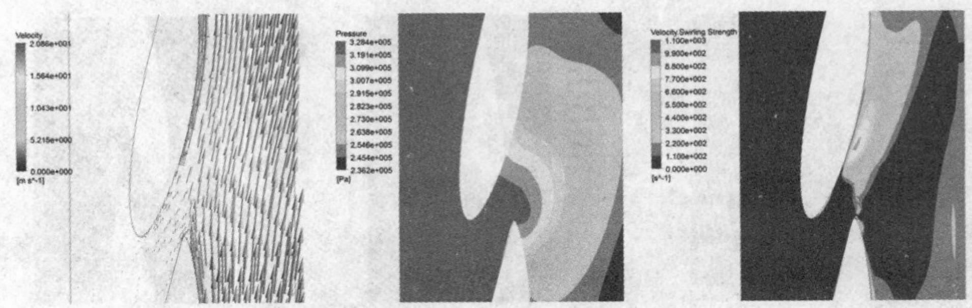

顶盖附近（速度矢量、压力、旋涡强度）

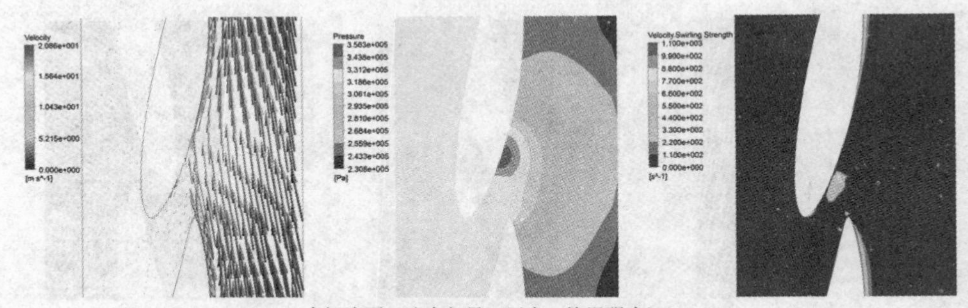

中间流面（速度矢量、压力、旋涡强度）

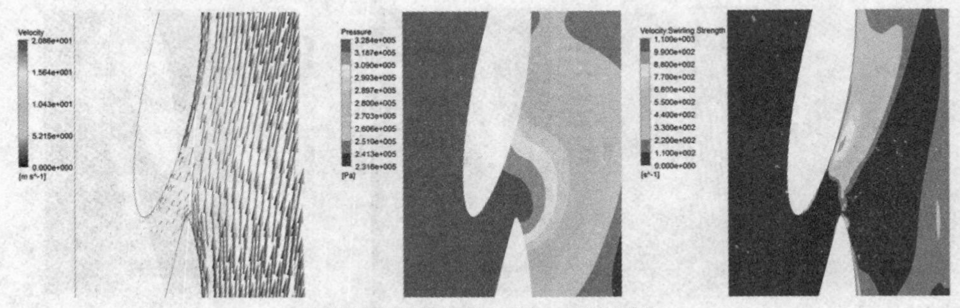

底盖附近（速度矢量、压力、旋涡强度）

图 4.30　活动导叶各流面流场(10 mm 开度制动工况)

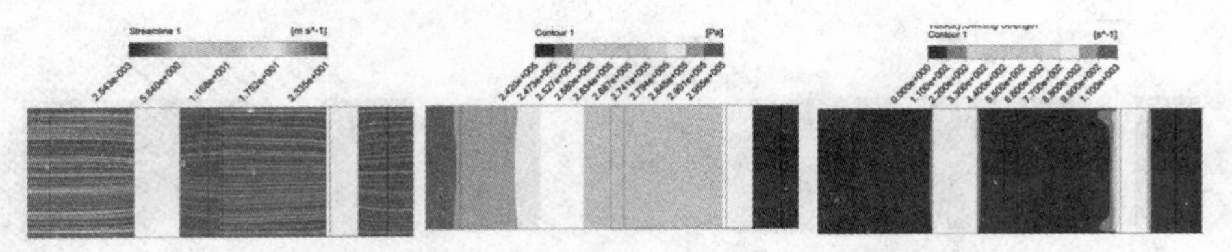

图 4.31　双列叶栅径向流场(流线、压力、旋涡强度),32 mm 开度水轮机工况

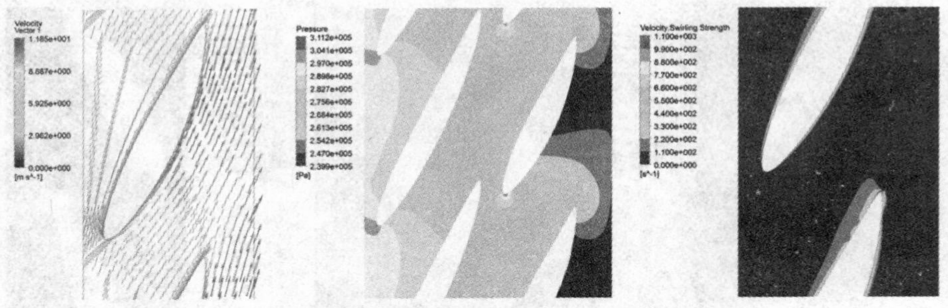

顶盖附近（速度矢量、压力、旋涡强度）

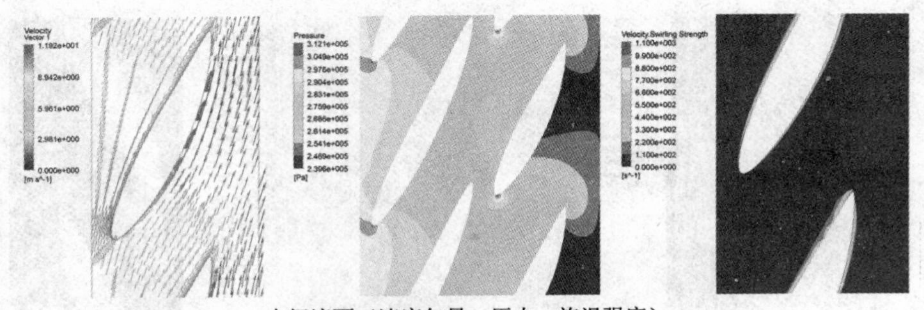

中间流面（速度矢量、压力、旋涡强度）

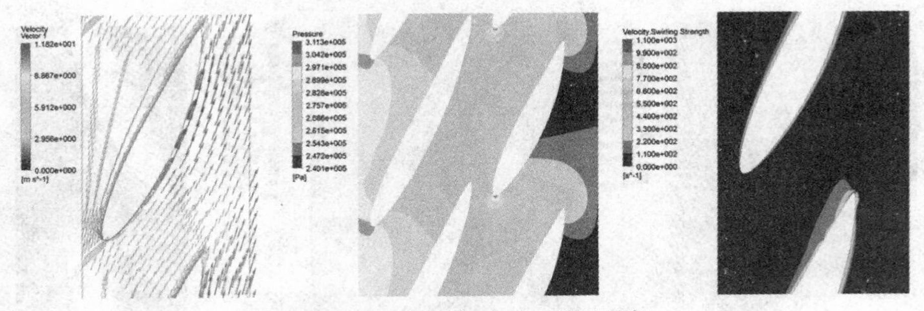

底盖附近（速度矢量、压力、旋涡强度）

图 4.32　活动导叶各流面流场(32 mm 开度水轮机工况)

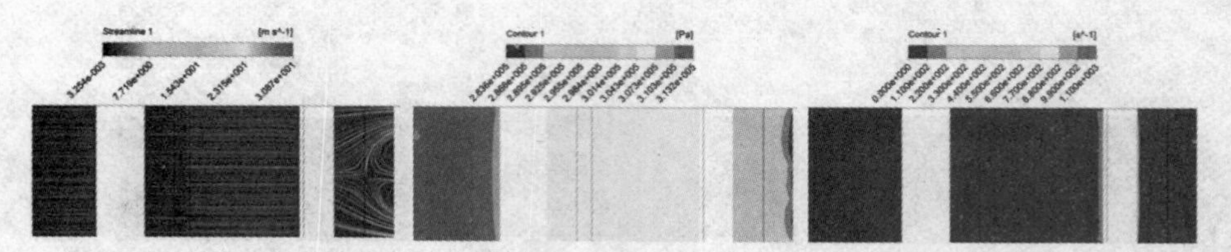

图 4.33　双列叶栅径向流场(流线、压力、旋涡强度),32 mm 开度飞逸工况

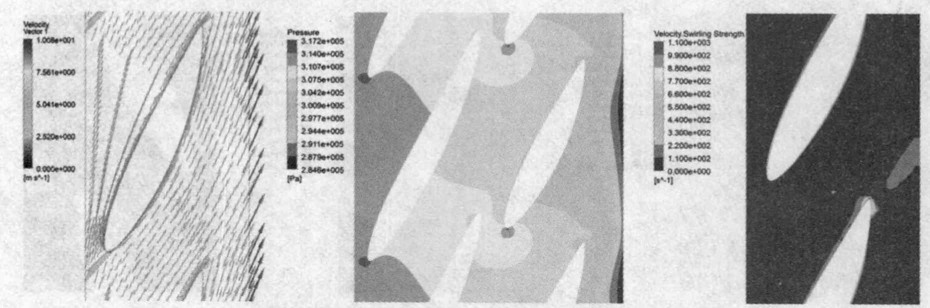

顶盖附近（速度矢量、压力、旋涡强度）

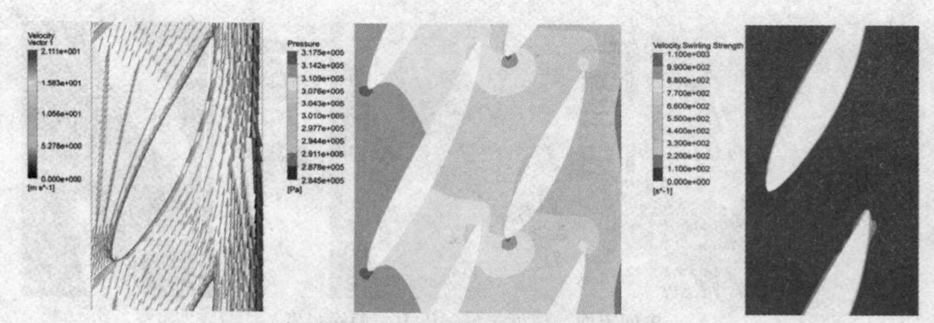

中间流面（速度矢量、压力、旋涡强度）

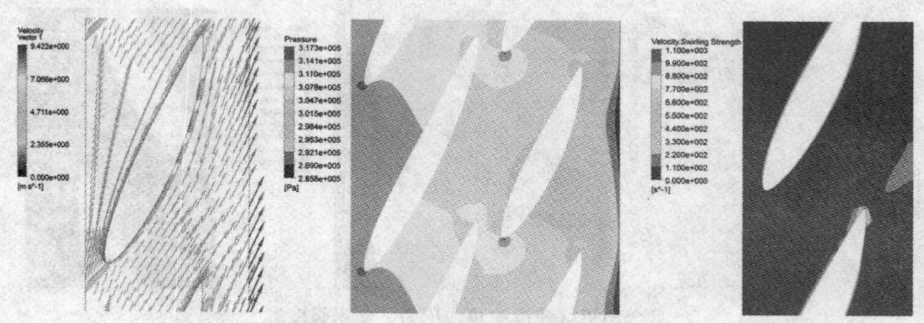

底盖附近（速度矢量、压力、旋涡强度）

图 4.34　活动导叶各流面流场(32 mm 开度飞逸工况)

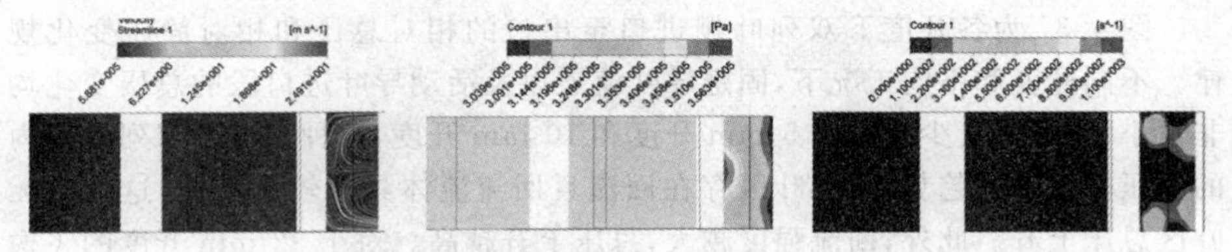

图 4.35　双列叶栅径向流场(流线、压力、旋涡强度)，32 mm 开度制动工况

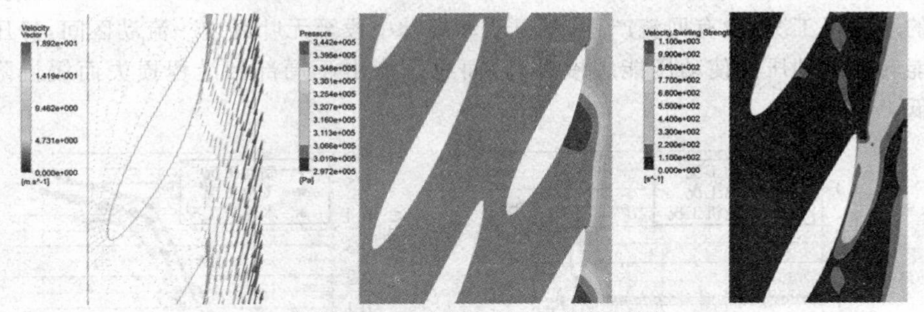

顶盖附近（速度矢量、压力、旋涡强度）

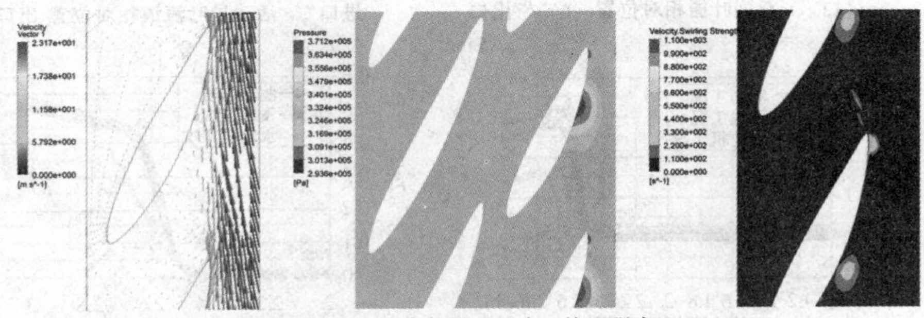

中间流面（速度矢量、压力、旋涡强度）

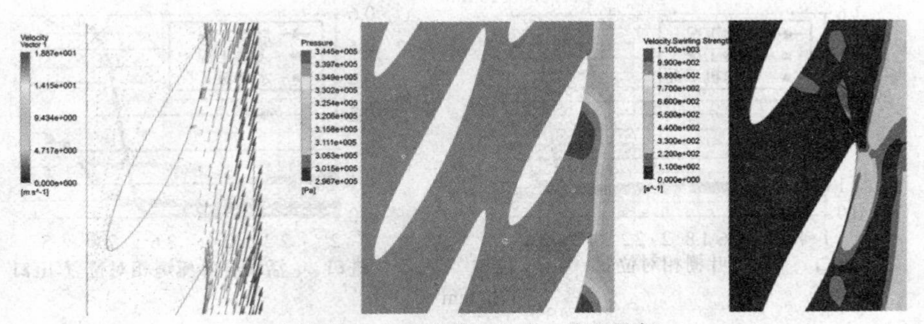

底盖附近（速度矢量、压力、旋涡强度）

图 4.36　活动导叶各流面流场(32 mm 开度制动工况)

图 4.37 为各开度下双列叶栅进口至出口的相对总压和相对静压变化规律。不同开度和不同工况下，固定导叶流道以及活动导叶进口段的总压变化均非常小，能量损失少。对于 5 mm 开度和 10 mm 开度，三种工况下双列叶栅内的静压呈现降低趋势，但无叶区存在回流且回流流体具有较大动能，这导致无叶区总压上升。此外，回流强度越大，总压上升越高。对于 32 mm 开度的飞逸工况和制动工况也有类似的总压上升现象，且升压幅度更大；对于 32 mm 开度的水轮机工况，没有回流产生，所以活动导叶中段至无叶区这一流动区间，静压能转换为动压能使动压能缓慢升高，而总压能由于局部和沿程损失而缓慢降低。

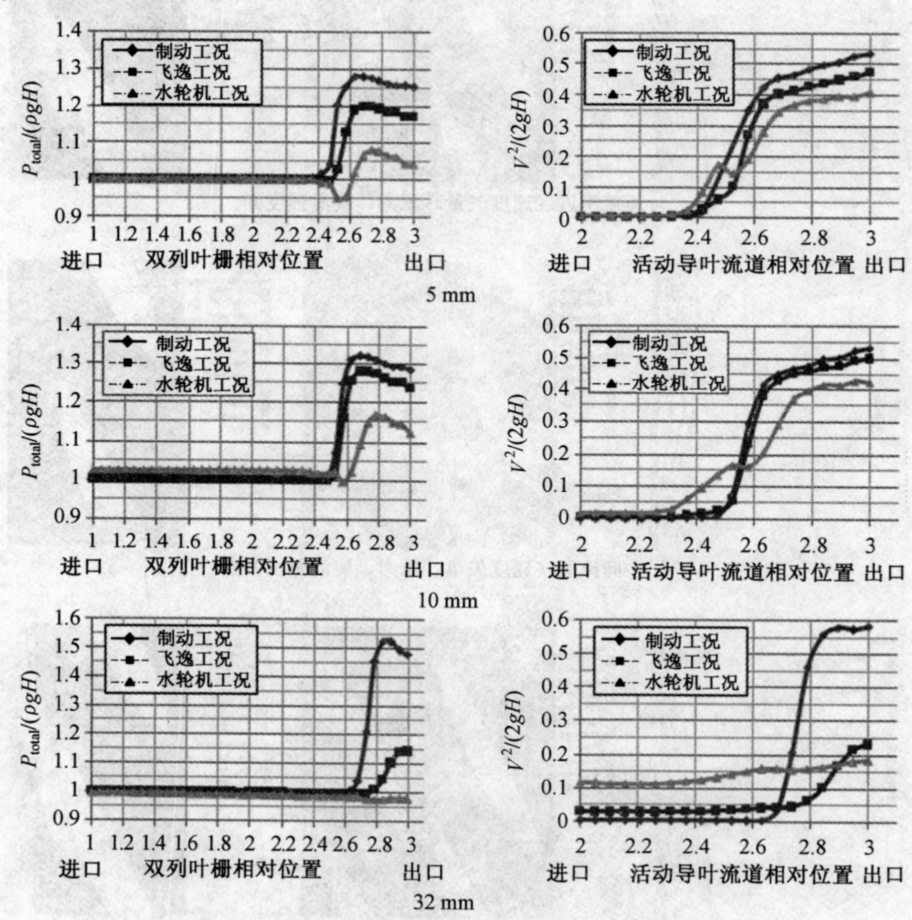

图 4.37　双列叶栅相对总压和相对动压变化规律

4.4.2 转轮流场分析

转轮是实现能量转换的重要部件，其内部流场对水轮机的工作效率以及稳定性都有较大的影响。彩图 16～18 分别是 5 mm、10 mm 和 32 mm 开度下转轮内流线随工况的变化规律，从图中可以看出，从水轮机工况变化到制动工况，转轮内的流场逐渐恶化，流道内旋涡运动从无到有，从小到大，从弱到强，最终将堵塞整个流道。但旋涡运动的产生与发展随着导叶开度的增大会出现一定的“滞后”性：开度越大，水轮机工况下转轮内的流线分布越平稳，而飞逸工况和制动工况下旋涡运动的出现将越迟，且强度和影响范围也越小。这可能是由于在小开度下，双列叶栅对无叶区回流的阻碍较大，使转轮进口的旋涡运动在进入飞逸工况和制动工况后迅速发展；而在大开度下，无叶区回流能够较顺利地进入到活动导叶流道，从而减缓了转轮进口旋涡运动的发展。

图 4.38～4.40 分别为 5 mm、10 mm、32 mm 开度下各工况流线与旋涡强度分布规律，首先以 5 mm 开度为例进行分析。对于转轮进口，流场关于中间流面对称，各工况下都表现为上冠和下环处的流体均以螺旋运动向中间流面运动，并在转轮进口形成双旋涡，其旋转方向与转轮旋转方向相反。受转轮进口边形状的影响，下环至中间流面的旋涡运动的范围较大，但进入制动工况时两旋涡将结合，并几乎完全堵塞流道。进口段中间流面的流体受到双旋涡的阻碍而无法进入转轮中后段，从而回流至无叶区。对于转轮流道中后段，水轮机工况下转轮出口回流区小、强度低，从上游双旋涡流出的流体能够平稳、流畅地进入到直锥段；飞逸工况下，转轮出口上冠附近的回流范围扩大，对双旋涡在转轮中后段流道内的发展产生了不同影响，从上冠旋涡流出的流体流经转轮中段后受到出口回流阻碍，在叶片吸力面附近从上冠流动至下环，最终从下环处以螺旋方式(相对速度)进入直锥段。从下环旋涡流出的流体受到进口回流阻碍，在转轮中段靠近叶片压力面处再次形成回流，最终回流至转轮进口中间流面随后进入到无叶区。制动工况下，进口旋涡几乎完全堵塞流道，最终在流道中段诱导出其他旋涡运动，而转轮出口回流区的范围也延伸至下环处。观察旋涡强度分布可知，上冠和下环处旋涡强度整体较大，而中间流面强度整体较小；转轮进口和出口是高强度旋涡的主要分布位置，虽然转轮进口旋涡运动是转轮出口回流形成和加强的诱导因素，但出口回流的旋涡强度却高于进口旋涡。

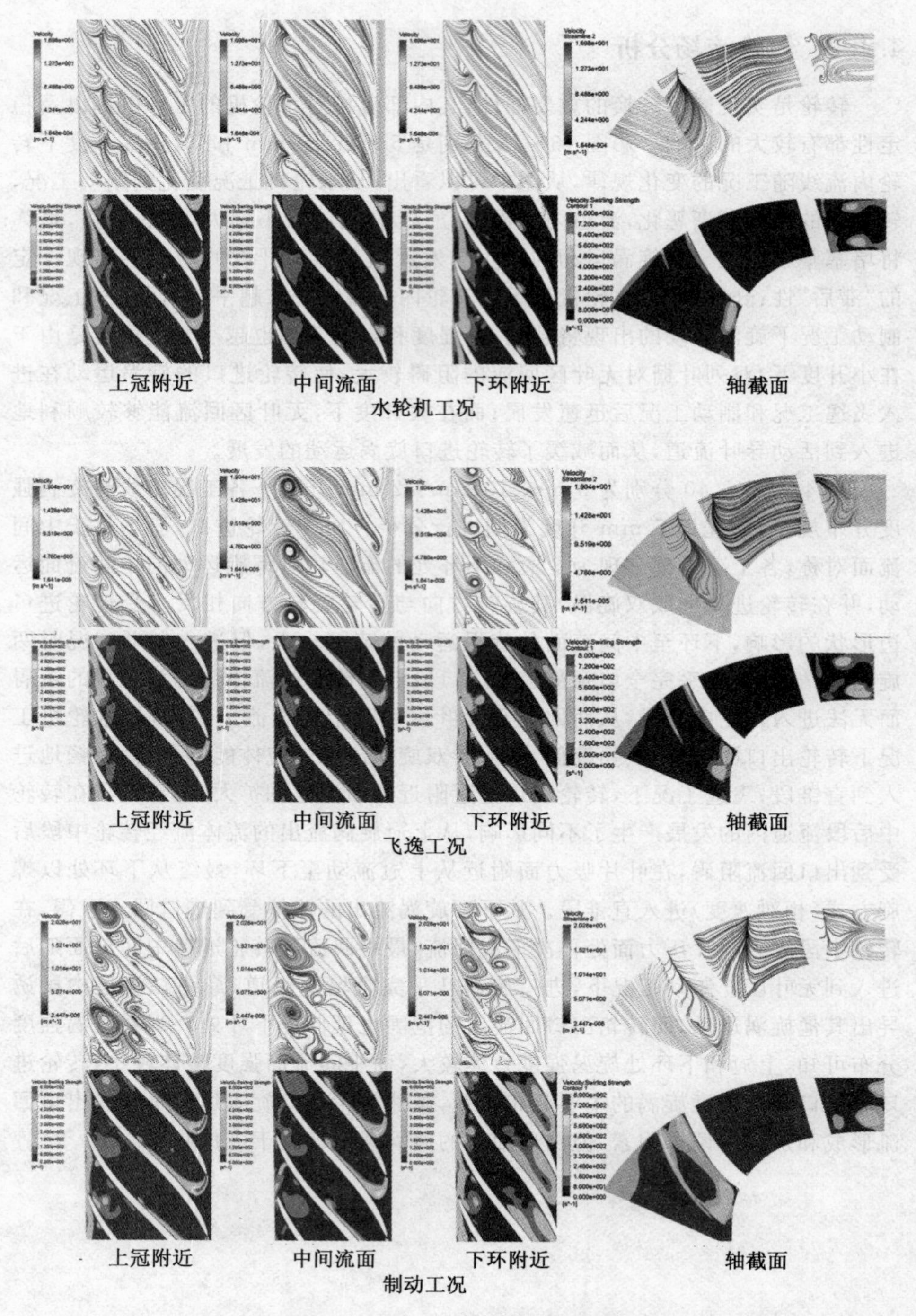

图 4.38　5 mm 开度各工况流线与旋涡强度分布规律

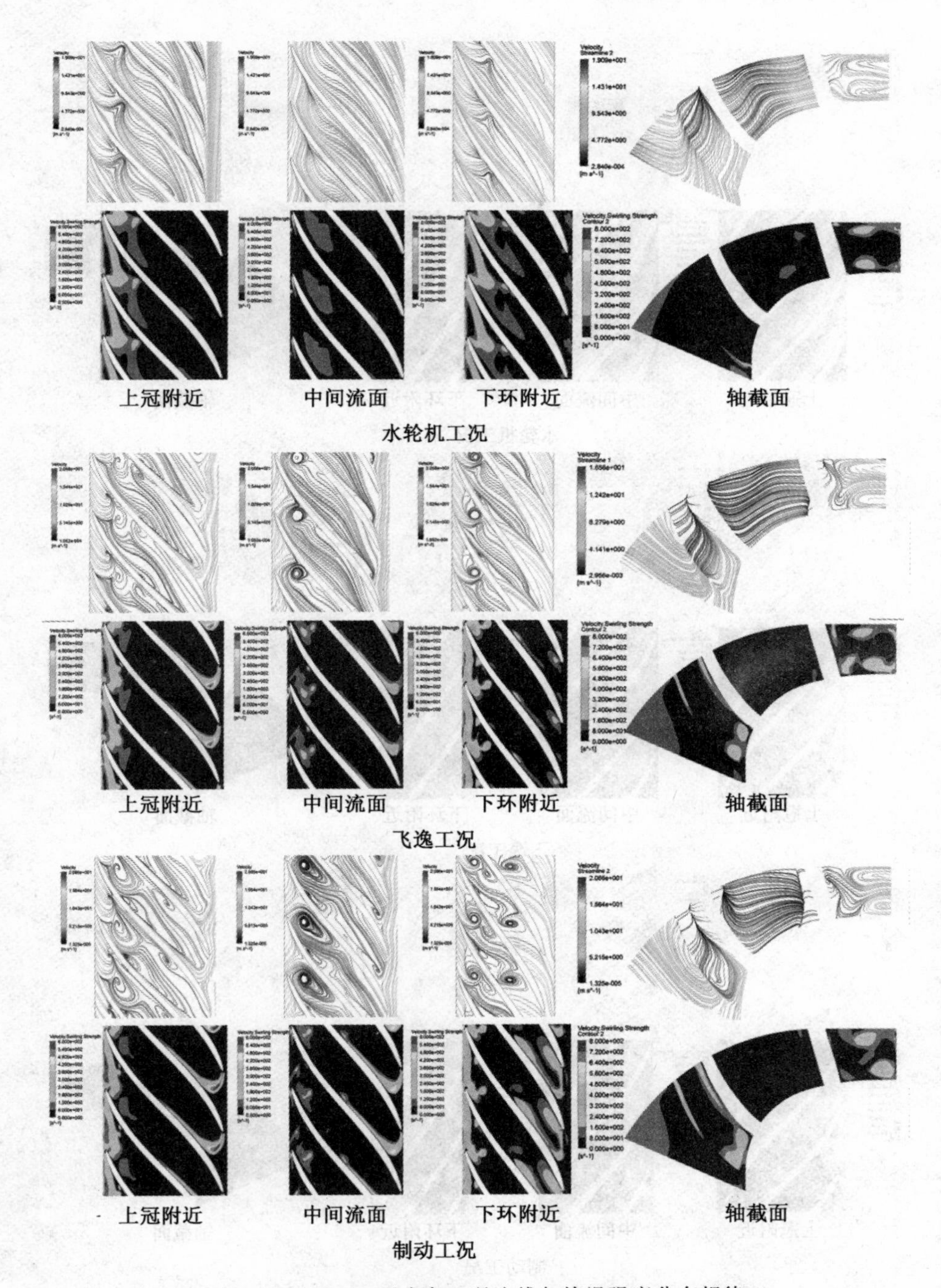

图 4.39　10 mm 开度各工况流线与旋涡强度分布规律

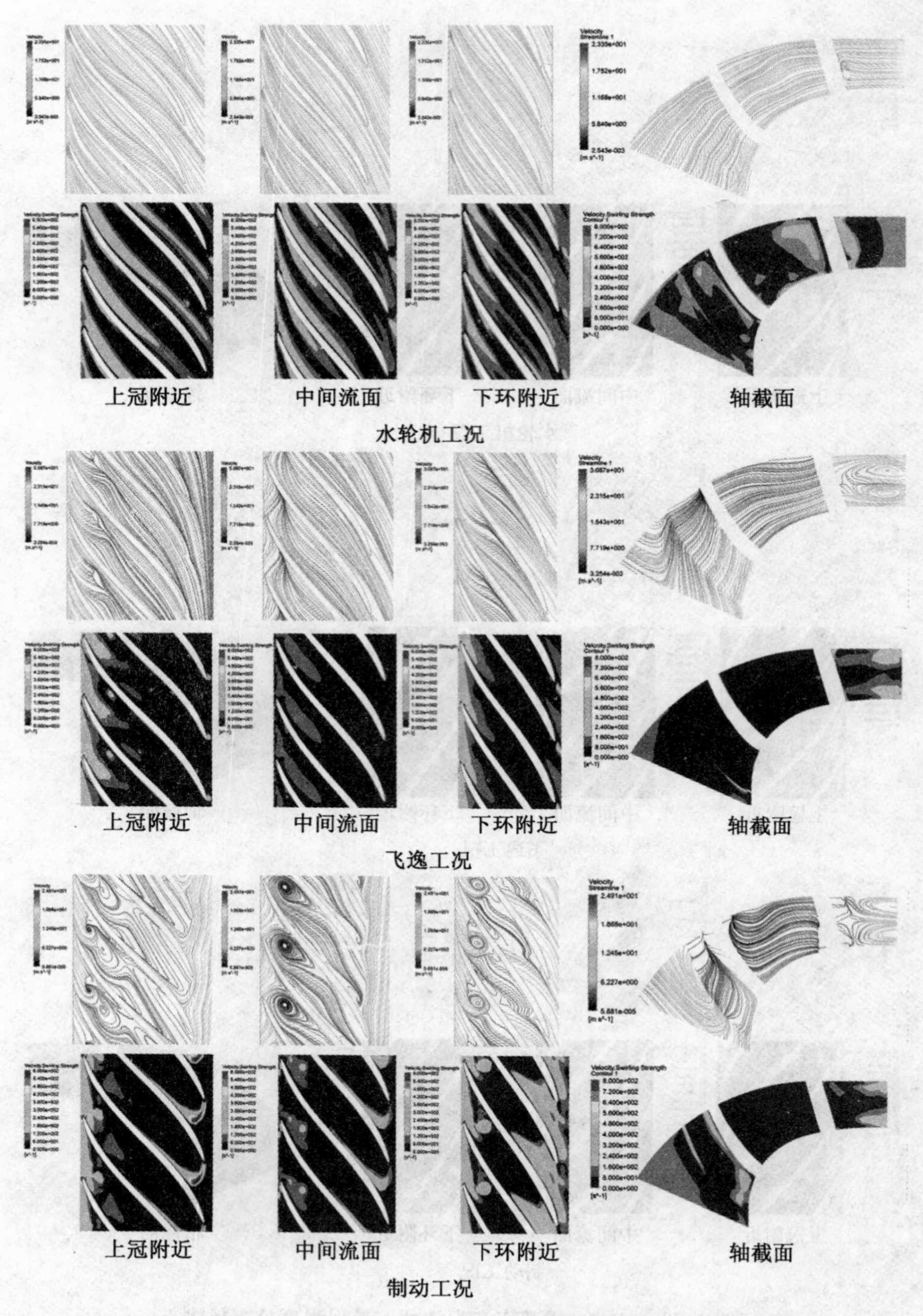

图 4.40　32 mm 开度各工况流线与旋涡强度分布规律

10 mm 开度和 32 mm 开度具有类似的变化规律，但由于随着开度增大，旋涡运动的产生出现“滞后”，所以 5 mm 开度下各工况对应的流场特征在 10 mm和 32 mm 开度下将产生一定的“错位”。此外，导叶开度的增大会扩大从水轮机工况到制动工况的流量跨度，导致大开度旋涡产生的工况点具有较高的流量，从而增强旋涡强度与回流范围。这种“错位”以及不同开度下旋涡新生工况点流量的变化可能与“S”区的形成有关，开度为 5 mm 时，飞逸工况下转轮进口和出口已经分别产生较强的旋涡运动和回流现象，但此时开度小，流量较低，旋涡运动与回流无法影响到更大的范围，进入到制动工况后，转轮流道几乎被旋涡团堵塞，形成稳定的紊乱流道。开度为 32 mm 时，从飞逸工况向制动工况发展的过程中，转轮进口和出口才先后分别产生旋涡和回流并逐渐增大、加强。在这一发展过程中，旋涡运动处于发展阶段，稳定性差；大导叶开度减小了转轮进口的旋涡运动向上游发展的阻碍；各工况点流量较大，增大了旋涡和回流的强度和影响范围。

转轮流道内的流场会对叶片的负载产生较大的影响。图 4.41～4.43 为叶片负载情况。对于水轮机工况，5 mm 和 10 mm 开度在进口段有旋涡产生，出口段上冠附近有一定回流，导致这两个区域的叶片工作面压力小于背面压力，该区域叶片对流体做功。转轮进口段部分被做功的流体回流至无叶区会引起无叶区内总压的上升。而叶片的其他位置处，流体对转轮做功，工作面压力大

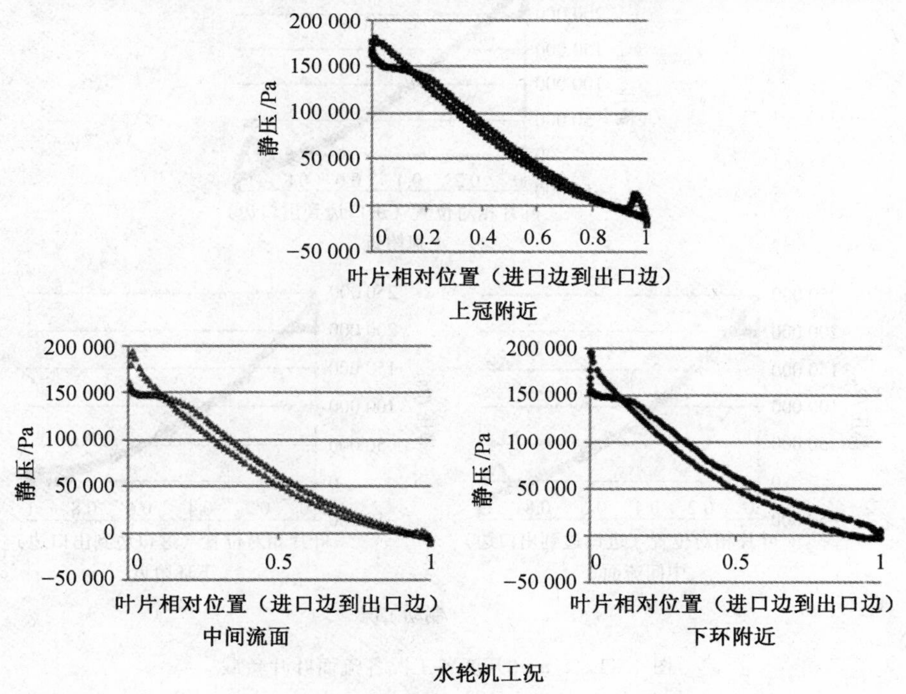

水轮机工况

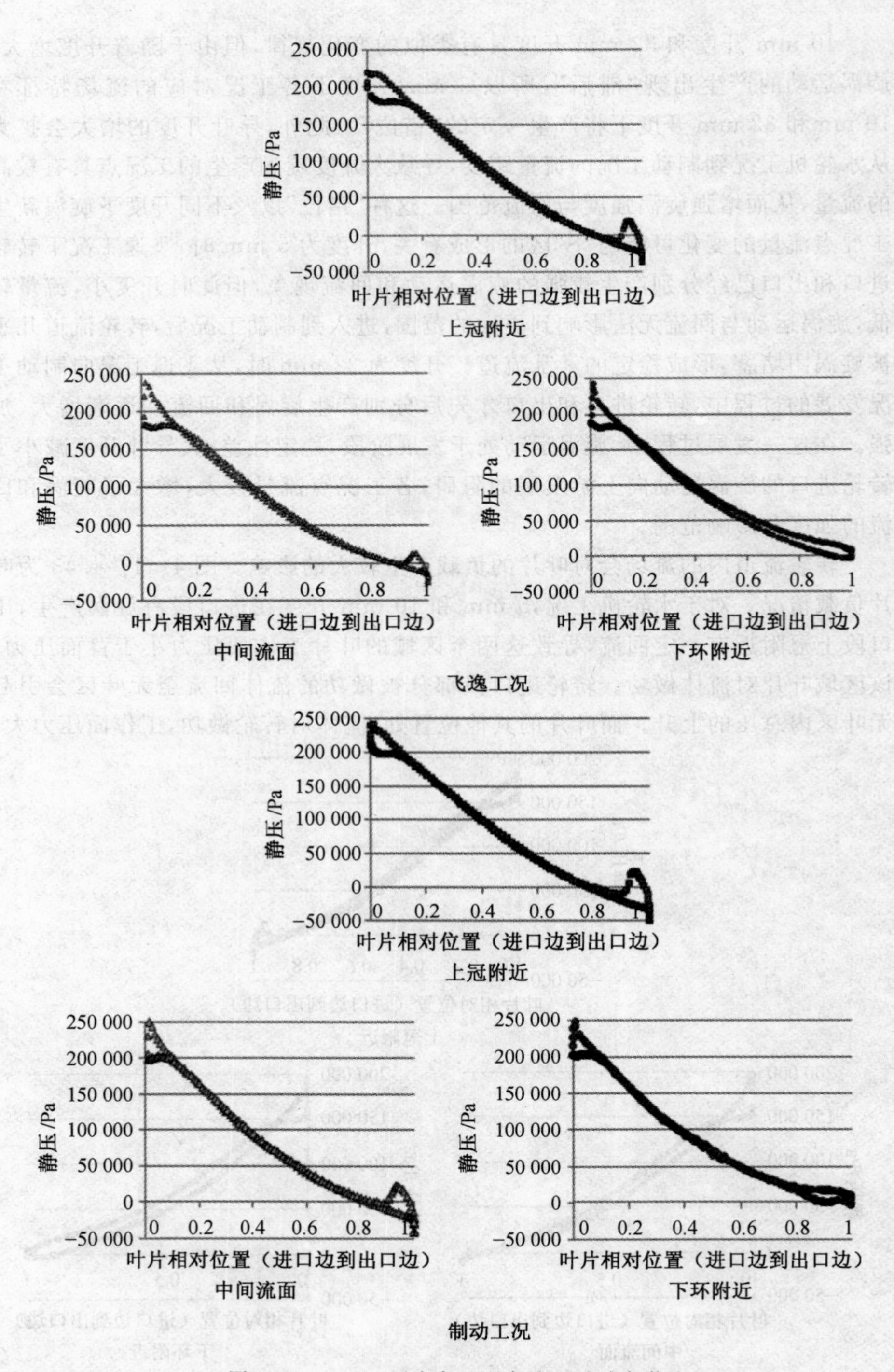

图 4.41　5 mm 开度各工况各流面叶片负载

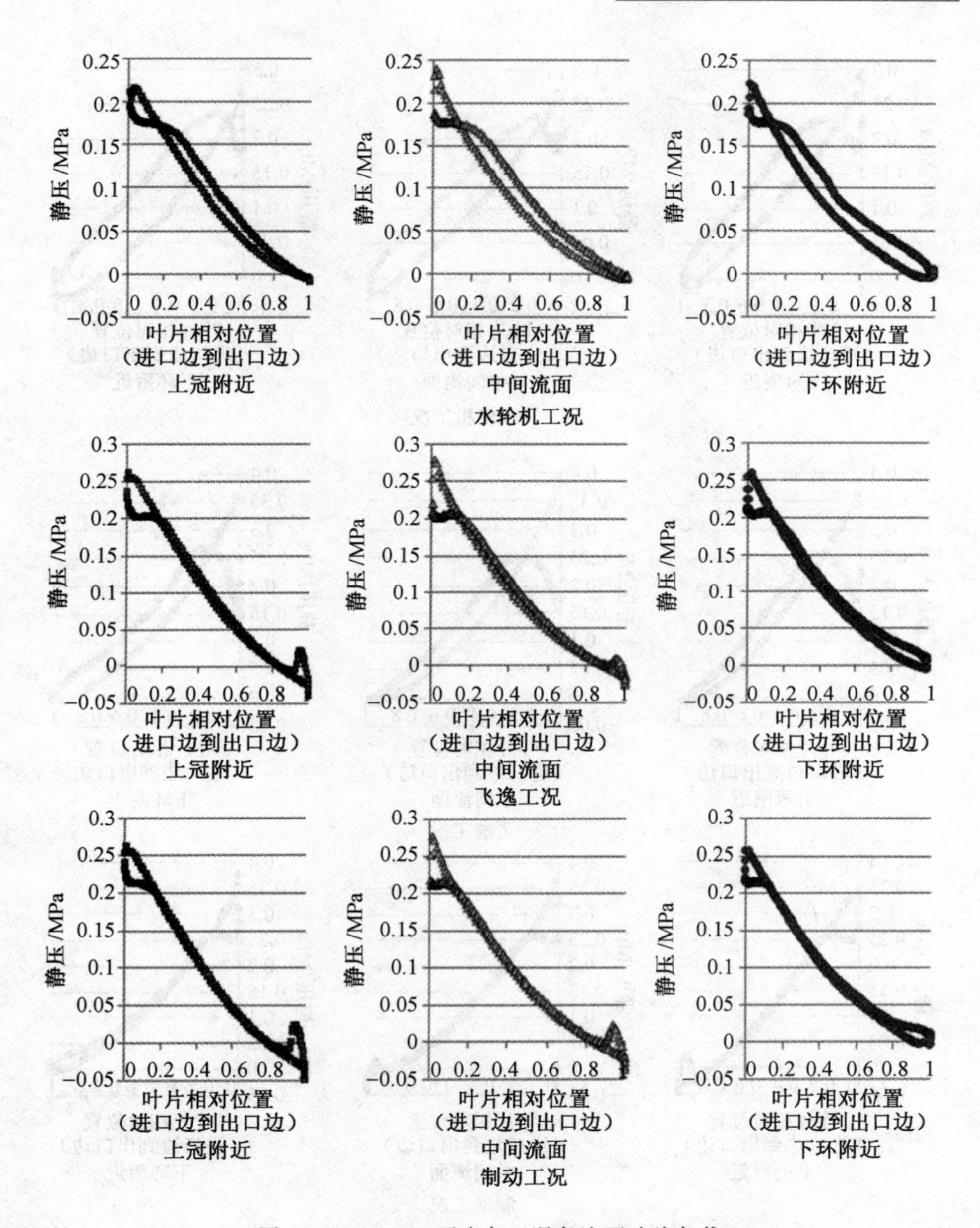

图 4.42　10 mm 开度各工况各流面叶片负载

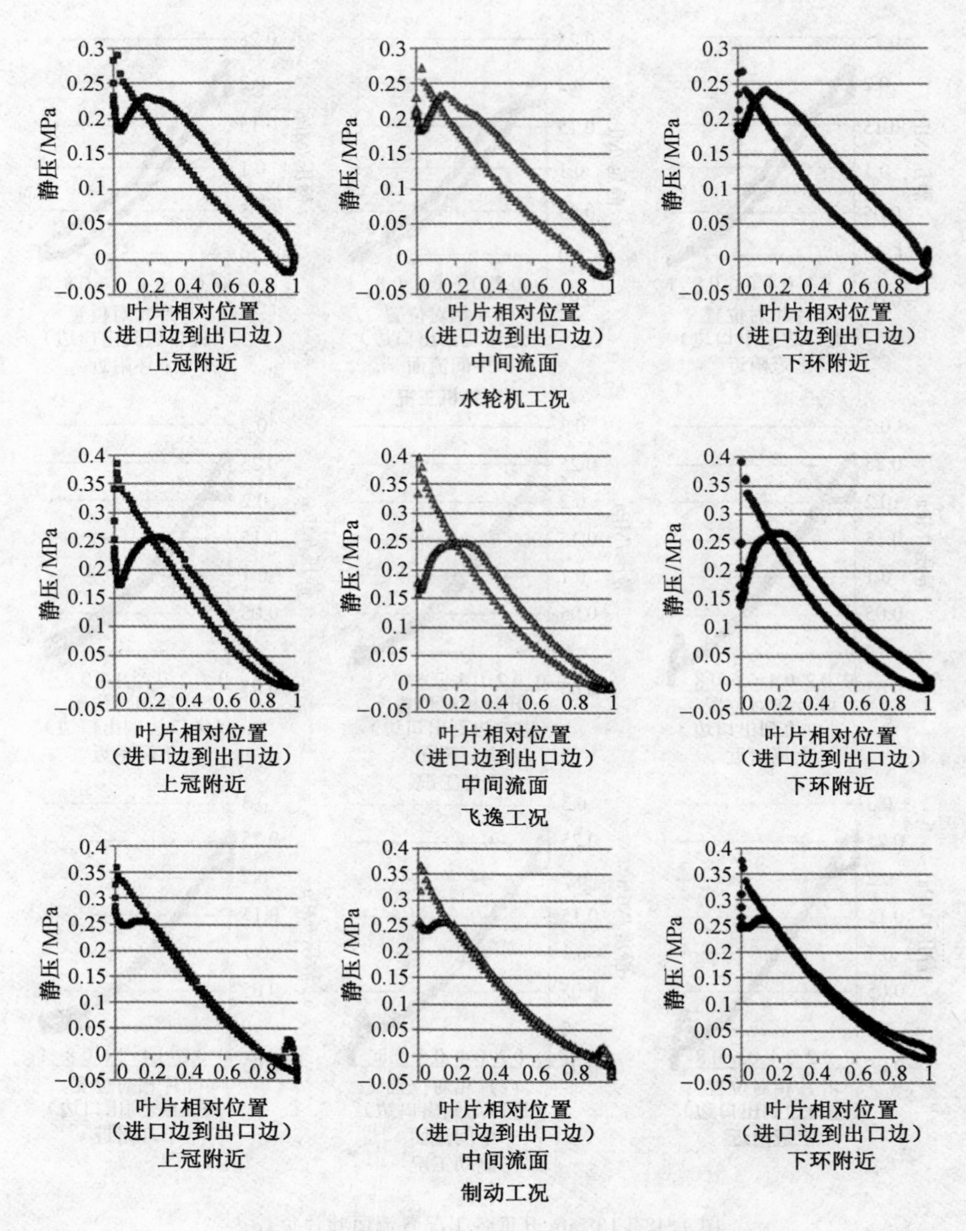

图 4.43　32 mm 开度各工况各流面叶片负载

于背面压力，整体叶片呈现水轮机工况。32 mm 开度的水轮机工况下仅转轮进口段叶片对流体做功，此时没有回流现象，流体在获得能量后继续向下游流动并对叶片做功。对于飞逸工况和制动工况，旋涡运动和回流范围的增大使转轮进口段对流体做功的区域向下游发展，转轮出口段从上冠向下环方向延伸。

其他叶片区域工作面和背面的压差逐渐降低。最终飞逸工况依靠进口段叶片和部分出口段叶片提供负力矩，其他部分提供正力矩，整体呈现“零”力矩；制动工况仅进口段叶片和部分出口段叶片提供负力矩，其他部分提供几乎不产生力矩。

4.4.3 尾水管段流场分析

图 4.44 为各开度下直锥段与尾水管流线和压力分布。对于 5 mm 和 10 mm开度工况，尾水管中心回流与壁面主流分别在直锥段、肘管段、尾水管中段，在尾水管出口形成四个旋涡。直锥段的旋涡运动导致直锥段中心压力降

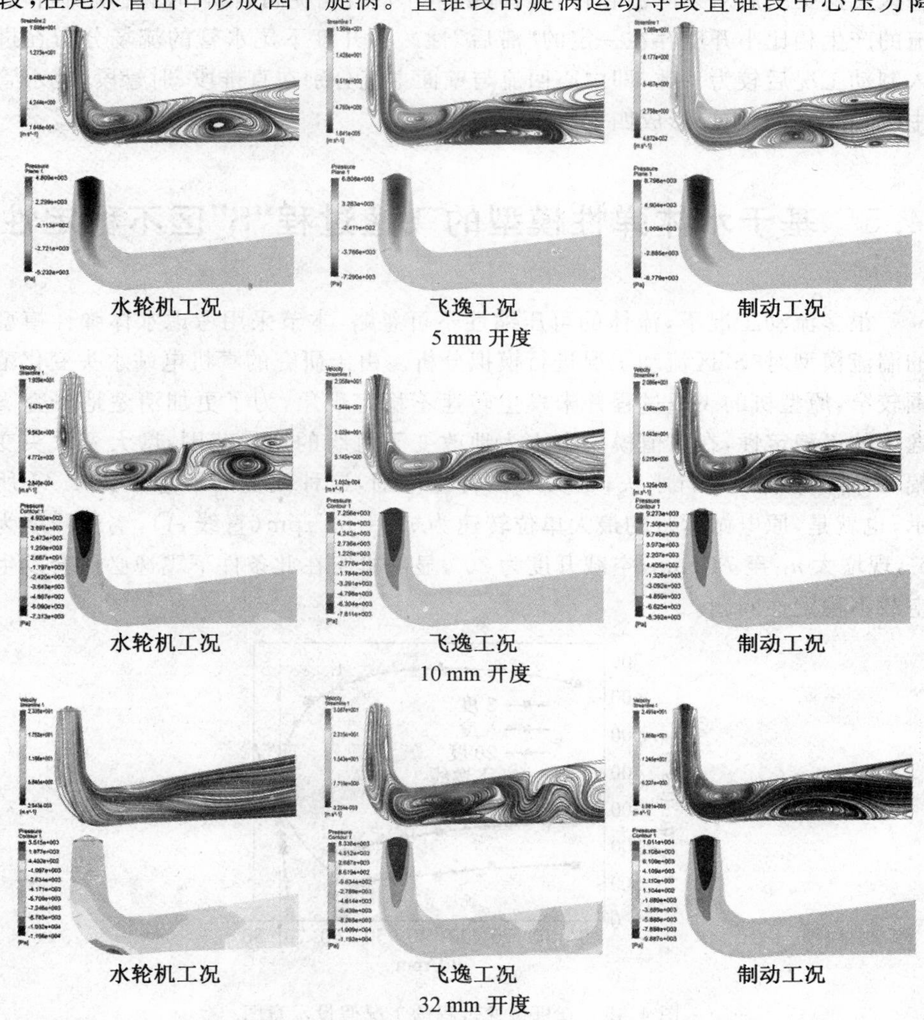

图 4.44　各开度下尾水管流线与压力分布

低，这一低压区与尾水管涡带区较为一致。对于 32 mm 开度，水轮工况下转轮出口近似为法向出口，尾水管内流场顺畅。进入到飞逸工况和制动工况后，转轮出口流体的切向速度分量逐渐增大，内部流场也逐渐向四旋涡区发展。

通过计算得到了 5 mm、10 mm、32 mm 三个开度的第一象限全特性曲线，讨论了各开度下每个工作部件在水轮机工况、飞逸工况、制动工况下的流场分布特点。结果显示蜗壳段能够在不同导叶开度的不同工况点始终保持流场的流畅、稳定。双列叶栅和转轮内部的流场在小开度下的不同工况点会产生不同程度的旋涡和回流，且主要位于无叶区、转轮进口和转轮出口；在较大开度下，进入飞逸工况后双列叶栅和转轮内流场才开始出现旋涡运动和回流，旋涡和回流的产生相比小开度存在一定的“滞后”性。各开度下尾水管的流场分布在进入制动工况后较为一致，即中心回流与壁面主流分别在直锥段、肘管段、尾水管中段，和尾水管出口形成四个旋涡。

4.5 基于水体弹性模型的飞逸过程“S”区不稳定性

很多流动工况下，流体的可压缩性不可忽略，本节采用考虑水体弹性模型的湍流模型对“S”区流动工况进行模拟分析。由于研究的真机电站水头变化范围较窄，原型机的飞逸过程并未发生转速不稳定现象，为了更加清楚地研究飞逸中的不稳定性，在数值模拟中人为地改变了机组的运行范围，增大了水头变幅 Δh，降低最小运行水头，增大单位转速范围，这种改变的示意如图 4.45 所示，也就是，原电站运行的最大单位转速为 $n_{11}=62$ rpm（直线 A），空载开度为 6°，现增大 n_{11} 至 74 rpm，空载开度为 20°，显然机组在此条件下飞逸必然会发生空载不稳定性问题。

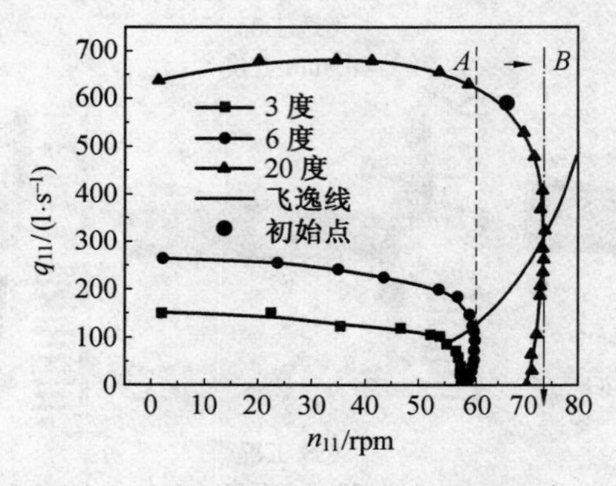

图 4.45　真机飞逸过程的工况假设示意图

模拟的物理过程为真机在“S”特性曲线的最优工况点附近的工况点突然甩

负荷，即飞逸过程。图 4.45 中的实心点代表初始点，单位参数为（$n_{11}=66.5$ rpm，$Q_{11}=600$ L/s）。计算中边界条件的设置为，蜗壳进口采用恒定的压力进口，总压为 $P=1\ 427\ 938.4$ Pa，尾水管出口采用压力出口，静压 $p=0$ Pa。此外，为了放大这种不稳定性现象，转动部分的转动惯量取真机的 1/10。这里采用在 3.3.3 节描述的基于水体弹性的湍流模型对该过渡过程进行非稳态模拟。

4.5.1 外特性的分析

外特性主要指流量、水头及转速等宏观参数的变化规律。图 4.46 为飞逸过程单位流量 q_{11}、单位转速 n_{11} 随时间的演化规律，图 4.47 为转速的变化规律，图 4.48 为单位流量 q_{11} 和单位转速 n_{11} 时间遍历曲线。从图中可以看到，机组飞逸后转速首先上升，到达最大值后又开始下降，进入了不稳定的转速波动过程，波动曲线没有衰减的趋势。因此从宏观特性上讲，三维非定常计算已经重现了低水头空载不稳定的特性，这种转速不稳定的直接后果就是机组无法并网，直接诱因就是在非定常水动力的作用下，转轮受到的轴向力矩是不稳定的，如图 4.49 所示。在此过程中，转轮持续地不断获得能量加速、释放能量减速，这种能量的波动肯定与其内部非定常流场相关，因此欲深入揭示其内部机理，还需进行内部流场的分析。

同时，现场运行的实践表明，机组在飞逸瞬态过程中的振动及噪声特性恶化，甚至造成整个厂房的振动。为此，计算中监视了转轮在 x, y, z 三个方向上的力的变化，见图 4.50～4.52，可见在转速上升及振荡的过程中三个方向上的作用力也在周期性地变化，这种交变应力势必造成机组结构的疲劳破坏，此外机组的转速较高，此时机组在各种水动力作用下的振动响应特性是比较重要的，也是工程中比较棘手的，应展开深入的研究。

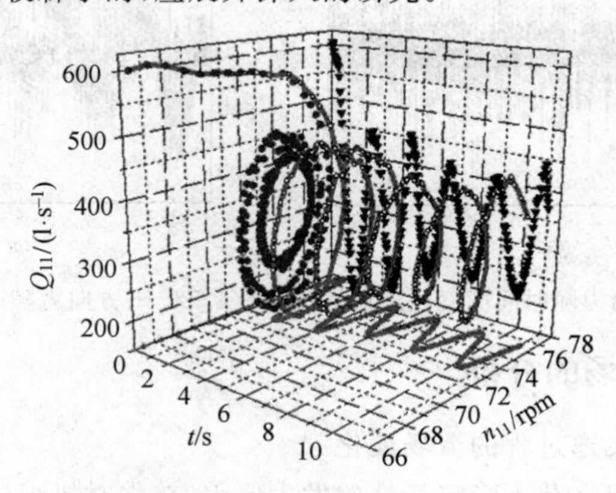

图 4.46　Q_{11}、n_{11} 随时间的演化历史曲线

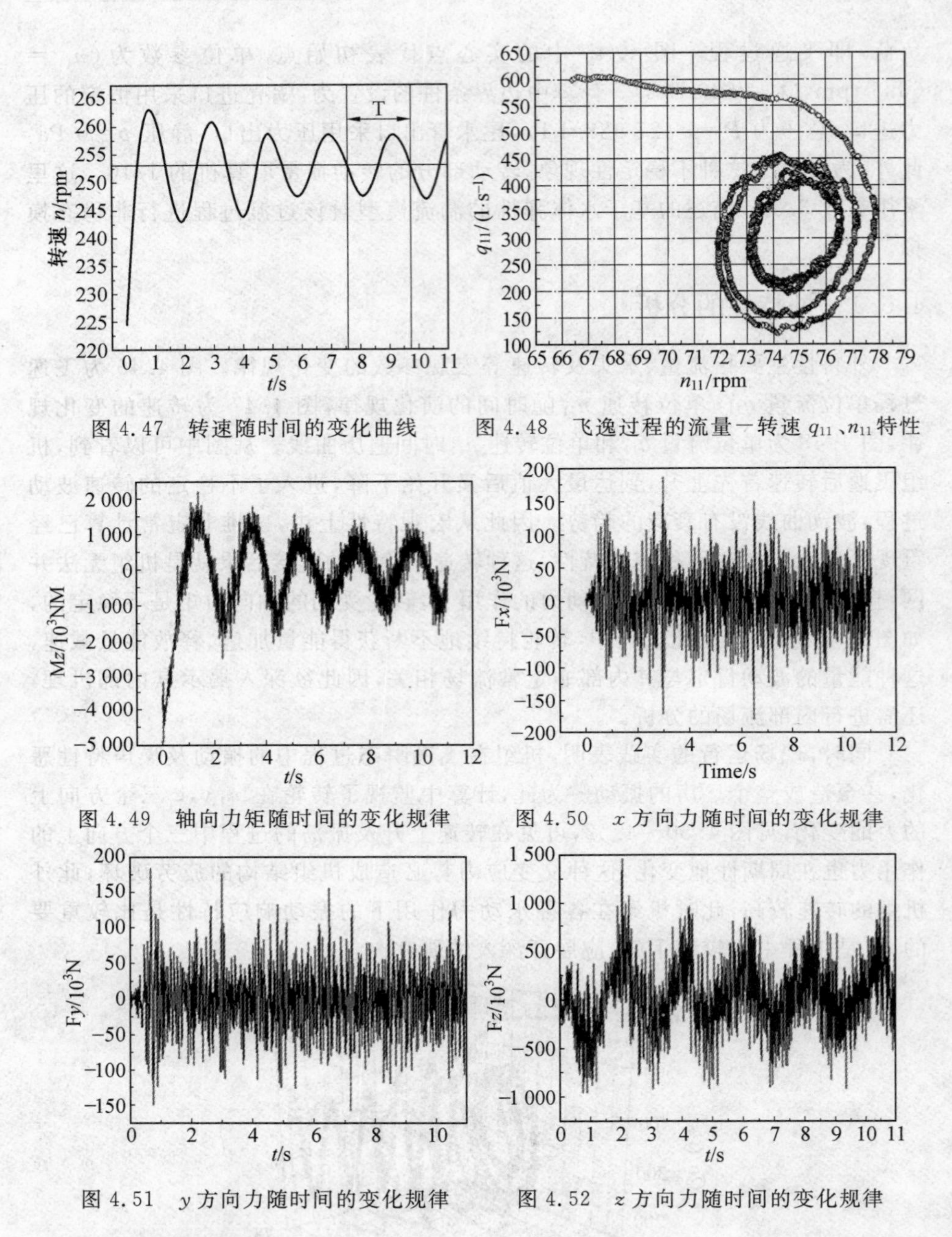

图 4.47　转速随时间的变化曲线

图 4.48　飞逸过程的流量－转速 q_{11}、n_{11} 特性

图 4.49　轴向力矩随时间的变化规律

图 4.50　x 方向力随时间的变化规律

图 4.51　y 方向力随时间的变化规律

图 4.52　z 方向力随时间的变化规律

4.5.2　内部流场的分析

1)机组进入飞逸过程的流场演化

为了研究机组空载不稳定特性的发生原因，首先对机组进入飞逸状态的过程进行了流场分析。从对图 4.47 的分析得到，机组需要大约 0.8 s 的时间完

成了两种状态之间的变化，转轮内部流场的变化在图 4.53～4.55 中给出。从图中可以看出，机组刚刚进入飞逸过程时 $t=0.1$ s，流场相对比较规则，只是在叶片压力面存在较小的涡流，这是该工况条件下进水边的液流存在较小的负冲角造成的。$t=0.4$ s 时，转轮叶片压力面开始出现严重的回流，少数的流道被阻塞，这种状态是由于过大的液流冲角而引起的，随着转速的增加，流道的阻塞程度加剧，整个转轮流道的前半段出现紊乱的涡流，大量的流体回流到活动导叶处，这可以从动静干涉面上的径向速度分布（图 4.55）分辨出来，接下来的不稳定过程与转轮和活动导叶之间的无叶区内的流动演化紧密相关。

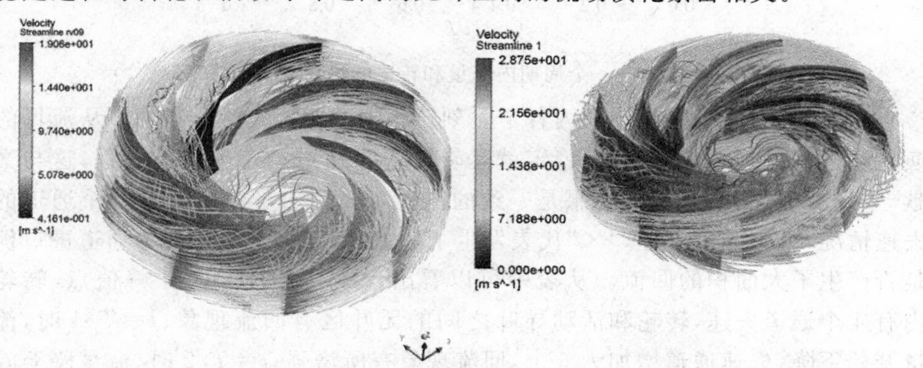

图 4.53　$t=0.1$ s 时刻转轮内的流场　　图 4.54　$t=0.4$ s 时刻转轮内部流场

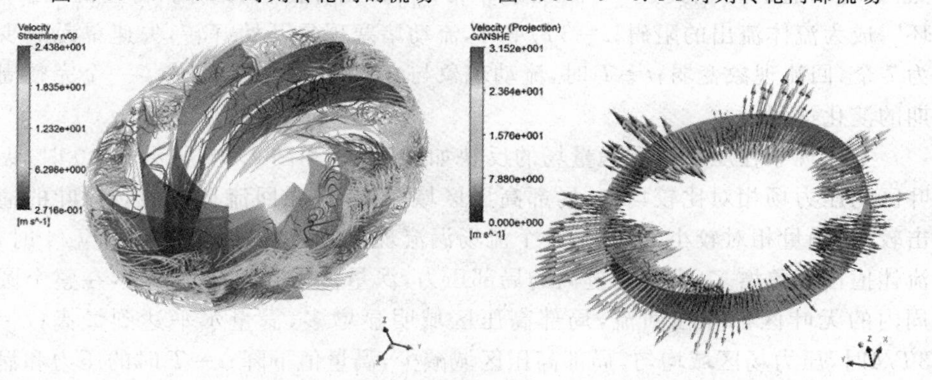

图 4.55　$t=0.8$ s 达到飞逸状态的转轮内部流场演化

2）不稳定振荡过程的流场演化

机组转速不稳定的直接原因是力矩的瞬态变化，力矩的不稳定又可归结为流量的瞬态变化，因此对流量在转速变化周期内的特征点进行分析是非常必要的。在此选择了一个周期内的 5 个特征点（$t=0$，$t=T/4$，$t=T/2$，$t=3T/4$，$t=T$）进行分析，其中周期 T 约为 2 s，分别用 A、B、C、D、E 表示，如图 4.56 所示。从图中可以看出，转速和流量的变化是非同步的，二者存在一定的相位差，差值大小应该与水头和转动部分的转动惯量相关。这种非同步现象的原理与电压和电流在瞬态不稳定过程的不同步相同。

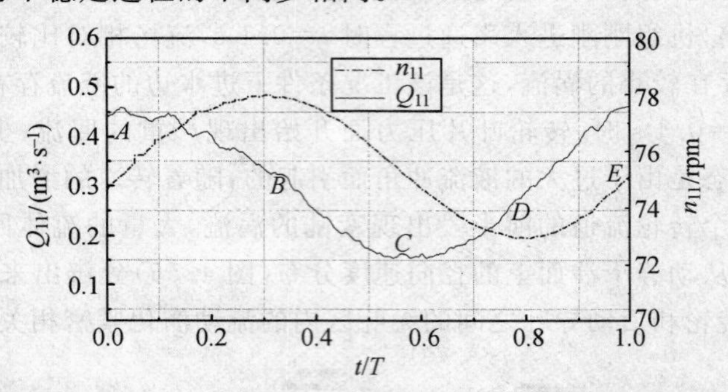

图 4.56　一个周期内流量和转速的瞬态变化曲线

图 4.57 为一个完整周期内各个时刻转轮内的速度矢量分布图。从流场的演化过程可以判断，转速的不稳定就是转轮各个通道动态失速的过程，这与文献[170]中“S”区的流动成像结果是一致的。表 4.3 列出了各个时刻各个通道的失速情况，“√”为未失速，“×”代表发生了失速，判断失速的标准为通道进口侧是否产生了大面积的回流。从表中可以看出，$t=0$ 时，流量处于峰值点，转轮内有 4 个通道失速，转轮和活动导叶之间的无叶区有回流现象；$t=T/4$ 时，流量开始下降，失速通道增加为 6 个，回流现象有所增强；$t=T/2$ 时，流量降至谷点，所有的通道发生失速，回流现象非常严重，无叶区内形成了明显的“挡水环”，成为流体流出的阻碍；$t=3T/4$ 时，流动堵塞现象开始好转，失速单元减少为 7 个，回流现象变弱；$t=T$ 时，流动现象与 $t=0$ 时相类似，完成了一个完整周期的演化过程。

上述现象在压力场和涡量场的反映如彩图 19 和图 4.58 所示，$t=0$ 时，无叶区内压力场相对比较均匀，局部高压区域较少，说明回流造成的对导叶的撞击较少，涡量相对较小，但却是整个流场涡流现象比较明显的区域；$t=T/4$ 时，流体撞击现象增多，多处有过高的局部压力，涡量值增大；$t=T/2$ 时，在整个圆周内的无叶区都存在回流，局部高压区域明显增多，涡量水平达到最高；$t=3T/4$时，压力场区域均匀，局部高压区域减少，涡量值下降；$t=T$ 时的压力和涡量状态与 $t=0$ 时基本相同。

综合以上分析，水泵水轮机飞逸经过“S”区域的不稳定过程可以归结为转轮进口侧的流动动态失速过程[171, 172]，在本算例的条件下，在一个周期 T 内，转轮内的通道动态失速，造成流量的周期性脉动，从而引起作用在转轮上的轴向力矩周期性的变化，最后转速无法稳定，造成机组并网困难。但从失速单元的传播来看，还无法界定该类型的失速是否为旋转失速[173]，因为该过程中转速是不断变化的，而失速类型(旋转失速和静止失速)的定义是基于恒定转速的。

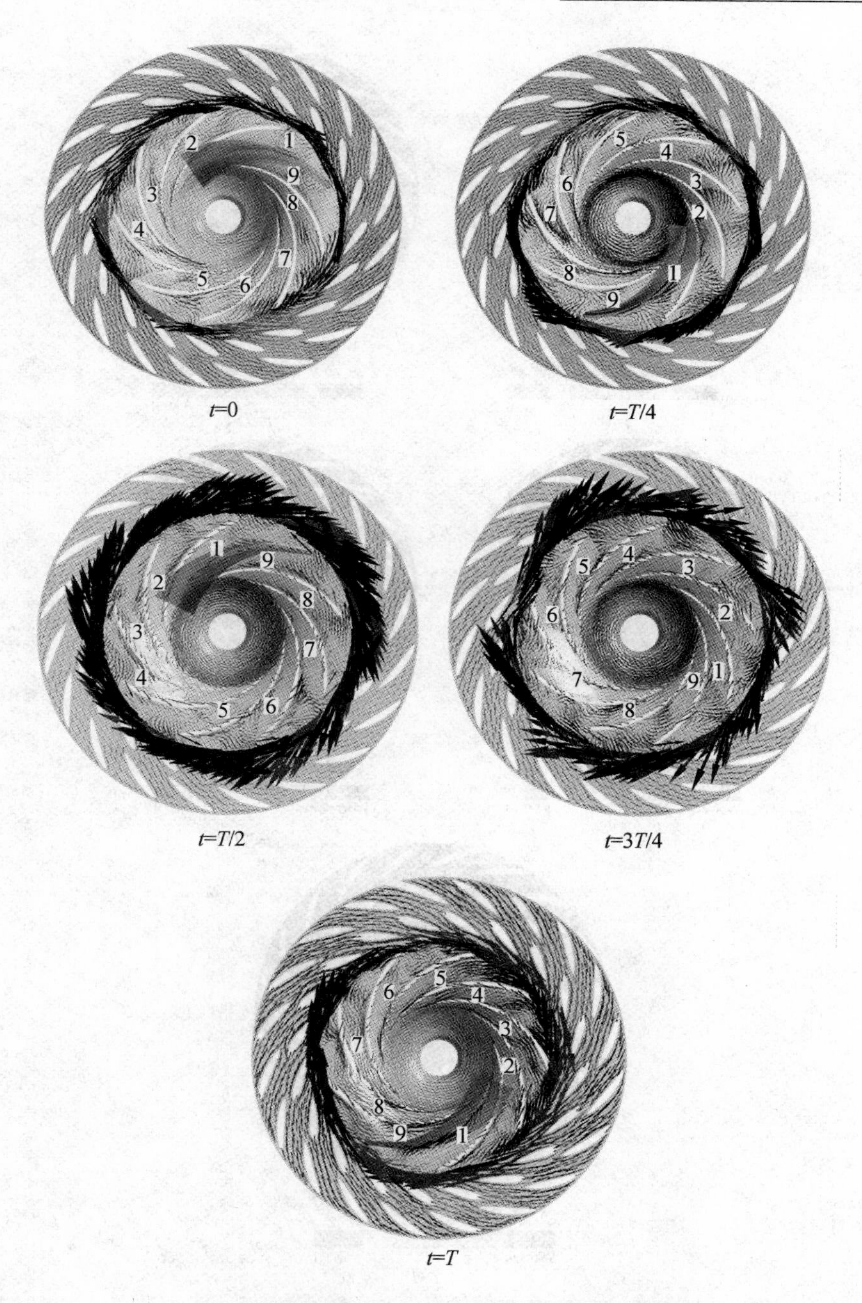

图 4.57　一个周期内转轮内部失速流场的瞬态演化过程

图 4.58 一个周期内转轮内部涡量场的瞬态演化过程

表 4.3 一个周期内转轮通道失速单元数比较

	1	2	3	4	5	6	7	8	9
$t=0$	×	√	√	√	×	×	√	√	×
$t=T/4$	×	×	×	×	×	√	√	√	×
$t=T/2$	×	×	×	×	×	×	×	×	×
$t=3T/4$	×	×	×	×	×	×	√	×	√
$t=T$	×	√	√	×	√	×	√	×	√

4.6 基于 PANS 模型的 MGV 水泵水轮机"S"区模拟

在水轮机工况启动过程中，空载开度（即水轮机开始加载的起始导叶开度）下的"S"特性关系到启动过程的稳定性，空载开度对应的相对开度为 20%，此时水泵水轮机处于偏工况、小开度，"S"特性的准确预测对于改善"S"特性区的稳定性有着重要的指导意义。

为研究非同步导叶（MGV）对"S"特性区的影响，首先需要对机组采用同步导叶时的"S"特性曲线进行预测。选取空载开度为研究对象进行数值模拟，计算机组采用同步导叶时的"S"特性曲线。此后，进一步研究与同步导叶等效开度下的水泵水轮机采用 MGV 时的"S"特性曲线，MGV 的预开启开度分别为 10°、15°和 21°，MGV 结构的示意图如图 4.59 所示，该机组的 MGV 由两对预开启导叶组成。对于采用 MGV，只关注水轮机工况与水轮机制动工况的"S"特性，预测 $Q_{11}>0$ 时的外特性和内流场。

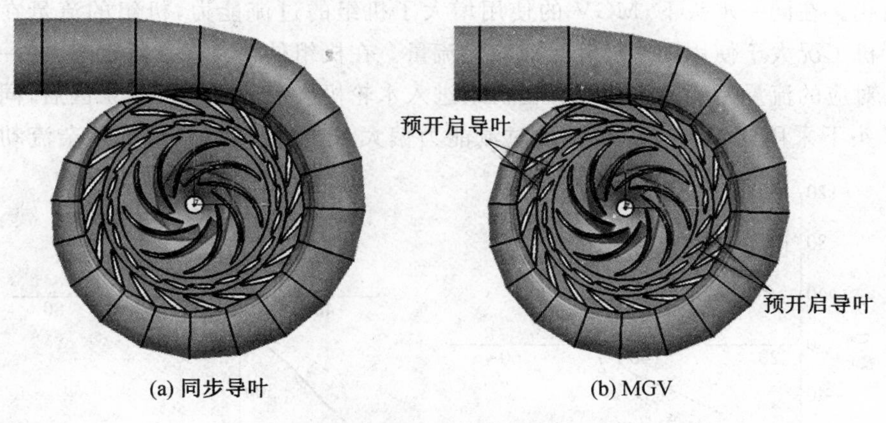

图 4.59 MGV 结构示意图

4.6.1 MGV 对“S”特性的影响

研究 MGV 对“S”特性的影响，需要对水泵水轮机采用同步导叶时的“S”特性进行计算，并分析其与 MGV 的“S”特性的区别。选取了空载开度进行研究，同步导叶空载开度下的“S”特性曲线计算结果如图 4.60 所示。采用非线性 PANS 模型计算的“S”特性曲线与实验结果吻合较好。该水泵水轮机采用同步导叶时在空载开度下具有明显的“S”特性，“S”特性的存在易引起水泵水轮机启动过程的不稳定，从而导致启动失败。

机组采用 MGV 时的“S”特性曲线如图 4.61 所示。由此可见，MGV 能显著改善机组的“S”特性。在此预开启开度下，飞逸点的位置变化不大，机组在该飞逸点运行所对应的水头基本不变。

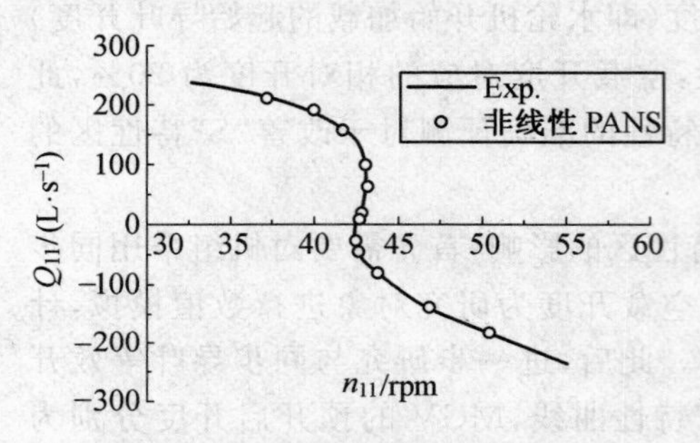

图 4.60 同步导叶空载开度下“S”特性曲线　　图 4.61 空载开度下“S”特性曲线

图 4.62 和图 4.63 为使用 MGV 后的流量－水头曲线和转轮力矩－流量曲线。在同一水头下，MGV 的使用增大了机组的过流能力，机组的流量在水轮机工况大于使用同步导叶时对应的流量。在机组处于飞逸点附近时，同一水头对应的流量两者基本相同。当机组进入水轮机制动区以及反水泵区后，同一水头下采用同步导叶时机组的过流能力偏大，这可能与机组内部复杂流动有

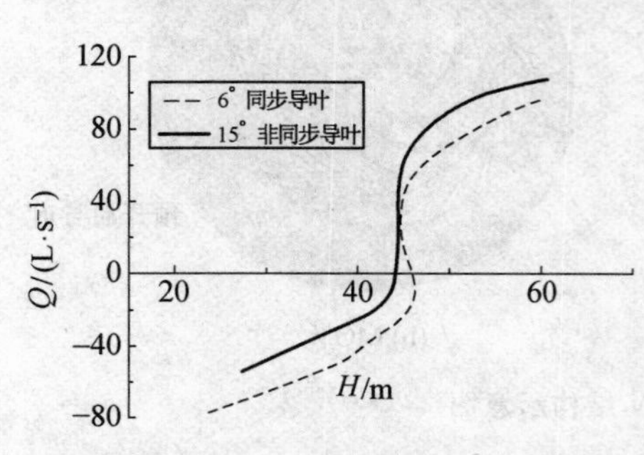

图 4.62 水头和流量关系曲线

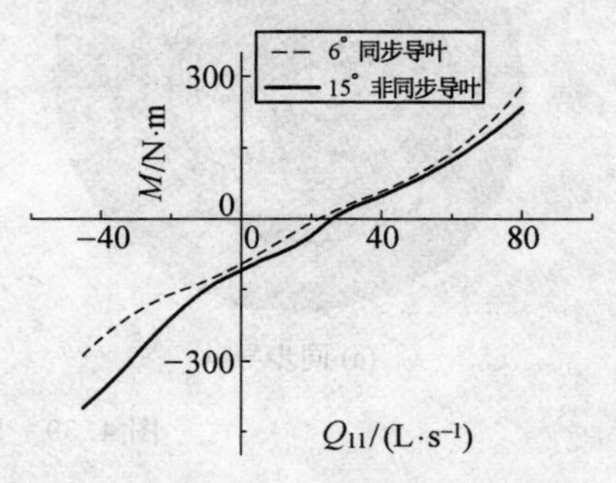

图 4.63 转轮力矩和流量关系曲线

关。采用 MGV 后，机组整体的转轮力矩曲线位于同步导叶曲线下方。在水轮机工况以及水轮机制动区，机组转轮力矩与同步导叶的计算结果较为接近，当机组进入反水泵工况后，同一流量下转轮力矩的绝对值大于同步导叶对应的结果。

4.6.2 MGV 对内流场的影响

MGV 改善"S"特性的原因必然与内流场有关，因此分别提取了不同工况点（水轮机工况、飞逸点和零流量点）转轮 S1 流面的流线图，如图 4.64 所示。采用同步导叶时，水轮机工况转轮内部流场呈现一定的周期性分布规律。MGV 的使用破坏了这种周期性的分布规律，造成与预开启导叶相对应的流道过流能力增大，无回流及脱流现象。相反，其他流道过流能力降低，部分流道出现较大尺度的回流现象。当水泵水轮机运行在飞逸点以及零流量点时，均发现有几个流道的过流能力大于其他流道，这种区别造成机组外特性的不同。

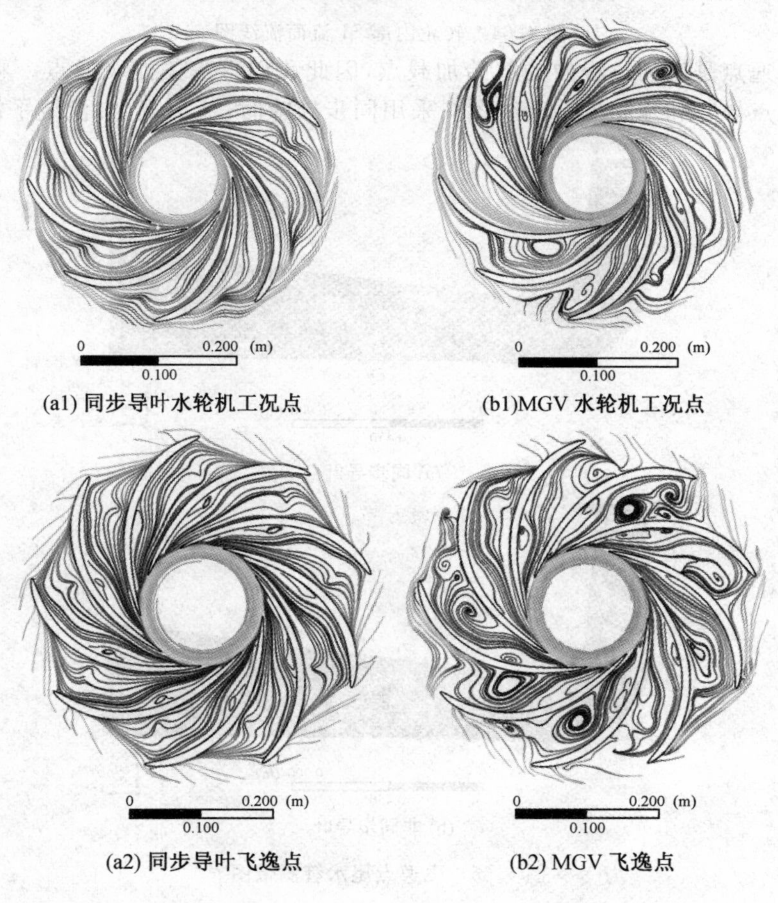

(a1) 同步导叶水轮机工况点　　(b1)MGV 水轮机工况点

(a2) 同步导叶飞逸点　　(b2) MGV 飞逸点

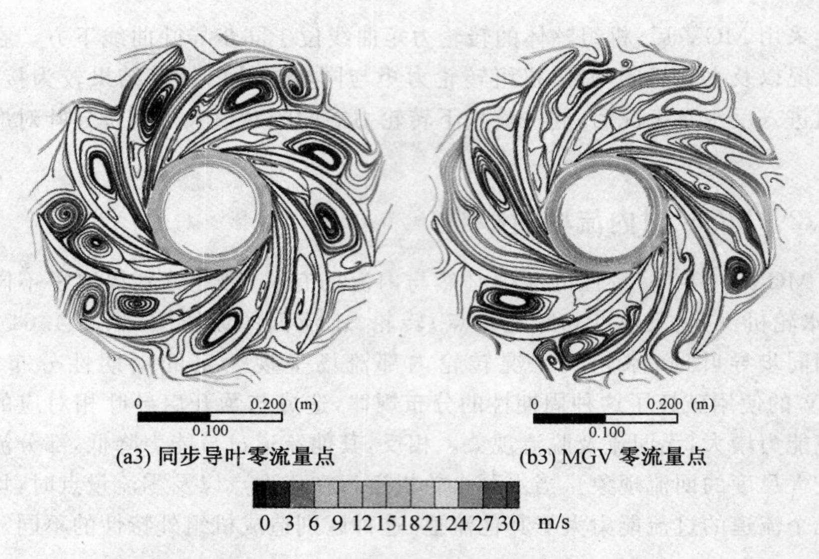

(a3) 同步导叶零流量点　　(b3) MGV 零流量点

图 4.64　转轮内部 S1 流面流线图

飞逸点是启动过程中的起始加载点，因此我们重点关注飞逸点。彩图 20 为飞逸点导叶和蜗壳流域流线图。采用同步导叶时，流场规则，流线平滑无回

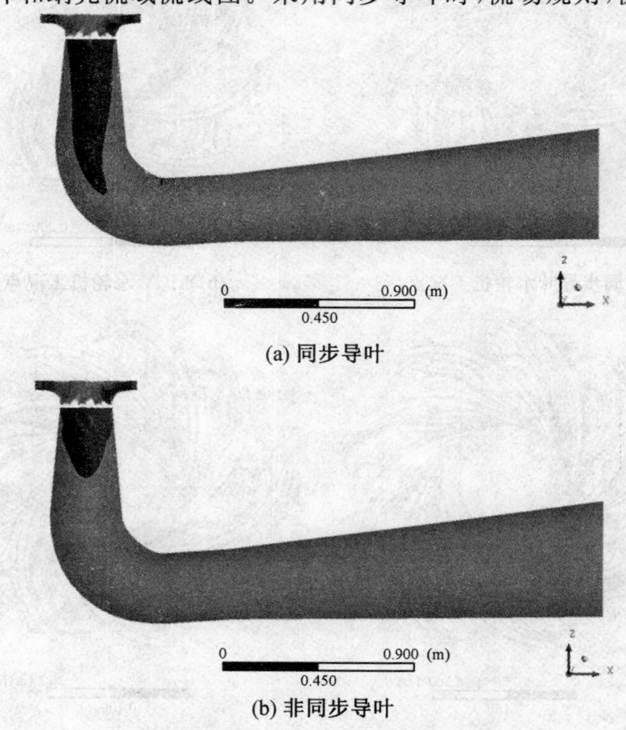

(a) 同步导叶

(b) 非同步导叶

图 4.65　飞逸点尾水管涡带图

流现象。由于活动导叶开度相同,圆周方向的流动呈现周期性分布,此时导叶开度小,流动方向与转轮入口角的冲角大,流体无法顺利进入转轮,在转轮与活动导叶之间形成了一个高速旋转的水环。MGV 的采用破坏了高速水环,使流体顺利进入转轮,但由于预开启导叶开度大于其他活动导叶,其过流能力大于其他导叶流道,致使其他部分导叶的流道内出现回流。

在飞逸点运行时,水泵水轮机的尾水管涡带如图 4.65 所示。这里选取压力等值面来显示尾水管涡带。机组采用同步导叶时,尾水管涡带呈圆柱型,体积大且尺度较长。MGV 的使用改变了尾水管涡带的形态,缩小了尾水管涡带的体积,尾水管涡带呈现短小的泡状结构。

水泵水轮机采用 MGV 后,内部流动形态发生了较大改变,可能会导致压力脉动的不同。压力脉动的情况将在 4.6.4 节中说明。

4.6.3 不同预开启开度下的"S"特性

图 4.66 为水泵水轮机在不同预开启开度下的"S"特性,由于启动等瞬态过程主要与水轮机工况与水轮机制动区有关,因此详细分析了水轮机工况与水轮机制动区的变化规律,选取 10°,15°和 21°三种预开启开度进行数值模拟。当活动导叶预开启开度为 10°时,机组的外特性仍存在"S"型,但与同步导叶的"S"特性曲线相比有所改善。随着预开启开度的增加,在预开启开度达到 15°时,机组的"S"特性消除,单位转速与单位流量呈现一一对应关系。预开启开度为 21°时,机组的"S"特性曲线与 15°结果变化趋势基本一致。预开启开度的增加增大了活动导叶和机组的过流能力,在相同水头下开度大的机组流量大,因此,机组的单位转速和单位流量存在逐渐增加趋势。

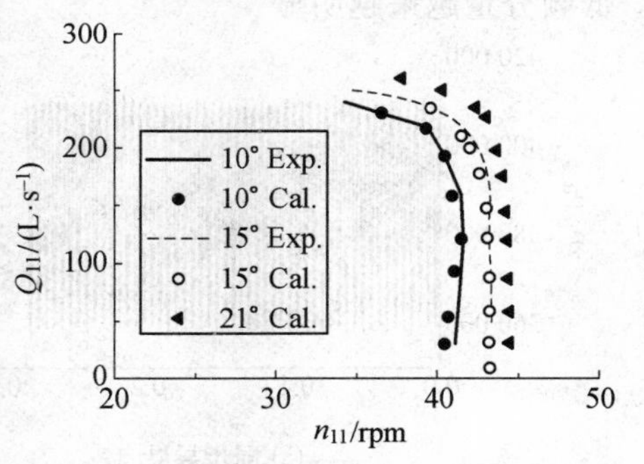

图 4.66 不同预开启开度对应的"S"区外特性

预开启开度的增加会导致机组内部尤其是活动导叶后的流动更加紊乱,有可能会引起机组的压力脉动提高,机组的稳定性变差,因此需要选择合适的预开启开度,并综合考虑外特性和稳定性等因素,以满足机组安全稳定的运行。

4.6.4 空载开度飞逸点压力脉动

MGV 的使用改变了流动的均匀性,使得内部流动更加复杂,从而在一定程度上对压力脉动产生影响。为了研究 MGV 对压力脉动的影响,选取了水泵水轮机三种不同预开启开度,分别对其无叶区压力脉动进行了预测,并与采用同步导叶的结果进行了对比，深入探讨 MGV 对压力脉动的影响规律，计算时压力脉动的监测点如图 4.67 所示。

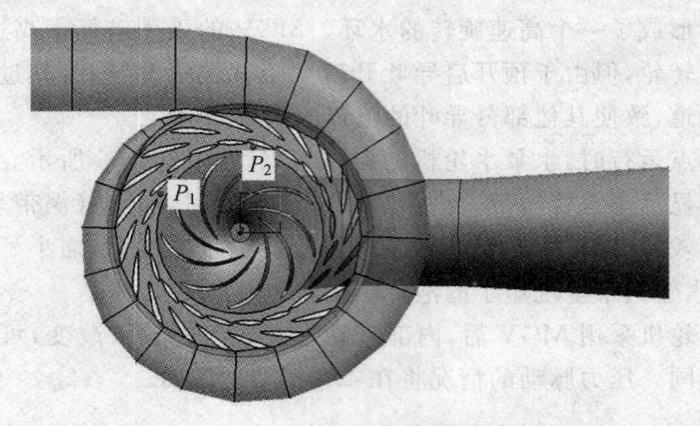

图 4.67 压力脉动的监测点

水泵水轮机使用同步导叶时飞逸点无叶区的压力脉动时域图如图 4.68(a)所示。压力脉动主要以高频分量为主。使用 MGV 时，当预开启开度为 10°时，压力脉动存在一个低频分量，如图 4.68(b)所示。随着预开启开度的增加，低频分量越来越明显。

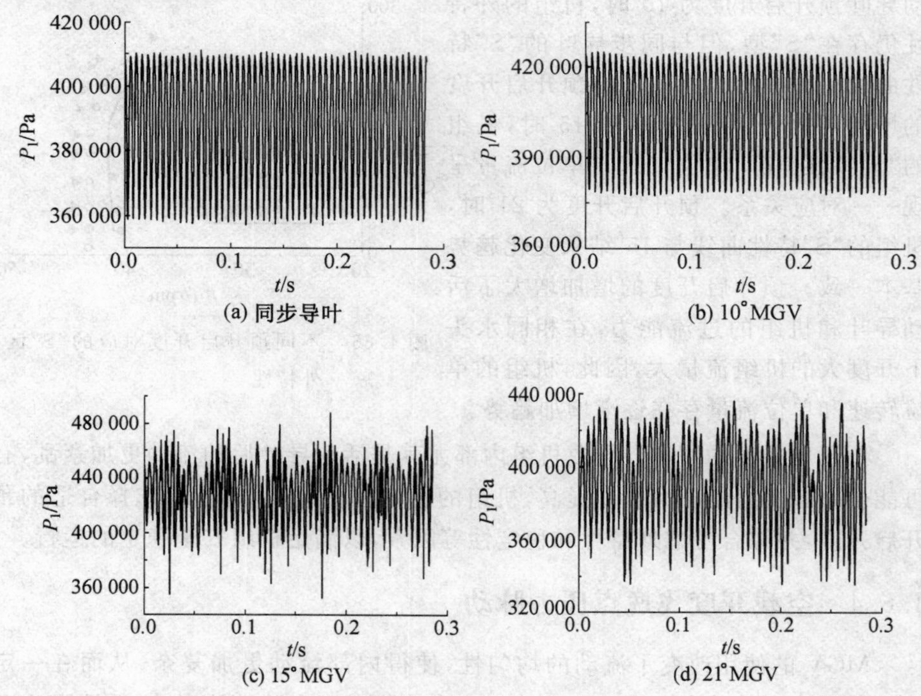

图 4.68 无叶区压力脉动时域图

对压力脉动进行快速傅里叶变换可获得压力脉动的频域图，如图 4.69 所示。机组在无叶区(转轮和活动导叶之间)点 P_1 的压力脉动经过分析和统计后，最终获得不同预开启开度下的压力脉动对比，如表 4.4 所示。采用同步导叶时，无叶区的压力脉动幅值较小，随着预开启开度增加，压力脉动的幅值逐渐变大，当预开启开度为 15°时，其压力脉动的幅值已达到采用同步导叶时的两倍。在飞逸点 MGV 的使用不会改变压力脉动的主频，压力脉动的主频均为叶片通过频率。但是，MGV 的使用会改变压力脉动的二阶主频，在开度较大时二阶主频对应的频率降低。

由此可以看出，MGV 预开启开度的增加反而会增大压力脉动的幅值，导致流动的不稳定性增加。MGV 预开启开度的选择需综合考虑压力脉动以及"S"特性等因素。

表 4.4　不同预开启开度无叶区压力脉动对比

		6°同步导叶	10°MGV	15°MGV	21°MGV
$\Delta H/H$ (%)	试验值	7.03	——	13.53	——
	计算值	7.94	8.81	14.45	16.25
主频 f_1(Hz)		$9f_n$	$9f_n$	$9f_n$	$9f_n$
二阶主频 f_2(Hz)		$18f_n$	$18f_n$	$1.6f_n$	$0.7f_n$

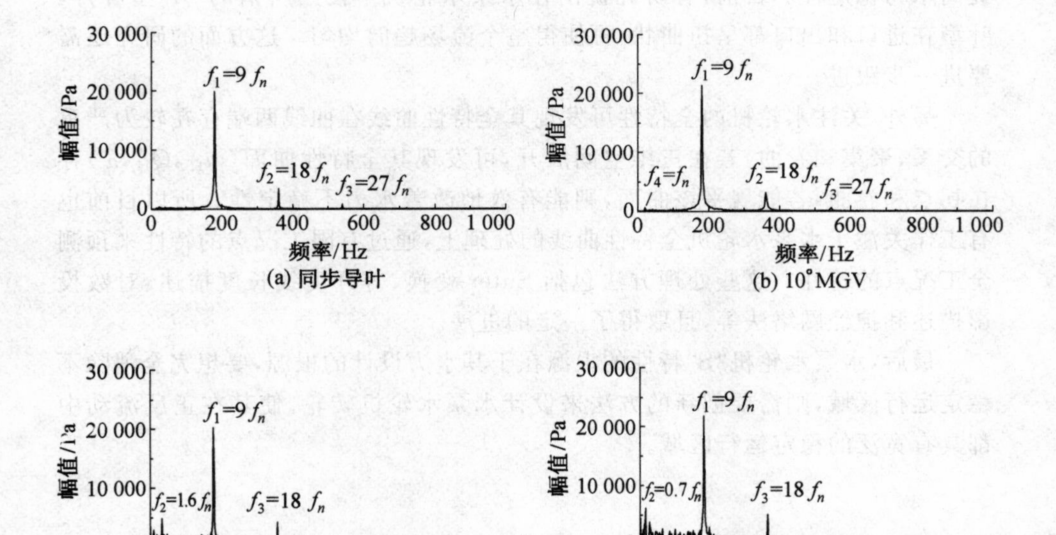

图 4.69　无叶区压力脉动频域图

4.7 水泵水轮机水力稳定性研究趋势

水泵水轮机基于水泵设计，转轮流道狭长，所以转轮在按照水泵工况运行时，流道内也会存在较大的水泵效应，阻止水流进入转轮。另外，"S"区运行的流场混乱，不仅有叶片入口的流动分离，还有通道内的旋涡、回流等，引起双列叶栅内的流动恶化，水头损失加大。在工况过渡时，压力脉动增大，引起外特性的变化，进而诱发运行工况点在"S"曲线上跳动，使机组从水轮机工况进入水轮机制动区甚至反水泵工况。

目前，"S"特性的产生机理仍不是很清楚，无法从根本上消除"S"特性，而且由于机组向着高转速、大容量和高水头发展，水泵水轮机的水力稳定性问题亟需许多新技术和新理念来解决。

首先，由前所述，我们知道使用 MGV 可以改善机组在空载和部分负荷时的水力稳定性，但是同时可见，MGV 的使用恶化了机组内部流动的均匀性，进而导致了压力脉动的提高。而且工程上要求在不使用 MGV 的情况下改善机组的"S"特性，"S"特性的产生机理以及影响因素仍有待进一步研究。

其次，水流绕流叶片会对流动产生重要的影响，改善叶型在一定程度上可提高水力稳定性。目前，有研究提出在水泵水轮机中使用所谓的"X"型叶片，叶型在进口和出口都呈扭曲状，可使得整个流场趋向均匀。这方面的研究还需要进一步跟进。

另外，关注水轮机的全特性可发现其全特性曲线在曲线两端存在较为严重的交叉、聚集和卷曲，若在三维空间展开，可发现其全特性曲面（n_{11}，Q_{11}，α）存在拐点和卷曲，若能展平该曲面，则能有效地改善水力不稳定性。所以目前也有工作关注于水泵水轮机全特性曲线的处理上，通过有限工况点的特性来预测全工况点的特性。这些处理方法包括 Suter 变换、等开度线长度描述、对数投影描述和神经网络法等，且取得了一定的进展。

最后，水泵水轮机"S"特性的根源在于其水力设计的根源，要想完全消除不稳定运行区域，则需要创新的方法来设计水泵水轮机转轮，使其在正反流动中都具有宽泛的稳定运行区域。

第5章 水轮机水力稳定性分析方法

水轮机内部流动不稳定性来自于内部复杂湍流场和流固耦合振动等，其直观表征是压力脉动幅值变大、振动及噪声增加、机组效率下降。人们一般会先"听"到，进而"看"到这种振动，而在水轮机运行中，人们也是在连续监测各个部位的振动和噪声信息，再通过数据库交叉对比，确定水轮机的运行工况以及水力稳定性，以达到在线监测和故障预测的目的。

对于通过实验或数值模拟得到的速度脉动、压力脉动或噪声等信号，都可以通过一定的分析方法来研究其特性，总结其变化规律，分析其可能造成的危害，进而有的放矢地提出改进措施，这对于机组的运行维护具有重要意义。下面主要介绍时频分析方法、小波分析方法、混沌动力学方法、湍动能分析方法、脉动信号联合分析和熵产分析方法。

5.1 时频分析方法

这里提到的水力稳定性分析方法，主要是指对速度脉动、压力脉动或噪声等信号的分析方法。

水轮机内压力脉动信号一般是非平稳的，特别是在过渡过程中，其时变性更强；对于水泵水轮机来说，与水轮机工况运行相比，水泵工况的稳定性要求更加苛刻，其压力脉动问题需要加倍关注。一般对一个随时间变化的压力脉动信号序列，采用时频分析方法研究信号的频率分布和脉动幅值。

频域分析方法通过快速傅立叶变换(Fast Fourier Transform，FFT)来实现，在第3章中，即利用FFT对压力脉动信号进行了分析，结果表明在转轮区的压力脉动信号为高频信号，而在尾水管段则主要为低频信号。傅立叶变化的公式为

$$F(\omega)=\int_{-\infty}^{+\infty} f(t)\mathrm{e}^{-\mathrm{j}\omega t}\mathrm{d}t \tag{5.1}$$

由此可见，为了求得$F(\omega)$，必须知道$f(t)$在所有时间域上的信息，它由整个波形决定，因此对于时域波形在某一特定时刻的形态是无法反映的，这说明Fourier变换不能用来进行局部分析。

需要指出的是，大多数时频变换使用的基函数固定不变(如FFT和后来的

加窗傅立叶变换),应用矩形网格铺砌时频平面难以准确匹配信号的时频结构,而且时频分辨率受 Heisenberg 不确定性原理的限制。另外,对于 FFT 来说,其分析的系统必须是线性的,其次信号必须是周期变化的或平稳的。不满足这两个条件,用 Fourier 变换所得到的结果将缺乏物理意义。

Hilbert-Huang 变换是美国工程院院士 Norden E. Huang 在 1998 年提出的一种处理非线性非平稳时间序列的分析方法,其基本的实现分为两步,首先用经验模态分解方法(Empirical Mode Decomposition Method,简称 EMD)获得有限数目的固有模态函数(Intrinsic Mode Function,简称 IMF),然后再利用 Hilbert 变换和瞬时频率方法获得信号的时频谱——Hilbert 谱。Hilbert-Huang 变换算法效率高,具有良好的局部时频聚集能力和自适应性。目前,该方法已经在地球物理、生物医学、土木工程、机械工程和经济等多个领域得到了研究和应用。

由于水轮机内流场湍流的性质,压力脉动信号应是一个非平稳的脉动信号。清华大学的冯志鹏和褚福磊[174]使用 Hilbert-Huang 变换对水轮机非平稳压力脉动信号进行了分析。对水轮机过渡过程中尾水管压力脉动的现场测试数据进行了分析,提取了信号幅值和频率的时变特征,研究水轮机压力脉动规律,并将分析结果与短时 Fourier 变换、小波变换和 Wigner-Ville 分布等其他时频分析方法进行了对比,发现 Hilbert-Huang 变换的时频分辨率高,能够比较准确地识别信号的频率成分及其时变情况,确定事件出现的具体时间,适合于分析低频非平稳的水轮机压力脉动信号。

综上所述,水轮机脉动信号(压力脉动、速度脉动、转子振动等)的直观表现为时域上的变化规律。利用傅立叶变换或 Hilbert-Huang 变换等数学工具,即可将时域上连续变化的脉动信号转化为频域上单独的频点,这样信号在频域的能量分布显而易见。目前大多数数值分析软件如 Matlab、Mathematic 等,均具有上述频域分析功能。

5.2 小波分析方法

由于傅立叶变换对于变换窗口不能随意选取,所以时间分辨率和频率分辨率不易权衡。在实际信号分析过程中,往往希望信号低频部分的频窗比较窄,而高频部分的频窗比较宽,也就是要寻求一种“自适应变化”的时频窗结构,这就是小波变换的基本出发点。但是小波变换不再使用加窗变换,而是将无限长的三角函数基换成了有限长的衰减的小波基。

小波分析是 20 世纪 80 年代中期发展起来的一种新的数学理论和方法,它被认为是傅立叶分析方法的突破性进展。小波变换在时域和频域同时具有良好的局部化性质,因为小波函数是紧支集,而 Fourier 变换的三角正、余弦的区间是无穷区间,所以小波变换可以对高频成分采用逐渐精细的时域或空间域,取代了步长,从而可以聚焦到对象的任意细节。对于小波变换及其相应的衍生变换在很多工具书中均有介绍,下面仅介绍其在水轮机信号处理中的应用。

在水轮机内部流动或振动的非平稳信号处理中,使用小波变换可以有效地提取运行状态特征或故障特征,从而进行在线监测或故障诊断。系统发生故障时检测得到的信号中将包含有大量的故障特征信息,同时故障特征信息因故障类型的不同而存在差异。故障发生时刻的信号往往会出现畸变点或奇异点,其表现具有局部性。小波函数的局部对称性及其带通性质,使小波变换能够表现出突变信号的局部突变特征。另外,还可使用小波变换对信号进行滤波分析,将信号分解到各个频率或频段中,在指定的频率或频段上实现信号重构,所得到的新的信号即为去除了指定频率或频段以外信号分量的滤波信号,在下文也将提及。

5.3 混沌动力学分析方法

由于水轮机机组全通道流场的复杂性,内部流场通常是复杂的三维运动。研究表明,水轮机正常运行时,内部流场的压力脉动和速度脉动信号均呈现比较明显的周期性。而偏离最优工况时,叶轮间不仅出现空化的叶道涡,更引起叶片背面脱流和尾水管中的空化涡带,将对流场造成复杂的非线性扰动,导致出现非周期的脉动信号。目前针对流体机械,普遍使用的空化(汽蚀)及故障监测方法有压力脉动监测、加速度计监测、声学监测及出力监测等,对机组的稳定运行以及状态监测具有一定的应用价值[175-178]。

然而,正是由于水轮机的不稳定运行状态,故障现象是逐渐破坏水轮机的,因此需要根据水轮机的监测信号,定期地对水轮机进行维护。水轮机在偏工况,且由轻微空化演变到严重空化或者出现故障时,脉动信号具有混乱、瞬变的特征,因此可利用混沌理论来对信号进行定量分析,给出水轮机不同运行状态下的表征参数,达到远程监测水轮机信号的目的。

5.3.1 混沌动力学在水力机械中的应用

随着非线性理论与混沌理论的发展,研究人员已经开始利用混沌现象来研究水轮机信号监测及调控等,目前,大量的研究集中在水轮机调速系统和故障预测的混沌特性方面。1999 年杨锋等利用混沌理论和数字仿真方法研究了水轮发电机组调速系统的转速控制问题，讨论了控制参数对水轮发电机组调速系统出现混沌现象的影响[179]；2007 年凌代俭利用混沌动力学理论对水轮机调节系统中的复杂非线性动力学现象和稳定性进行了分析[180]；2011 年陈帝伊等利用混沌理论研究了水轮机调速器运行的参数特征，并利用滑模变结构控制方法有效地改善了水轮机调速器的动态特性[181]；程宝清等提出将小波频带分析与灰色预测理论相结合的方法来进行水电机组故障预测[182]。虽然上述研究是针对水轮机调节系统等对象进行的，然而也间接说明了水轮机内部的空化流动也相应的呈现混沌流态。针对混沌理论在湍流场中的应用，2012 年宁伟征等对偏心射流强化流体混合的流场进行了混沌动力学分析，发现偏心射流流场包含混沌混合区和混合隔离区，其中混沌混合区内的流体运动轨迹较复杂，Lyapunov 指数规律被拉伸，混合程度最高[183]；所以混沌理论可以应用于湍流流动的分析研究中。

混沌理论一直被用于各个不同的研究领域，但针对水轮机运行时内部流场形成的脉动信号，尤其是空化诱发的混沌问题，尚没有相关研究被报道出来。为了更好地了解水轮机内部流场的不稳定特性，并解决目前水轮机空化故障难以诊断的问题。

5.3.2 提升小波法去噪

这里选取水轮机在偏工况运行时的压力脉动特征进行研究，针对从轻度空化到严重空化变化的工况过程，采集压力检测点的脉动信号，实验中脉动信号的采样频率为 4 000 Hz，压力脉动信号的采集位置如图 5.1 所示。分析脉动信号的时域图、频谱图、相图、最大 Lyapunov 指数及 Poincaré 映射图，研究混沌特性的演变过程，以此可以完成对水轮机的运行监测，并实现快速的故障诊断。

研究表明，水流从转轮出口泻出时，对肘管外侧壁面将产生较大冲击。邵杰等[184]对某轴流式模型水轮机的压力脉动进行了测试，发现在尾水管肘管外侧，最低频压力脉动的幅值最大。在此取对应标号为 draft3 的监测点的压力脉动作为分析对象，首先采用提升小波法对压力脉动信号进行去噪，再将去噪后的信号用于混沌理论分析。

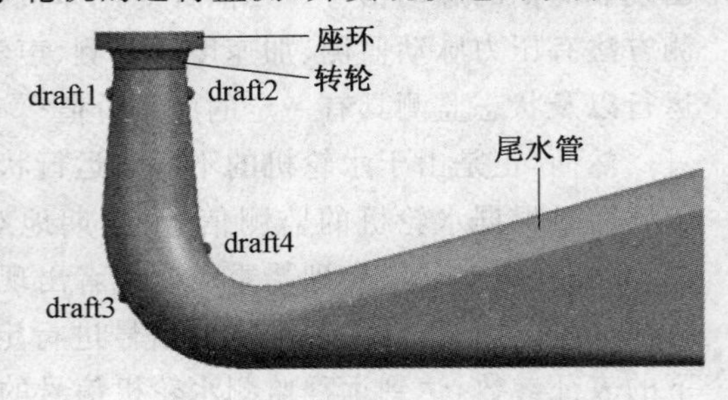

图 5.1　压力脉动测点布置位置图

提升小波方法已经被广泛应用于信号降噪中，它不依赖于 Fourier 变换，不必对一个函数进行伸缩和平移，故可对实际观测的混沌信号进行有效的降噪[185]，并能很好的处理能量边界分布问题。如图 5.2 所示，仅对某空化工况给出了原始信号和提升小波法阈值去噪后信号的时域波形图，见图 5.2(a)和(b)。

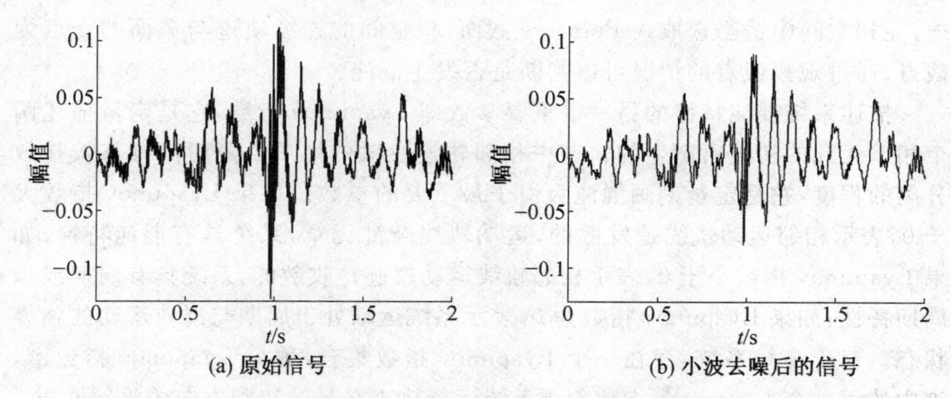

图 5.2　空化工况下原始信号(a)与小波去噪后信号(b)的时域波形图

由图 5.2 可以看出，去噪后的信号很好地保持了原始信号的特征。另外，工况变化后，随着空化程度的增强，压力波动幅值振动强度将逐渐增大，在这种强烈振动的状态下，易出现混沌信号特征；由于原信号含有复杂的加性噪声或者乘性噪声，利用小波提升技术去噪后信号变得干净，这种干净的信号将用于动态特征的研究和探讨。

5.3.3　混沌动力学分析内容

在动力系统演化过程中的某些关键点上，系统的定态行为可能发生性质的改变，即原来的稳定定态变为不稳定定态，同时出现新的更多定态，这种现象称作分岔。分岔是由运动方程中参数的变化引起的，所以往往用“参数空间”来描绘分岔现象。随着参数的变化，分岔可以一次接一次地相继出现，而这种分岔序列往往是出现混沌的先兆，最终会导致混沌。混沌现象是对初始条件极其敏感的一类不规则、不含外加随机因素确定系统的内在随机行为，是介于规则与随机之间的一种非线性运动。判断一个系统是否发生混沌现象时，通常用系统输出信号的时域图、频谱图、相图、Poincaré 截面图以及最大 Lyapunov 指数图、Hurst 指数、关联维数以及 Kolmogorov 熵来定量或定性的描述其动力学状态。

在动力学系统中，相空间表明了系统解轨线在状态向量之间的一种运动轨迹。相空间重构概念起源于统计学，之后由学者引入非线性动力学体系中。相空间重构是非线性时间序列分析和处理的基础[186]。非线性动力系统的复杂动力学行为都蕴含在测量得到的时间序列中，通常测得的一组时间序列都是标量序列，不能真实反映未知确定动力系统的多维空间，Takens 认为，为了获得真实原动力系统的非线性时间序列特征，必须建立一个数学模型，通常采用的方法是把从复杂系统测量到的一维时间序列嵌入到相空间中，重构动力学系统，即相空间重构[187]。Poincaré 截面也是判断系统是否处于混沌状态的一个标志，在相空间中适当选取一 Poincaré 截面，相空间的连续轨迹与截面的交点为截点，通过观察截点的情况可以判断是否发生混沌。

描述系统混沌特性的另一个重要参数即 Lyapunov 指数，它是定量描述两个相差无几的初值所产生的轨迹中相邻轨迹发散的性质及随时间推移按指数分离的程度，它是定量刻画混沌吸引子最重要的参数。如果 Lyapunov 指数大于 0，表示相邻运动轨线是发散的，运动轨线杂乱无章，系统具有混沌特性；如果 Lyapunov 指数小于 0，表示相邻轨线运动轨迹是收敛的，系统具有周期或拟周期特性；如果 Lyapunov 指数为 0，表示系统运动处于周期与混沌运动的临界状态。对于高维系统，存在一个 Lyapunov 指数集合，称为 Lyapunov 指数谱，谱中的每一个 Lyapunov 指数刻画系统运行轨迹在某一特别方向的收敛性质。

近年来，混沌理论的应用已经遍布于物理学、电子学、化学、生物学、声学、流体力学等领域中。流体中也存在混沌现象，如湍流和气泡在某种条件下也可以产生混沌，湍流在一定条件下也可当作混沌来看待，因此，水轮机在空化时的脉动信号可以利用混沌理论来进行分析。

根据上述实验测得的压力脉动信号，下面利用频谱图（能量分配图）、相图、最大 Lyapunov 指数和 Poincaré 映射图等对其进行分析，得到水轮机空化时脉动信号的定性和定量特征，为监测水轮机运转状态及故障预测提供理论和应用指导。

5.3.4 相轨迹分析

下面通过相空间的分析研究压力脉动信号的相轨迹。相空间重构中，最重要的是如何选取嵌入维数 m 和延迟时间 τ。如果用 x 表示观测到的变量分量 $x(t)$，$t=1,2,\cdots,N$，重构相空间需根据嵌入维数 m 得到一组新向量序列 $X(t)=\{x(t),x(t+\tau),\cdots,x[t+(m-1)\tau]\}^T$，$t=1,2,\cdots,M$，其中 $M=N-(m-1)\tau$，τ 为时间延迟，其选取通常要比激励周期小得多，在相空间重构中关键是找到合适的 τ，使得原序列 $x(t)$ 与 $x(t+\tau)$ 不是线性相关的。这个由观测值及其延时值所构成的 m 维状态空间即为重构的相空间，它与原始的状态空间是微分同胚的。

图 5.3 给出了从无空化工况到严重空化工况（工况 1～4）下的压力脉动的相轨迹分布图。比较图 5.3(a) 和 (b) 可见，设计工况下即使装置空化数减小，内部流动的混沌程度也不大，即轻微空化。而在图 5.3(c) 和 (d) 中，两个工况均偏离设计工况，相轨迹离散明显，且随着装置空化数减小，空化程度增强，机

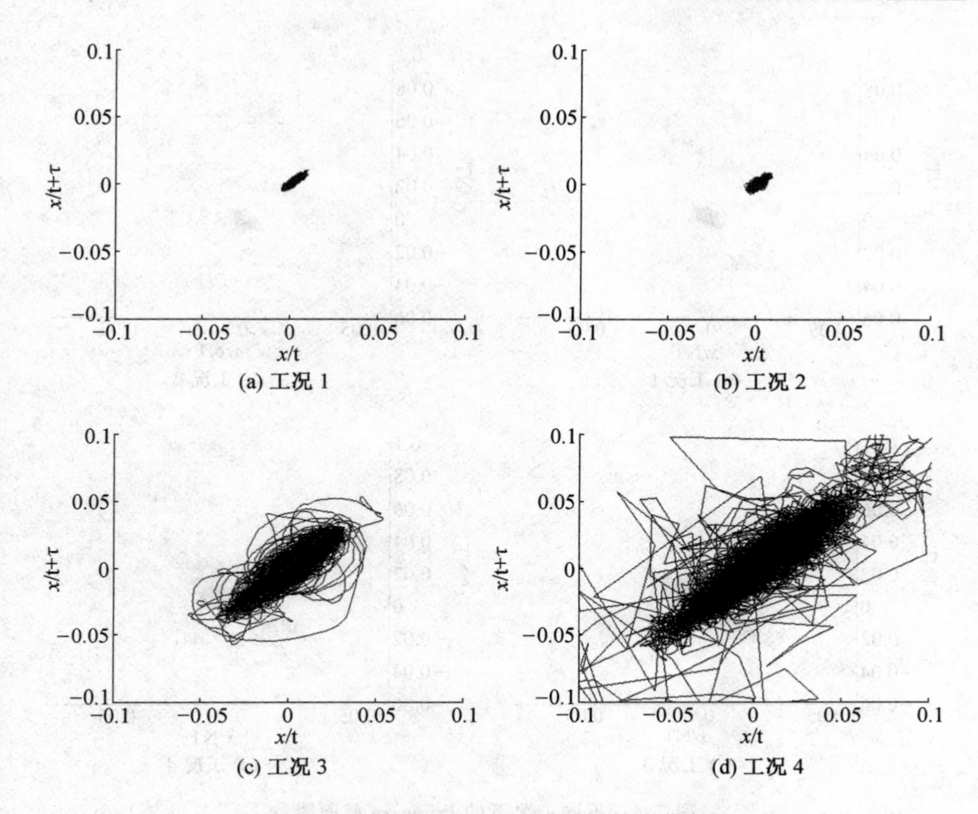

图 5.3 不同工况下的压力脉动相轨迹分布图

组的振动和噪声加大,吸引子的离散程度越大,表明压力脉动的混沌程度越严重。因而可以根据相轨迹图的收缩或扩张趋势,判断水轮机内部流动空化程度的强弱。

5.3.5 Poincaré 映射图分析

Poincaré 映射图可以直观看出一个系统运行的混沌程度,故也可用来表征空化现象的发展。在相空间中选取适当的利于观察系统运动特征和变化的截面(截面不与轨迹线相切,不包含轨迹线),此截面上的某一对共轭变量取固定值,称此截面为 Poincaré 截面,Poincaré 截面也是判断系统是否处于混沌状态的一个标志。

相空间的连续轨迹与 Poincaré 截面的交点称为截点,如果截点数目有限,则可判断系统处于周期运动,如果截点数目无限或者呈现云图形状,则可判断系统处于混沌运动状态,因此可通过观察 Poincaré 截面上截点的情况判断系统是否发生混沌。在相空间重构的数据中,每周期取一个点即可得到 Poincaré 截面图,相应工况下的截面图如图 5.4 所示。可见,在无空化或轻微空化时,

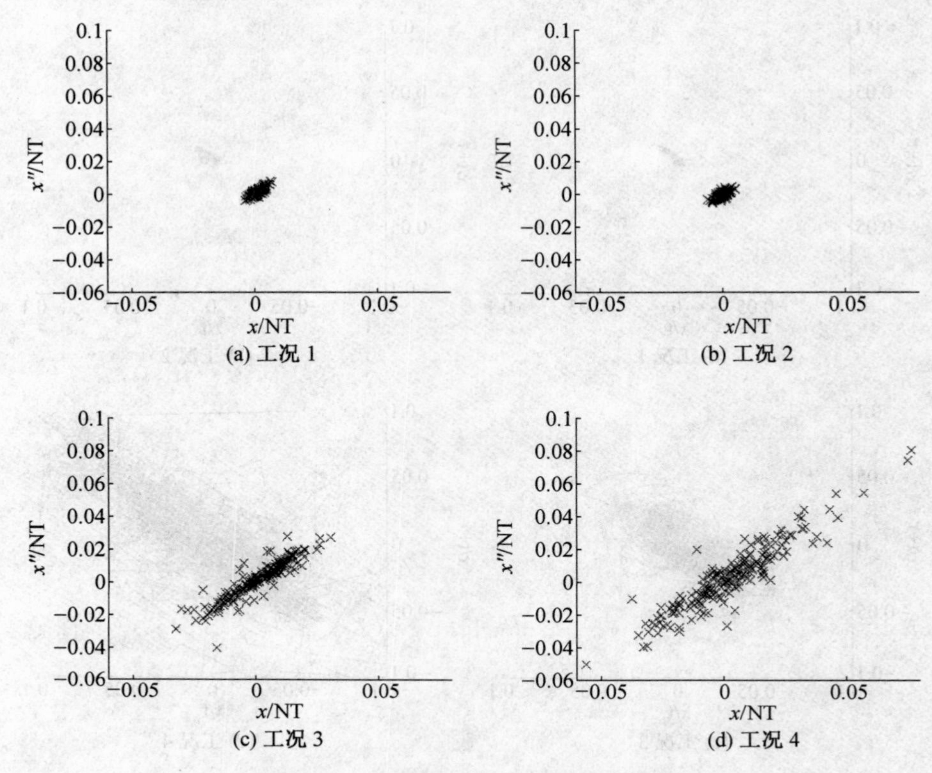

图 5.4　不同工况下的 Poincaré 截面图

Poincaré 截面图集结于很小的中心区域，随着空化程度的加重，Poincaré 截面上的点数增多，混乱程度加重。由此根据 Poincaré 截面也可以判断水轮机信号出现空化的程度，进而可以实现对水轮机信号的远程监测。

5.3.6　Lyapunov 指数分析

为定量分析空化或故障时的压力脉动信号，还可采用最直观的 Lyapunov 指数来判别其混沌程度。基于相空间重构的数据，可利用小数据量方法获取 Lyapunov 指数。在此利用小数据量方法获取 Lyapunov 指数的计算步骤如下：(1)对水轮机压力脉动时间序列 $x(t)$ 进行 FFT 变换，计算序列的平均周期 p；(2)用 C－C 算法计算序列嵌入维数 m 和延迟时间 τ，并重构相空间 $x(t)$；(3)在相空间中任意选定一点 $X(t)$，在其附近寻找最近邻点 $x(t)'$，用时间序列的平均周期 p 限制相空间点中最临近点 $d_t(0)$ 的短暂分离；(4)对相空间中任意选定的一点 $x(t)$，计算第 t 对最邻近点经过 i 个离散步长的距离 $d_t(i)$；(5)根据 Sato 估计 $d_t(i)$与 $d_t(0)$之间的关系 $d_t(i)=d_t(0)e^{\lambda_1(i\Delta t)}$(其中，$\Delta t$ 为观测时间序列的步长)；(6)对上面近似关系的两边取对数得 $\ln d_t(i)$的关系；(7)

对于每个点 i 求出所有 t 的 $\ln d_t(i)$ 取平均值，即得到 $y(i)$；(8)利用最小二乘法拟合做出回归直线，该直线的斜率是时间序列的最大 Lyapunov 指数。

采用该小数据量方法获取一些参数，进而获得水轮机压力脉动数据的最大 Lyapunov 指数。采用小数据量方法计算获得的中间必要参数为：嵌入维数 $m=3$，时延 $\tau=9$，截取相空间重构的 4 500 点数据进行计算。获得序列所选线性点数 i 与 $y(i)$ 的关系后，取线性段部分的斜率即为最大 Lyapunov 指数。

图 5.5 即为不同工况下线性点数 i 与 $y(i)$ 的关系，利用最小二乘法拟合，计算得到从工况 1 到 4 的最大 Lyapunov 指数分别为 0.021 5、0.024 8、0.031 6和 0.033 9。可见，水轮机信号在轻微空化发展到严重空化的状态下，动力学特征存在明显差异。对比实验中尾水管空化涡带发展的形态，空化逐渐增强的反映为 Lyapunov 指数逐渐增大，由此可以根据数据处理获得的 Lyapunov 指数的大小来远程监测压力脉动信号，并判别水轮机运行状态。

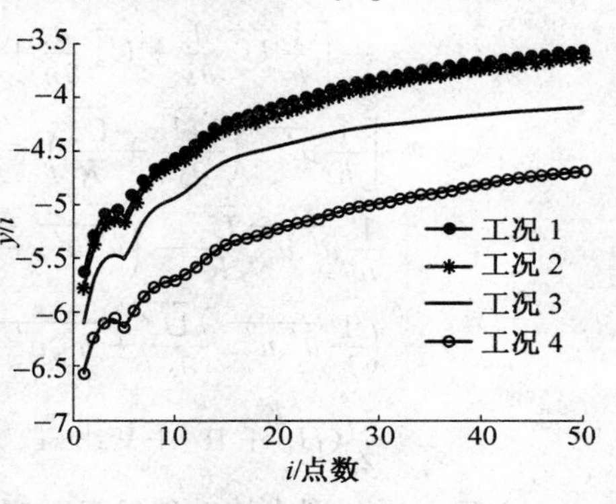

图 5.5　线性段长度 i 与 $y(i)$ 关系曲线

5.4　湍流场湍动能分析

在水轮机流道内部，流体绕过活动导叶将在其翼型尾缘形成尾迹流。随着导叶开度的降低，无叶区的压力脉动幅值较大，此处的压力脉动不仅与活动导叶翼型尾迹流场有关，在接近叶片区域还与转轮的干涉作用有关。这样势必引起无叶区湍动能水平的变化，因此为了分析造成无叶区压力脉动幅值增大的原因，选取了不同开度下活动导叶的流场进行湍流水平的分析。

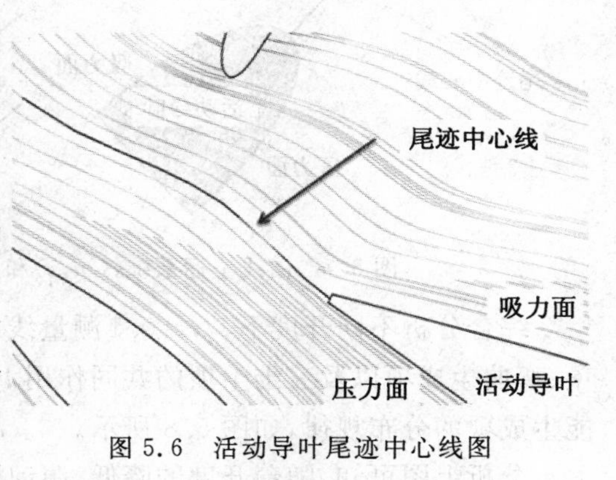

图 5.6　活动导叶尾迹中心线图

基于(s,n,z)坐标系建立沿尾迹中心线的曲线坐标系统，其中提取转轮和导叶内部流场在一个周期内的平均值，进而可以得出活动导叶尾迹流动的尾迹中心线，如图 5.6 所示。在此基础上，选取尾迹中心线上与其垂直的 4 条曲线作为分析曲线，分别为 $s/c=0.1, 0.2, 0.3$ 以及 0.4，如图 5.7 所示。其中坐标原点为尾迹中心线与预开启导叶交线，c 为预开启导叶翼型的弦长，在 $s/c=0.4$ 的测量线的右侧，为最接近转轮入口的位置。

参考直角坐标系下的湍动能输运方程，基于 (s,n,z) 曲线坐标系下的湍动能输运方程可写为

$$\begin{aligned}\frac{\partial}{\partial t}(k)=&-\left[\frac{1}{h}\overline{U_s}\frac{\partial}{\partial s}+\overline{U_n}\frac{\partial}{\partial n}+\overline{U_z}\frac{\partial}{\partial z}\right](k)+\\&\left[\frac{1}{h}\overline{u'^2_s}\left(\frac{\partial\overline{U_s}}{\partial s}+\frac{\overline{U_n}}{R}\right)-\overline{u'^2_n}\frac{\partial\overline{U_n}}{\partial n}\right]-\overline{u'_su'_n}\left(\frac{\partial\overline{U_s}}{\partial n}+\frac{1}{h}\frac{\partial\overline{U_n}}{\partial s}\right)+\\&\frac{1}{h}\overline{u'_su'_n}\frac{\overline{U_s}}{R}-\left(\overline{u'_su'_z}\frac{\partial\overline{U_s}}{\partial z}+\overline{u'_su'_z}\frac{\partial\overline{U_z}}{\partial s}\right)-\\&\left(\frac{1}{h}\overline{u'_su'_z}\frac{\partial\overline{U_z}}{\partial s}+\overline{u'_nu'_z}\frac{\partial\overline{U_z}}{\partial n}+\overline{u'^2_z}\frac{\partial\overline{U_z}}{\partial z}\right)+\\&\frac{1}{2}(H_{ii}+\Pi_{ii}+V_{ii}-\varepsilon_{ii})\end{aligned}\tag{5.2}$$

方程右边分别为湍动能输运的对流项、湍动能生成项的正应力部分 P_n、湍动能生成项的切应力部分 P_t、湍动能生成项的弯曲项部分 P_w、湍动能生成项的三维生成部分 P_d，$H_{ii}/2$ 为耗散项，$\Pi_{ii}/2$ 为压力传输项，$V_{ii}/2$ 为粘性耗散项，$\varepsilon_{ii}/2$ 为伪耗散项。

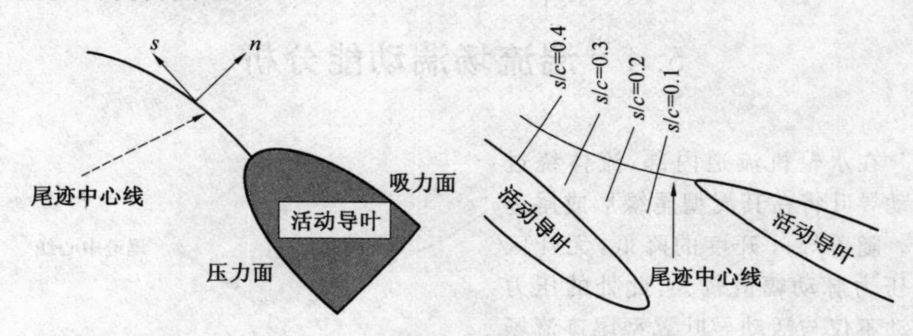

图 5.7　曲线坐标系统 (s,n,z) 和尾迹测量线不同分析位置

综合分析不同开度下 $s/c=0.1$ 测量线上无叶区正应力生成项、切应力生成项、弯曲生成项以及三维生项的共同作用 P_k，可以得到不同开度下无叶区湍动能生成项的分布规律，如图 5.8 所示。

分析上图可知，随着开度的降低，湍动能生成项的最大值逐渐提高，极大值出现的位置均位于尾迹中心线附近并且靠近转轮侧，$a=10$ mm 开度对应的湍动能生成项与 $a=18$ mm 开度时的结果相比提高 3 倍左右。

同一开度下不同测量线上湍动能生成项额分布如图 5.9 所示。活动导叶

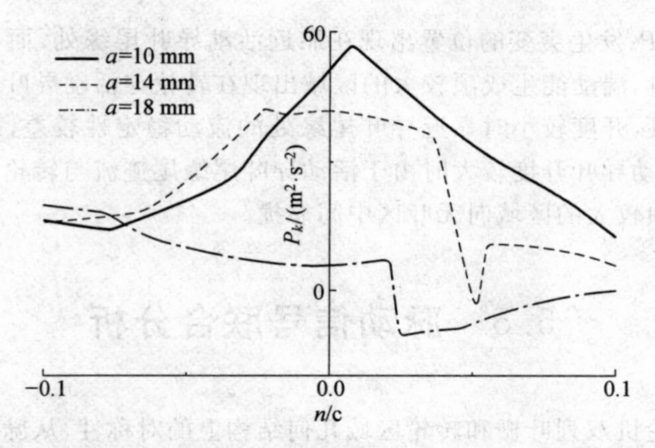

图 5.8　不同活动导叶开度下湍动能生成项 P_k 的分布（$s/c = 0.1$）

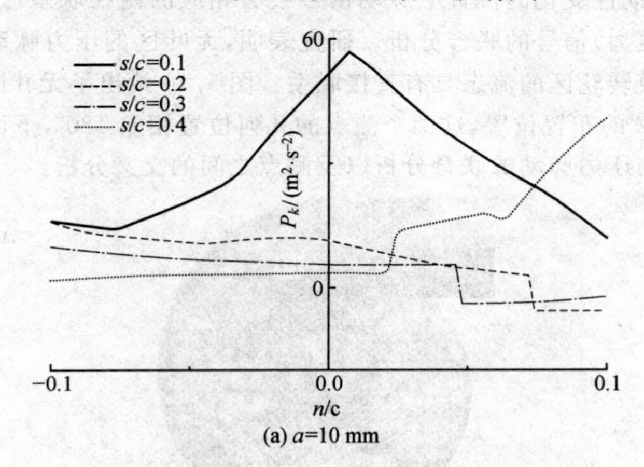

(a) a=10 mm

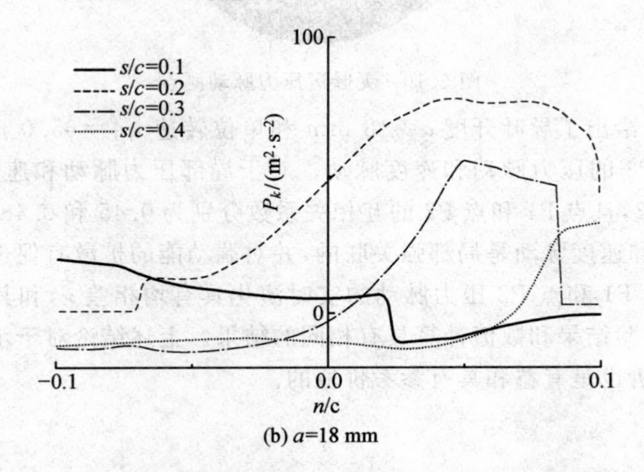

(b) a=18 mm

图 5.9　不同活动导叶开度下 P_k 在测量线上的分布

开度较小时，P_k发生突变的位置出现在靠近活动导叶尾缘处，而当水轮机工作在额定工况时，湍动能生成项较大的区域出现在转轮与活动导叶尾缘之间的中间区域。而且，开度较小时靠近导叶尾缘处的流动稳定性较差，压力脉动幅值可能较大，活动导叶开度较大时由于活动导叶尾缘尾迹流与转轮的干涉作用使湍动能生成项较大的区域向无叶区中间靠拢。

5.5 脉动信号联合分析

由于水轮机双列叶栅和转轮区域几何结构上的对称性，从脉动信号的角度出发，处于周期性变化的位置上脉动信号会有相应的内在联系，这就需要用到脉动(速度、压力)信号的联合分析。研究表明，无叶区的压力脉动和绕流活动导叶的流态及转轮区的流态具有直接联系。图 5.10 给出了无叶区的压力脉动测点 P1 和 P2 的布置位置，这两个测点的几何位置相差 180°，下面展开测点上的速度脉动与压力脉动的联合分析以及测点之间的交叉分析。

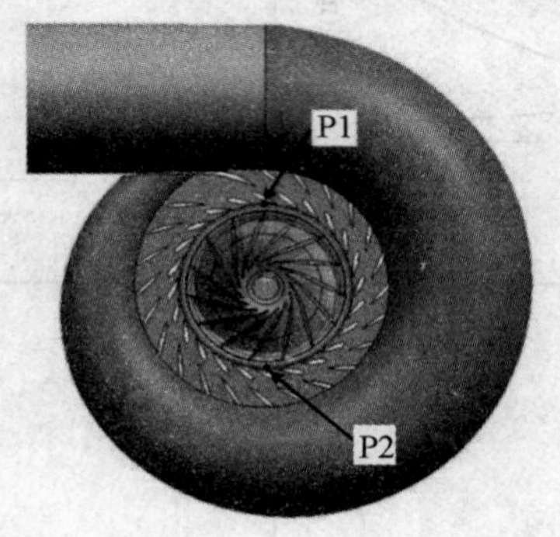

图 5.10 无叶区压力脉动测点

图 5.11 给出了导叶开度 $a=18$ mm 和单位转速 $n_{11}=65.0$ r/min 工况下点 P1 和点 P2 的压力脉动和速度脉动。对于局部压力脉动和速度脉动，其相位均相差 $\pi/2$，且点 P1 和点 P2 的互相关系数分别为 0.45 和 0.48，表明无叶区的压力脉动和速度脉动是局部强关联的，并对湍动能的扩散有促进作用。

另外，点 P1 和点 P2 压力脉动的实时演化具有均相差 π，和其几何位置相关联，并且实验结果和数值计算具有相同的结果。上述结论对于水轮机内部流致振动的分析也是有益和具有参考价值的。

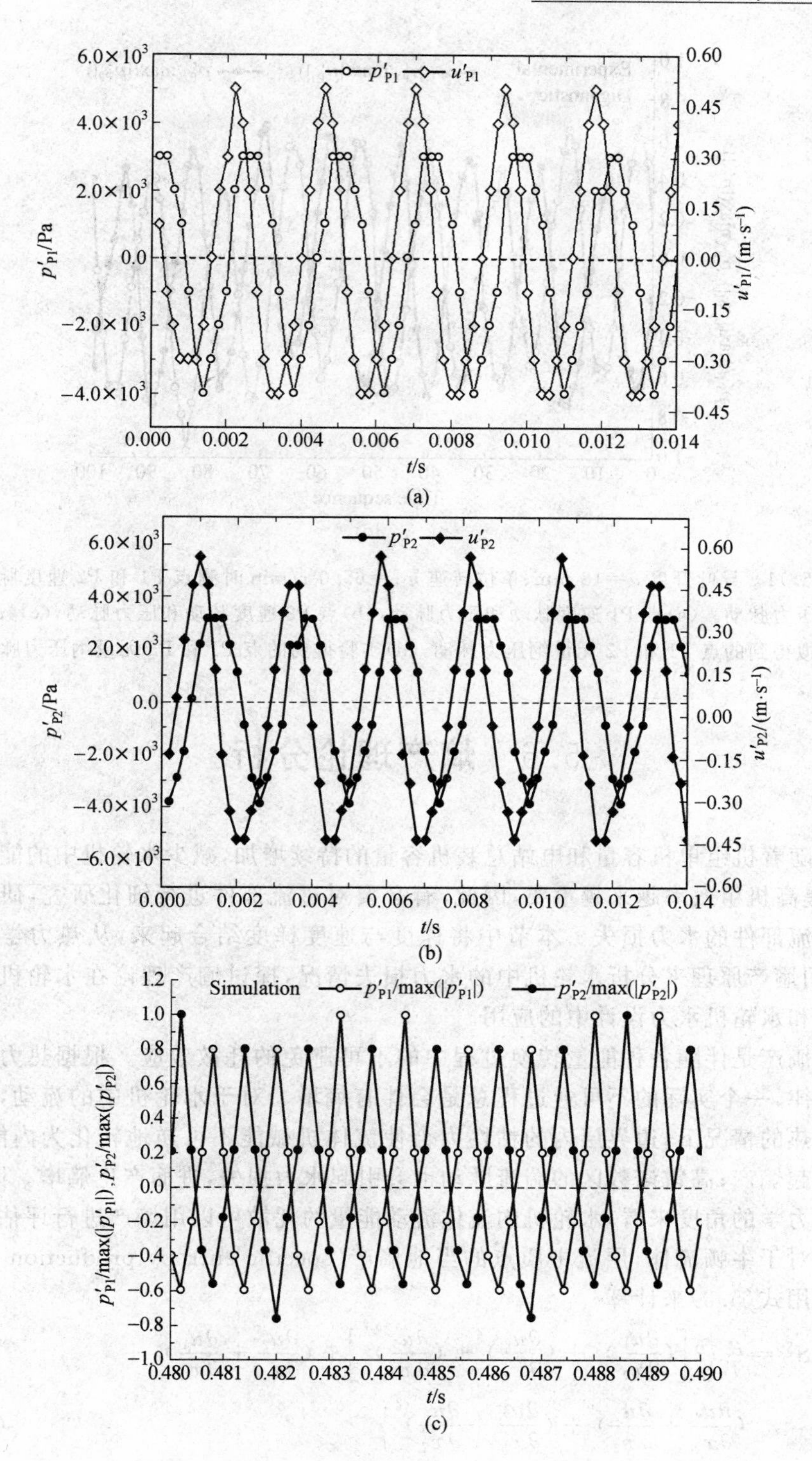
p'_{P1} u'_{P1}
p'_{P1}/Pa
$u'_{P1}/(m\cdot s^{-1})$
t/s
(a)
p'_{P2} u'_{P2}
p'_{P2}/Pa
$u'_{P2}/(m\cdot s^{-1})$
t/s
(b)
Simulation $p'_{P1}/\max(|p'_{P1}|)$ $p'_{P2}/\max(|p'_{P2}|)$
$p'_{P1}/\max(|p'_{P1}|)$, $p'_{P2}/\max(|p'_{P2}|)$
t/s
(c)

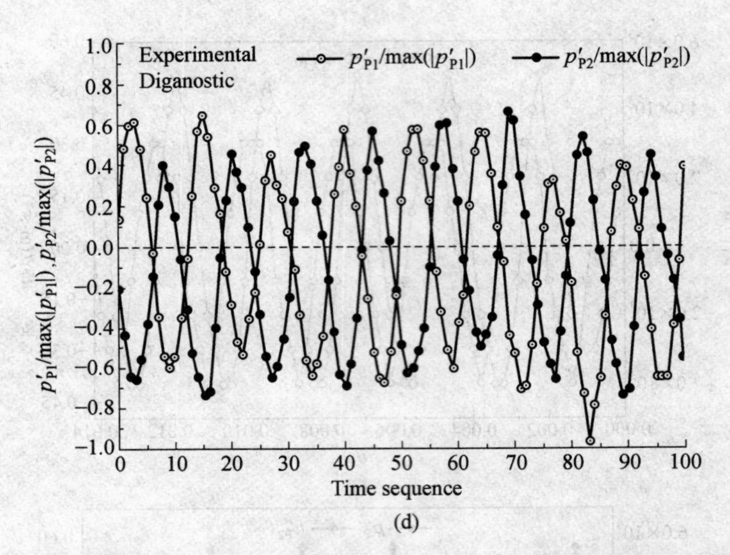

图 5.11 导叶开度 $a=18$ mm、单位转速 $n_{11}=65.0$ r/min 时测点 P1 和 P2 速度脉动与压力脉动。(a)点 P1 速度脉动和压力脉动,(b)点 P2 速度脉动和压力脉动,(c)数值模拟得到的点 P1 和 P2 无量纲压力脉动,(d)实验得到的点 P1 和 P2 无量纲压力脉动

5.6 熵产理论分析

随着机组单机容量和电站总装机容量的持续增加,减少水轮机中的能量损失,提高机组效率越来越重要,因此,有必要对过流部件进行细化研究,研究每个过流部件的水力损失。本节中将速度与速度梯度结合起来,从热力学的角度,用熵产原理来分析水轮机中的水力损失情况,探讨熵产理论在水轮机流动分析和水轮机水力设计中的应用。

熵产是伴随各种能量转换过程中的不可避免的耗散效应。根据热力学第二定律,一个实际的不可逆过程总是会伴有熵增。对于水轮机中的流动,在忽略传热的情况下,边界层内的粘性力会使流体机械能不可逆地转化为内能,从而引起熵产;高雷诺数区的湍流脉动也会引起水力损失,进而产生熵增。因此,从热力学的角度来看,水轮机内流体流动能量的耗散可以用熵产进行评估。

对于牛顿流体,层流中质点的当地熵产(specific entropy production rate)可以用式(5.3)来计算

$$\dot{S}_D'''=\frac{\mu}{T}\left\{2\left[\left(\frac{\partial u_1}{\partial x_1}\right)^2+\left(\frac{\partial u_2}{\partial x_2}\right)^2+\left(\frac{\partial u_3}{\partial x_3}\right)^2\right]+\left(\frac{\partial u_2}{\partial x_1}+\frac{\partial u_1}{\partial x_2}\right)^2+\left(\frac{\partial u_3}{\partial x_1}+\frac{\partial u_1}{\partial x_3}\right)^2+\left(\frac{\partial u_2}{\partial x_3}+\frac{\partial u_3}{\partial x_2}\right)^2\right\} \tag{5.3}$$

式中 μ——流体动力粘度，Pa·s；

u_1, u_2, u_3——分别为质点当地速度在直角坐标系下三个方向的分量；

T——流体质点当地温度，K。

湍流中，质点的熵产可以由两部分计算得到，一部分是时均运动引起的熵产，一部分是速度脉动引起的熵产。计算式如下

$$\dot{S}'''_{D} = \dot{S}'''_{\overline{D}} + \dot{S}'''_{D'} \tag{5.4}$$

式中 $\dot{S}'''_{\overline{D}}$——由平均速度产生的熵产；

$\dot{S}'''_{D'}$——由脉动速度产生的熵产。

由平均速度产生的熵增可由式(5.5)计算

$$\dot{S}'''_{\overline{D}} = \frac{\mu}{T}\left\{2\left[\left(\frac{\partial \overline{u_1}}{\partial x_1}\right)^2 + \left(\frac{\partial \overline{u_2}}{\partial x_2}\right)^2 + \left(\frac{\partial \overline{u_3}}{\partial x_3}\right)^2\right] + \left(\frac{\partial \overline{u_2}}{\partial x_1} + \frac{\partial \overline{u_1}}{\partial x_2}\right)^2 + \left(\frac{\partial \overline{u_3}}{\partial x_1} + \frac{\partial \overline{u_1}}{\partial x_3}\right)^2 + \left(\frac{\partial \overline{u_2}}{\partial x_3} + \frac{\partial \overline{u_3}}{\partial x_2}\right)^2\right\} \tag{5.5}$$

由脉动速度产生的熵增由式(5.6)计算

$$\dot{S}'''_{D'} = \frac{\mu}{T}\left\{2\left[\left(\frac{\partial u_1{}'}{\partial x_1}\right)^2 + \left(\frac{\partial u_2{}'}{\partial x_2}\right)^2 + \left(\frac{\partial u_3{}'}{\partial x_3}\right)^2\right] + \left(\frac{\partial u_2{}'}{\partial x_1} + \frac{\partial u_1{}'}{\partial x_2}\right)^2 + \left(\frac{\partial u_3{}'}{\partial x_1} + \frac{\partial u_1{}'}{\partial x_3}\right)^2 + \left(\frac{\partial u_2{}'}{\partial x_3} + \frac{\partial u_3{}'}{\partial x_2}\right)^2\right\} \tag{5.6}$$

由于在 RANS 数值计算方法中，其湍流脉动速度是由 ε 方程来体现的其脉动速度量没有直接求得，$\dot{S}'''_{D'}$ 无法直接由脉动量的偏微分计算。根据 Kock，Herwig[188] 以及 Mathieu，Scott[189] 提出的思想，由于压力脉动产生的熵增 $\dot{S}'''_{D'}$ 可由式(5.7)计算

$$\dot{S}'''_{D'} = \frac{\rho\varepsilon}{T} \tag{5.7}$$

式中 ρ——流体密度；

ε——湍流耗散率。

整个流场的总熵产则可以用质点熵产的体积分来求得

$$\dot{S}_{\overline{D}} = \int_V \dot{S}'''_{\overline{D}} \mathrm{d}V$$

$$\dot{S}_{D'} = \int_V \dot{S}'''_{D'} \mathrm{d}V$$

$$\dot{S}_{D} = \int_V \dot{S}'''_{D} \mathrm{d}V$$

通过熵产的定义，可见熵产的本质仍为动能和湍动能耗散的大小，以此通过 CFD 手段对水轮机全流道进行数值模拟，并对结果进行后处理，可以求出任

意质点的熵产，以及流域的总熵产，以此来分析流动过程中的能量损失分布，评估水轮机的水力特性，以及各部件的性能。

彩图 21 及彩图 22 分别给出了某水轮机转轮中的熵产分布图和矢量图[190]。从图中可以看到，液流从导水部件流出后，对转轮叶片进口边产生了很大的冲击，导致熵产很大，能量损失明显。流道中心叶道涡的存在使得水力损失增加，熵产也较大。而能量损失更为剧烈的地方发生在叶片出口处，出口边液流的旋转超过一定旋转量，导致熵产增加，也就是水力损失增加。因此，转轮叶片还需要优化，以减少能量损失。

彩图 23 及彩图 24 分别给出了尾水管中的熵产分布图和矢量图。可以看到，尾水管能量损失主要发生在直锥段和肘管段(彩图 24)。前者是由于从转轮出来的液流具有速度环量而引起扩散损失；后者是由肘管段的二次流造成的。

下面给出了某水泵水轮机在不同流动工况下的转轮内熵产分布，如彩图 25～27 所示。

对于水轮机工况，熵产较大的区域集中于叶轮流道中间位置(彩图 25)，叶轮区域的能量损失主要来源于流道的叶道涡。彩图 26、彩图 27 分别为小开度下制动工况及反水泵工况水轮机转轮区域的熵产分布。从图中可以看出，处于制动工况及反水泵工况下的水轮机转轮区域的熵产主要来自水流对叶片的冲击。由于叶轮流道内流体速度较小，其熵产在流道中间位置的表现不明显。即小开度下水轮机制动工况和反水泵工况的能量损失主要来自于流动不稳定性对水轮机叶片产生的冲击作用，这一点在叶轮流体激振力上有明显的体现。

第6章　提高水轮机运行稳定性

近年来水电开发中，水轮机组逐渐向大容量、高比转速、高效率的方向发展，由于振动引起的稳定性问题也更加突出。例如，在运行不长的时间后，转轮叶片就发生裂纹；在部分负荷工况下运行时，机组振动加剧，甚至引起整个厂房发生共振，影响电厂安全运行。因此，提高大型水电机组的稳定性已成为当前研究的重要课题。

6.1　稳定运行的意义

水电站的水轮机组在运行过程中产生振动的原因复杂，往往不易判断。具有不同频率特性的振动混杂在一起，难以分析造成振动的原因。长期以来，由于对水轮发电机组的振动特性及故障成因的认识不够，加之检测和分析手段落后，水电厂为确保机组的正常运行，不得不对机组规定定期检修制度。这种以寿命、故障可能发生的时间等信息为依据的时间计划检修方式，不仅具有一定的盲目性，而且带来了不必要的损失和浪费。随着广大学者和专家对稳定性和故障特性认识的深入，以及电子计算机、信号检测和处理技术的发展，从而有可能借助现代先进的测试技术手段和分析技术对水轮机稳定性进行监测，并实现对故障特性的识别，从而确定机组的运行状态和对故障的早期诊断。这种以机组的状态、发生异常的征兆等有关信息为依据的状态监测维修方式，能准确地监测机组的运行情况，防止事故于萌芽状态，并且安排合理的检修计划，降低运行成本，大大提高机组的利用率。

6.2　提高运行稳定性措施

水轮机振动可以分为常见振动与异常振动。

常见振动是由不可避免的因素引起，如转轮中的不平衡力和尾水管中的涡带压力脉动。常见振动在任何水轮机中都是存在的，它不能被消除，只需要被控制在合理的范围之内，保证其大小不影响水轮机的正常运行即可。常见振动幅值的控制方法有减小激振力和增加水轮机部件的刚度。

异常振动是由偶然因素引起的,是可以避免的。它产生的原因主要有共振和自激振动,其中包括水体共振和机械共振,以及由此产生的压力脉动和自激振动。鉴于异常振动都十分强烈,因此不能让异常振动出现在水轮机运行工况中。由于异常振动是共振,所以消除异常振动最有效的途径是错开激振与水轮机振动部件的固有频率。

混流式水轮机在设计时要保证水头处于一个较为稳定的运行区间,可以在一定程度上减小振动和裂纹的产生,维持水轮机的运行平稳性至关重要。一般工程应用中,水轮机最大水头和设计水头的比值应控制在 1.2 以下,最大水头与最小水头的比值应控制在 1.5 以内,为了提高水轮机的稳定性,水轮机设计过程主要从以下方面进行考虑。

①科学合理的水力设计。水力设计是电站核心部件建立的第一步工作,应该根据电站特点,科学合理地选择水轮机的比转速并设计转轮叶型,采用 CAE 和 CFD 软件进行结构设计和水力设计的验证与优化,这样在设计阶段就可以从理论上降低尾水管内的压力脉动、抑制卡门涡脱流和叶道涡的产生,并尽量降低空化发生的可能性。

在转轮的结构设计和水力设计部分,主要内容包括:a)保证转轮的刚度和强度,尽量消除或降低叶片应力;b)合理选取叶片数量,叶片数量和导叶数量对水力稳定性的控制具有重要影响,叶片数量的合理选取可以消除或减弱可能的流固耦合不稳定性;c)理论计算绕流部件的脱流频率和各部件的固有频率,以确保部件不发生水力激振。

②制造与检修。设计良好的水轮机还需要保证质量的制造环节,良好的质量对水轮机稳定运行的意义不言而喻。制造过程需要注意的事项包括:水轮机的各个部件及工艺都要进行强化控制,保证转轮翼型按照水力设计进行制造,先进的制造工艺,如数控加工、整体转轮和组焊工艺等将有力保证实际应用中转轮的效率、抗空化性能和出力;水轮机检修过程中,也要严格控制检修质量,严格把握叶片测绘,以保证产品转轮与设计行线的偏离程度及叶片实际空间位置的偏差在规定范围内,同时还应保证出厂验收手续的科学完整。

③稳定运行区域的划分和规范运行。在经过水轮机综合特性实验后,在特性曲线上将机组的运行区域划分为禁止运行区、过渡运行区和稳定运行区,为保证机组长期安全稳定运行,在未实施改善机组稳定运行工程措施之前,应尽量在稳定运行区工作。对于水泵水轮机来说,一个优化的过渡过程策略将对稳定性运行大有帮助,应尽可能推荐安全过渡过程路线。

④改善尾水管压力脉动的措施。一般在额定负荷的 30%~60%时,尾水管内会出现大幅度振摆的涡带,引起强烈的压力脉动和机组振动,研究表明尾水管压力脉动带来的危害最大。虽然工程上至今仍没有消除此压力脉动的好

方法,但可以尽可能地减弱这种危害。

a)改进泄水锥或尾水管的结构,可以改善尾水管内流速分布,并在水流进入肘管和喉部之前降低锥管段的流速是很重要的;真机和模型试验表明,加长泄水锥,可使转轮出口的涡带深入到水中,以改善尾水管内的压力脉动和振动。

b)引入适当的流动阻尼。引入阻尼的目的是为了破坏原来的涡带运动,改变其固有振动频率而消除共振。

常用的阻尼形式为尾水管内补气,实施方式为通过转轮大轴中心自然补气,或者在顶盖或底环设置压缩空气强迫补气。补气仅能够提高流场内部压力,改善空化条件,而且还可以吸收水流的噪声,但是补气量要适量,一般为额定流量的 2%。如位于陕西省的安康水电站,采用强迫补气后,机组振动和压力脉动减小,但一开始发现总体效果不佳,其主要原因是补气量不足,进一步的实验取得了较为理想的效果,拓宽了机组的运行区域,湖南省慈利县的江垭水电站采用大轴中心自然补气,发现机组稳定性效果提升;而巴基斯坦的塔贝拉水电站的 11 号至 14 号机组进行强迫补气后,机组的顶盖振动下降了 40%,尾水管振动下降 30%,主轴径向振动下降 50%。

另外一种阻尼实施方式即为水力干扰法,常近时等人指出,采用水力干扰法使原来的压力脉动幅值 23%大幅度下降到 0.5%～1.3%,即实际上消除了尾水管低频压力脉动。

c)装设稳流装置。在补气效果不佳而强迫补气可能不经济时,加装稳流片成为另一种选择。

d)最后,还有在尾水管内安装十字架以改变水流旋转方向的措施,该方法一般和补气同时使用;也可以在直锥管段加筋板,或者阻水栅,这些附加物可以部分或完全地消除涡带,另外,还有在尾水管中安装同轴扩散管的方法。但这些方法也存在一定的问题,在实际中运用不多。

6.3 展　望

在实施了水轮机稳定运行措施后,还需要对水电站进行科学管理和规范运行。要综合统筹,避免盲目追求最高效率,还要尽量避免在不稳定区域内运行,平均效率值和运行的稳定比最高效率更具有实际意义。

根据水轮发电机组的运行特征,表征水轮发电机组稳定运行的参数主要有振动、摆度和压力脉动,而振动是水力机组稳定性的最重要指标。混流式水轮机的运行稳定性与工况(转速、流量或水头、出力)、制造和安装质量相关。也和电站设计以及水轮机参数(如与吸出高度、尾水管高度、机组尺寸、比转速等)选择的正确与否有关。按一般的概念，选型正确的水轮机，如适当加大吸出高度裕量，适当增大尾水管高度，减小转轮尺寸，降低比转速，对运行稳定性会更有利。

因此，为确保水轮机组的稳定、安全、可靠运行，了解机组的运行状态，预测和消除事故隐患，稳定性分析和稳定性试验必不可少。通过对水力机组的稳定性分析及实验，可以：

①掌握各类型水轮机组的振动规律及特点，为研究机组的振动原因、故障识别、振源分析和进行振动处理等提供理论指导；

②了解机组运行状态，预测事故的发展趋势，确定机组的检修时间，通过振动信号的分析处理进行故障诊断和处理；

③分析各种工况下机组的各种不稳定运行因素，指导电厂安全可靠运行，同时为改进和提高水力机组设计、制造、安装、运行水平和机组技术改造提供可靠的科学依据。

参考文献

[1] Ma B B, LU C X, ZhANG L, et al. The temporal and spatial patterns and potential evaluation of China's energy resources development[J]. Journal of Geographical Sciences, 2010,20(3):347-356.
[2] 陈宗器. 中国水电开发现状及其展望[J]. 电器工业, 2003,9:6-16.
[3] 陈雷. 水电与国家能源安全战略[J]. 中国三峡, 2010,3:5-7.
[4] 吴植. 我国单机容量百万千瓦水电机组获阶段性成果[J]. 中国水能及电气化, 2010,5:68.
[5] 田国成, 许建平, 何之增. 石横发电厂1号机末级叶片断裂原因分析及处理[J]. 山东电力技术, 1997,5:77-78.
[6] 韦彩新, 曾纪忠, 吴长利. 东江水电厂顶盖取水口补气减振试验[J]. 水力发电, 2001,1:45-46, 69.
[7] 杜凯堂. 五强溪水电站混流式机组不稳定现象的分析和处理[J]. 大电机技术, 2006,4:40-45.
[8] 乔进国. 五强溪水电厂机组运行稳定性分析[J]. 水电站机电技术, 2003, S1:89-92.
[9] TAYLOR C W, MECHENBIER J R, MATTHEWS C E. Transient excitation boosting at grand coulee third power plant[J]. IEEE Transactions on Power Systems, 1993,8(3):1291-1298.
[10] DESBAILLETS J, KANGER F. 大古力3级电站82万马力巨型水轮机[J]. 水电机电安装技术, 1980,4:65-73.
[11] 李维藩. 大古力、伊泰普和古里水电站水轮机的运行情况[J]. 水力发电, 1987,3:59-63.
[12] 孙钟炬. 伊泰普水电站的启示[J]. 陕西水利, 2005,4:49.
[13] A 阿尔塞, 马元珽. 伊泰普水电站水轮发电机组的优化调度[J]. 水利水电快报, 2002,20:1-4.
[14] 陈杰. 从俄罗斯萨扬电站事故探讨加强水电站运行管理[J]. 四川水力发电, 2010,29(6):176-179.
[15] 尹协远, 孙德军. 旋涡流动的稳定性[M]. 北京:国防工业出版社, 2003.
[16] 林建忠. 湍动力学[M]. 杭州:浙江大学出版社, 2000.
[17] ZHANG R K, MAO F, WU J Z, LIU S H, et al. Characteristics and control of the draft-tube flow in part-load Francis turbine[J]. ASME

Journal of Fluids Engineering, 2009, 131(2): 21101.
[18] 刘德民. 基于空化计算的混流式水轮机叶道涡和尾水涡数值分析[D]. 北京：清华大学博士学位论文，2011.
[19] HOWARD L N, GUPTA A S. On the hydrodynamic and hydromagnetic stability of swirling flow[J]. Journal of Fluids Mechanics, 1962, 14: 463-476.
[20] LEIBOVICH S, STEWARSTON K A. Sufficient condition for the instability of columnar vortices[J]. Journal of Fluid Mechanics, 1983, 126: 335-356.
[21] BATCHELOR G K. Axial flow in trailing line vortices[J]. Journal of Fluid Mechanics, 1964, 12: 645-658.
[22] LESSEN M, SINGH D, PAILLET F. The stability of a trailing lime vortex. Part 1. Inviscid theory[J]. Journal of Fluid Mechanics, 1974, 63: 753.
[23] DUCK P W, FORSTER M R. The inviscid stability of a trailing vortex [J]. ZAMP, 1980, 31: 524-532.
[24] MAYER E W, POWELL K G. Viscous and inviscid instabilities of a trailing vortex[J]. Journal of Fluid Mechanics, 1992, 245: 91-114.
[25] 孙明宇. 旋拧流的绝对/对流不稳定性[D]. 合肥：中国科学技术大学硕士学位论文，1995.
[26] OLENDRARU C, SELLIOR A, ROSSI M, et al. Inviscid instability of the baechelor vortex: absolute-convective transition and spatial branches [J]. Physics of Fluids, 1999, 11(7): 1805-1820.
[27] DELBNDE I, CHOMAS J, HUERRE P. Absolute/convective instability in the batchelor vortex: a numerical study of the linear impulse response[J]. Journal of Fluid Mechanics, 1998, 355: 229-254.
[28] YIN X Y, SUN D J, WEI M J, et al. Absolute and convective of viscous swirling vortices[J]. Physics of Fluids, 2000, 12(5): 1062-1072.
[29] 张涵信. 二维粘性不可压缩流动的通用分离判据[J]. 力学学报，1983, 6: 559-569.
[30] 张涵信. 三维定常分离流和涡运动的定性分析研究[J]. 空气动力学学报，1992, 10(1): 9-20.
[31] GONZALEZ J, SANTOLARIA C. Unsteady flow structure and global variables in a centrifugal pump[J]. ASME Journal of Fluids Engineering, 2006, 128(5): 937-946.

[32] LASKMINARAYANA B. Fluid dynamics and heat transfer of turbomachinery[M]. New York: Wiley Interscience, 1996.
[33] 陆力，高忠信，潘罗平，等. 50 年来水力机电研究领域发展与回顾[J]. 中国水利水电科学研究院学报，2008,6(4):299-307.
[34] 张维. 小丰满水电厂之水轮机[J]. 清华大学学报(自然科学版)，1948，S1:104-123.
[35] 水谷. 我国自制十七万千瓦轴流转浆式水轮发电机[J]. 科技简报，1981，4:34.
[36] 田树棠. 对改善水轮机稳定性的几点意见[J]. 西北水电技术，1984,4:16-22.
[37] 刘继澄. 天桥电站水力机械设计和运行中的几个问题[J]. 人民黄河，1981,2:16-22.
[38] 龚守志，黄凌. 水轮发电机转子动平衡的几种方法[J]. 水电机电安装技术，1981,4:1-5.
[39] 寿梅华. 关于水力机组运行可靠性估算[J]. 华北水利水电学院学报，1981,2:1-17.
[40] 张厚琪. 水轮机流道中水力扰动的测量[J]. 华东电力，1981,5:41-51.
[41] J 巴切曼，李孝义，郭士杰. 标准化的小型水轮机[J]. 水电机电安装技术，1981,2:72-74.
[42] И. P. 沙洛维也夫，郭士杰，付元初. 大型水电机组转子平衡和振动试验经验[J]. 水电站机电技术，1985,5:55-57, 54.
[43] B. И. 托米林，A. И. 郎特也夫，崔云鹏. 水轮发电机转子的平衡[J]. 水电机电安装技术，1983,3:67-69.
[44] 史美钢. 混流式模型水轮机吸水管补气及锥管稳流片试验研究[J]. 大电机技术，1987,2:49-59.
[45] TOKUMARU P T, DIMOTAKIS P E. Image correlation velocimetry[J]. Experiments in Fluids, 1995,19(1):1-15.
[46] SANTIAGO J G, WERELEY S T, MEINHART C D, et al. A particle image velocimetry system for microfluidics[J]. Experiments in Fluids, 1998,25(4):316-319.
[47] STONE S W, MEINHART C D, WERELEY S T. A microfluidic-based nanoscope[J]. Experiments in Fluids, 2002,33(5):613-619.
[48] ZETTNER C, YODA M. Particle velocity field measurements in a near-wall flow using evanescent wave illumination[J]. Experiments in Fluids, 2003,34(1):115-121.

[49] WORMALD S A. Numerical techniques in digital microscopic holographic particle image velocimetry [D]. Loughborough University, 2010.
[50] MURPHY M J, ADRIAN R J. PIV through moving shocks with refracting curvature[J]. Experiments in Fluids, 2011,50(4):847-862.
[51] DELNOIJ E, WESTERWEEL J, DEEN N G, et al. Ensemble correlation PIV applied to bubble plumes rising in a bubble column[J]. Chemical Engineering Science, 1999,54(21):5159-5171.
[52] MCNUTT M K, CAMILLI R, CRONE T J, et al. Review of flow rate estimates of the deepwater horizon oil spill[J]. PNAS, 2012,109(50): 20260-20267.
[53] LINDKEN R, MERZKIRCH W. A novel PIV technique for measurements in multiphase flows and its application to two-phase bubbly flows [J]. Experiments in Fluids, 2002,33(6):814-825.
[54] WERNET M P, ZANTE D V, STRAZISAR T J, et al. 3-D digital PIV measurements of the tip clearance flow in an axial compressor: ASME turbo expo 2002: power for land, sea, and air, Amsterdam, the Netherlands, 2002 [C]. Copenhagen: International Gas Turbine Institute, June 3 - 6, 2002.
[55] UZOL O, BRZOZOWSKI D, CHOW Y C, et al. A database of PIV measurements within a turbomachinery stage and sample comparisons with unsteady RANS[J]. Journal of Turbulence, 2007,8:N10.
[56] UZOL O, CHOW Y C, KATZ J, et al. Unobstructed particle image velocimetry measurements within an axial turbo-pump using liquid and blades with matched refractive indices[J]. Experiments in Fluids, 2002, 33(6):909-919.
[57] KOSCHATZKY V, MOORE P D, WESTERWEEL J, et al. High speed PIV applied to aerodynamic noise investigation[J]. Experiments in Fluids, 2011,50(4):863-876.
[58] ILIESCU M S, CIOCAN G D, AVELLAN F. Analysis of the cavitating draft tube vortex in a francis turbine using particle image velocimetry measurements in two-phase flow[J]. ASME Journal of Fluid Engineering, 2008,130:21105.
[59] LAI W T, BJORKQUIST D C, ABBOTT M P, et al. Video systems for PIV recording[J]. Measurement Science and Technology, 1998, 9

(3):297-308.
[60] TROPEA C, YARIN A L, FOSS J F. Springer handbook of experimental fluid mechanics[M]. Springer, 2007.
[61] SCHRODER A, GEISLER R, ELSINGA G E, et al. Investigation of a turbulent spot and atripped turbulent boundary layer flow using time-resolved tomographic PIV[J]. Experiments in Fluids, 2008,44(2):305-316.
[62] KÜHN M, EHRENFRIED K, BOSBACH J, et al. Large-scale tomographic particle image velocimetry using helium-filled soap bubbles[J]. Experiments in Fluids, 2011,50(4):929-948.
[63] KÜHN M, EHRENFRIED K, BOSBACH J, et al. Large-scale tomographic PIV in forced and mixed convection using a parallel SMART version[J]. Experiments in Fluids, 2012,53(1):91-103.
[64] UZOL O, ChOW Y, KATZ J, et al. Experimental investigation of unsteady flow field within a two stage axial turbomachine using particle image velocimetry[J]. ASME Journal of Turbomachinery, 2002,124(4):542-552.
[65] MEINHART C D, WERELEY S T, SANTIAGO J G. A PIV algorithm for estimating time-averaged velocity fields[J]. ASME Journal of Fluids Engineering, 2000,122(2):285-289.
[66] SCARANO F, POELMA C. Three-dimensional vorticity patterns of cylinder wakes[J]. Experiments in Fluids, 2009,47(1):69-83.
[67] YUN Y I, PORRECA L, KALFAS A I, et al. Investigation of three-dimensional unsteady flows in a two-stage shrouded axial turbine using stereoscopic PIV - kinematics of shroud cavity flow[J]. ASME Journal of Turbomachinery, 2008,130:11021.
[68] PALAFOX P, OLDFIELD M L G, LAGRAFF J E, et al. PIV maps of tip leakage and secondary flow fields on a low-speed turbine blade cascade with moving end wall[J]. Physics of Fluids, 2008,130:11001.
[69] UZOL O, CHOW Y C, KATZ J, et al. Average passage flow field and deterministic stresses in the tip and hub regions of a multistage turbomachine[J]. Experiments in Fluids, 2003,125(4):714-725.
[70] UZOL O, KATZ J. Measurement of turbulence in flows with system rotation, in effect of system rotation on turbulence with applications to turbomachinery[M]. von Karman Institute for Fluid Dynamics Lecture

Series, 2011.
[71] UZOL O, KATZ J. Flow measurement techniques in turbomachinery[M]//Springer Handbook of Experimental Fluid Mechanics. Berlin: Springer Berlin Heidelberg, 2007:919-957.
[72] KATZ J, CHOW Y C, SORANNA F, et al. Experimental characterization of flow structure and turbulence in turbomachines: 5th international symposium on fluid machinery and fluids engineering, Jeju, Korea, 2012[C]. Korea: Korean Fluid Machinery Association, Oct. 24-27, 2012.
[73] AMIRA B B, DRISS Z, KARRAY S, et al. PIV study of the down-pitched blade turbine hydrodynamic structure[M]. Springer Berlin Heidelberg, 2013.
[74] CHAMORRO L P, TROOLIN D R, LEE S J, et al. Three-dimensional flow visualization in the wake of a miniature axial-flow hydrokinetic turbine[J]. Experiments in Fluids, 2013,54(2):1459-1471.
[75] NIELSON C K. Using particle image velocimetry (PIV) toinvestigate the effects of roughness on confined flow around a hydrofoil[D]. Salt Lake City: The University of Utah, 2013.
[76] CIOCAN G D, LLIESCU M S. 3D PIV measurements in two phase flow and rope parametrical modeling: 24th IAHR symposium on hydraulic machinery and systems, Foz Do Iguaçú, Brazil, 2008[C]. Brazil: AfonsoHenriques Moreira Santos, October 27-31, 2008.
[77] TROOLIN D R, LEE S J, CHAMORRO L P. Time-resolved volumetric measurements of the interaction between energetic coherent motions and tip vortices in the wake of an axial-flow marine turbine: 10th international symposium on particle image velocimetry, Delft, the Netherlands, 2013[C]. Delft :Edwin Overmars and Sedat Tokgoz, July 2-4, 2013.
[78] MEYER K E, NAUMOV I V, KABARDIN I. PIV in a model wind turbine rotor wake: 10th international symposium on particle image velocimetry, Delft, the Netherlands, 2013[C]. Delft:Edwin Overmars and Sedat Tokgoz, July 2-4, 2013.
[79] SCHEPERS J G, SNEL H. Model experiments in controlled conditions [J]. Technical report: Energy Research Center of the Netherlands, 2007.

[80] SHERRY M, SHERIDAN J, JACONO D L. Characterisation of a horizontal axis wind turbine's tip and root vortices[J]. Experiments in Fluids, 2013,54:1417.
[81] WHALE J, PAPADOPOULOS K H, ANDERSON C G, et al. A study of the near wake structure of a wind turbine comparing measurements from laboratory and full-scale experiments[J]. Solar Energy, 1996,56(6):1219-1235.
[82] ZHANG W, MARKFORT C D, PORTÉ-AGEL F. Near-wake flow structure downwind of a wind turbine in a turbulent boundary layer[J]. Experiments in Fluids, 2012,52(2):1219-1235.
[83] LI F C, HISHIDA K. Particle image velocimetry techniques and its applications in multiphase systems[J]. Advances in Chemical Engineering, 2009,37:87-147.
[84] LI F C, KAWAGUCHI Y, YU B, et al. Experimental study of drag-reduction mechanism for a dilute surfactant solution flow[J]. International Journal of Heat and Mass Transfer, 2008,51(3):835-846.
[85] 李丹，陈次昌，季全凯，等. PIV 测试水轮机尾水管锥管流场[J]. 四川工业学院学报，2004,23:835-846.
[86] 王军，孙建平，张克危，等. 水轮机尾水管内流的 PIV 测试试验研究[J]. 实验力学，2005,20(3):468-472.
[87] 王军，孙建平，张克危，等. 混流式转轮出口流速分布的 PIV 测试研究[J]. 水动力学研究与进展，2005,20(5):604-609.
[88] 王军，付之跃，温国珍，等. HL220 改型装置不同工况下尾水管进口流动状态 PIV 试验研究[J]. 工程热物理学报，2005,26:93-96.
[89] 王军，伍晓芳，李仲全. 小流量下尾水管锥管内流的 PIV 测试试验研究[J]. 华中科技大学学报，2006,34(2):98-100.
[90] 陈次昌，李丹，季全凯，等. 混流式水轮机尾水管内部流场的 PIV 测试[J]. 农业机械学报，2006,42(12):83-88.
[91] 严敬，邓万权，杨小林，等. 轴向旋涡流动的 PIV 实验研究[J]. 农业机械学报，2005,36(8):59-61.
[92] 孙荪，刘超，汤方平，等. PIV 在半开式离心泵内部流场测量中的应用[J]. 中国农村水利水电，2004,1:68-70.
[93] 杨华，刘超，汤方平，等. 采用 PIV 研究离心泵转轮内部瞬态流场[J]. 水动力学研究与进展，2002,17(5):547-552.
[94] 李咏，吴玉林，刘树红，等. 漩涡阻止器水力性能的 PIV 试验分析及其

机理研究[J]. 工程热物理学报，2004,25(3):424-426.
[95] LI Y, WU Y L, MANSA K, et al. The flow research in an open type pump sump by PIV experiments: ASME heat transfer/fluids engineering summer conference 2004(HT/FED 2004), Charlotte,NC, 2004[C]. USA: American Society of Mechanical Engineers, Jan. 1, 2004.
[96] MANSA K, ZHANG B T, LI X M, et al. PIV experimental investigation on the flow in a model of closed pump sump[J]. Tsinghua Science and Technology, 2003,8(6):681-688.
[97] 代翠，董亮，刘厚林，等. 离心泵叶轮全流道非定常数值计算及粒子图像测速试验[J]. 农业工程学报，2013,29(2):66-73.
[98] SU W T, LI X B, LI F C,et al. Comparisons of LES and RANS computations with PIV experiments on a cylindrical cavity flow[J]. Advances in Mechanical Engineering, 2013:592940.
[99] CEBECI T, SHAO J P, KAFYEKE F, et al. Computational fluid dynamics for engineers[M]. California: Horizons Publishing Inc., 2005.
[100] DATE A W. Introduction to computational fluid dynamics[M]. New York: Cambridge University Press, 2005.
[101] 李浩良，吕峰，林肖男. 从天荒坪电站的运行看引进设备的可靠性[J]. 水电站机电技术，2007,30(2):58-63.
[102] NICOLET C, RUCHONNER N, ALLIGNÉS, et al. Hydroacoustic simulation of rotor-stator interaction in resonance conditions in francis pump-turbine [J]. IOP Conf. Series: Earth and Environmental Science, 2010,12:12005.
[103] 周嘉元，郑慧娟. 水泵水轮机的“S”形特性对机组性能的影响[J]. 中国农村水利水电，2006,2:111-113.
[104] 林福军，杨洪涛. 天堂抽水蓄能电厂开机不成功原因分析及对策[J]. 水电自动化与大坝监测，2006,30(5):77-80.
[105] HASMATUCHI V, ROTH S, BOTERO F, et al. Hydrodynamics of a pump-turbine at off-design operation conditions: numerical simulation: proceedings of ASME-JSME-KSME joint fluids engineering conference, Hamamatsu, Japan, 2011[C]. Hamamatsu :Fluids Engineering Division, July 24 - 29, 2011.
[106] SEBESTYEN A.，刘诗琪. 可逆式水泵水轮机转轮更换的CFD设计方法[J]. 国外大电机，1999,4:71-73.
[107] TANI K, OKUMURA H. Performance improvement of pump-turbine

for large capacity pumped storage plant in USA[J]. Hitachi Review, 2009,58:98-202.

[108] DURBIN P A, REIF P. Statistical theory and modeling for turbulent flows[M]. New York: John Wiley and Sons, 2001.

[109] WILCOX D C. Turbulence modeling for CFD[M]. California: Dcw Industries, Inc. , 2006.

[110] LEMONIER H, ROWE A. Another approach in modeling cavitating flows[J]. Journal of Fluid Mechanics, 1988,195:557-580.

[111] DUPONT P. E′tude de la dynamique d'une poche de cavitation partielle en vue de la pre′diction de l'e′rosion dans les turbomachines hydrauliques[D]. E′cole Polytechnique F′ede′rale de Lausanne, 1991.

[112] DUPONT P, AVELLAN F. Numerical computation of a leading edge cavity: proceedings of the cavitation 91 symposium, 1st ASME-JSME fluid engineering conference, Portland (Oregon), USA, 1991[C]. Portland : ASME-JSME Fluid Engineering conference, 23-27 June, 1991.

[113] DESHPANDE M, FENG J, MERKLE C L. Cavity flow predictions based on the euler equations[J]. ASME Journal of Fluids Engineering, 1994,116:36-44.

[114] HIRSCHI R, DUPONT P, AVELLAN F. Centrifugal pump performance drop due to leading edge cavitation : numerical predictions compared with model tests [J]. ASME Journal of Fluids Engineering, 1997,120:705-711.

[115] CHEN Y, HEISTER S D. A numerical treatment for attached cavitation[J]. ASME Journal of Fluids Engineering, 1994,116:613-618.

[116] DESHPANDE M, FENG J. Numerical modeling of the thermodynamic effects of cavitation[J]. ASME Journal of Fluids Engineering, 1997, 119:420-427.

[117] KUBOTA A, KATO H, YAMAGUCHI H. A new modeling of cavitating flows: a numerical study of unsteady cavitation on a hydrofoil section[J]. Journal of Fluid Mechanics, 1992,240:59-96.

[118] MERKLE C L, FENG J Z, BUELOW P E. Computational modeling of the dynamics of sheet cavitation: third international symposium on cavitation, Grenoble, France, 1998[C]. Grenoble :7-10 April, 1998.

[119] KUNZ R F, BOGER D A, CHYCZEWSKI T S, et al. Multi-phase

CFD analysis of natural and ventilated cavitation about submerged bodies: proceedings of 3rd ASME/JSME joint fluids engineering conference, San Francisco, California, 1999[C]. USA: American Society of Mechanical Engineers, July 18-23, 1999.
[120] KUNZ R F, BOGER D A, STINEBRING D R. A preconditioned navier - stokes method for two-phase flows with application to cavitation prediction[J]. Computers & Fluids, 2000,29:849-875.
[121] SINGHAL A K, ATHAVALE M M, LI H, et al. Mathematical basis and validation of the full cavitation model[J]. Journal of Fluid Mechanics, 2002,124:617-624.
[122] SENOCAK I, SHYY W. Interfacial dynamics-based modeling of turbulent cavitating flows, model development and steady-state computations[J]. International Journal for Numerical Methods in Fluids, 2004,44:975-995.
[123] ZWART P J. Numerical modelling of free surface and cavitating flows: industrial CFD applications of free surface and cavitating flows[R]. Von Karman Institute for Fluid Mechanics, 2005.
[124] ZWART P J, GERBER A G, BELAMRI T A. Two-phase flow model for predicting cavitation dynamics: 5th international conference on multiphase flow, Yokohama, Japan, 2004[C]. ICMF, May 30-June 3, 2004.
[125] SIPILÄ T, SIIKONEN T, SAISTO I, et al. Cavitating propeller flows predicted by RANS solver with structured grid and small reynolds number turbulence model approach: proceedings of the 7th international symposium on cavitation, Ann Arbor, USA, 2009[C]. Michigan: University of Michigan, 16-20 August 2009.
[126] KUBOTA A, KATO H, YAMAGUCHI H, et al. Unsteady structure measurement of cloud cavitation on a foil section using conditional sampling technique[J]. ASME Journal of Fluids Engineering, 1989,111(2):204-210.
[127] International Electrotechnical Commission. Hydraulic turbines, storage pumps and pump-turbines: model acceptance tests, 2nd edition[S]. Geneva:International Standard IEC 60193, 1999.
[128] 刘锦涛. 基于非线性局部时均化模型的水泵水轮机“S”区稳定性分析[D]. 杭州：浙江大学博士学位论文，2013.

[129] GERMANO M. Turbulence: the filtering approach[J]. Journal of Fluid Mechanics, 1992,238:325-336.

[130] GIRIMAJI S S, ABDOL-HAMID K S. Partially-averaged navier-stokes model for turbulence: implementation and validation: 43rd AIAA aerospace sciences meeting and exhibit, Reno, Nevada, 2004[C]. Reno :AIAA, 10-13 January, 2005.

[131] 王福军. 计算流体动力学分析[M]. 北京:清华大学出版社, 2010.

[132] EHRHARD J. Untersuching linearer und nichtlinearer wirbelviskositatsmodelle zur berechnung turbulenter stomungen um gebaude[D]. VDI Verlag Dusseldorf, 1999.

[133] KIM W J, PATEL V C. Origin and decay of longitudinal vortices in developing flow in a curved rectangular duct (data bank contribution)[J]. ASME Journal of Fluids Engineering, 1994,116(1):45-52.

[134] PEDERSEN N, LARSEN P S, JACOBSEN C B. Flow in a centrifugal pump impeller at design and off-design conditions-part I: particle image velocimetry (PIV) and laser doppler velocimetry (LDV) measurements[J]. ASME Journal of Fluids Engineering, 2003, 125 (1):61-72.

[135] BYSKOV R K, JACOBSEN C B, PEDERSEN N. Flow in a centrifugal pump impeller at design and off-design conditions-part II: large eddy simulations[J]. ASME Journal of Fluids Engineering, 2003, 125 (1):72-83.

[136] LIU S H, SHAO J, WU S F, et al. Numerical simulation of pressure fluctuation in Kaplan turbine[J]. Science in China Series E: Technological Sciences, 2008,51(8):1137-1148.

[137] GATSKI T B, SPEZIALE C G. On Explicit algebraic stress models for complex turbulent flows[J]. Jounal of Fluid Mechanics, 1993,254:59-78.

[138] WILLIAM D Y, WALTERS D K, JAMES H L. A aimple and robust linear eddy-viscosity formulation for curved and rotating flows[J]. International Journal of Numerical Methods for Heat & Fluid Flow, 2009,19(6):745-776.

[139] GIRIMAJI S S. A galilean invariant explicit algebraic reynolds stress model for turbulent curved flows[J]. Physics of Fluids, 1997,9(4): 1067-1077.

[140] SPALART P R, Shur M. On the sensitization of turbulence models to rotation and curvature[J]. Aerospace Science and Technology, 1997,1(5):297-302.

[141] WALIN S, JOHANSSON A V. Modelling streamline curvature effects in explicit algebraic reynolds stress turbulence models[J]. International Journal of Heat and Fluid Flow, 2002,23(5):721-730.

[142] GATSKI T B, JONGEN T. Nonlinear eddy viscosity and algebraic stress models for solving complex turbulent flows[J]. Progress in Aerospace Sciences, 2000,36(8):655-682.

[143] WANG X, THANGAM S. Development and application of an anisotropic two-equation model for flows with swirl and curvature[J]. Journal of Applied Mechanics, 2003,73(3):397-404.

[144] RUMSEY C L, GATSKI T B, ANDERSON W K, et al. Isolating curvature effects in computing wall-bounded turbulent flows[J]. International Journal of Heat and Fluid Flow, 2001,22(6):573-582.

[145] WU D Z, XU B J, LI Z F, et al. Analysis of internal clearance flow and leakage loss in the multi-stage centrifugal pump[J]. Journal of Zhejiang University (engineering science), 2011.

[146] CERVONE A. Thermal cavitation experiments on a NACA 0015 hydrofoil[J]. ASME Journal of Fluids Engineering, 2006,128:326-331.

[147] ZHANG S Q, SHI Q H, ZHANG K W. Flow behavior analysis of reversible pump-turbine in "S" characteristic operating zone[J]. IOP Conf. Series: Earth and Environmental Science, 2012,15:32045.

[148] 尹俊连. 水泵水轮机“S”区内流机理及优化设计研究[D]. 杭州：浙江大学博士学位论文，2012.

[149] 吴晓晶. 混流式水轮机非定常流动计算与旋涡流动诊断[D]. 北京：清华大学博士学位论文，2009.

[150] MENTER F, EGOROV V. SAS Turbulence Modelling of Technical Flows[J]. Direct and Large-Eddy Simulation VI, 2005:687-694.

[151] 苏文涛. 大型混流式水轮机模型内部流动稳定性研究[D]. 哈尔滨：哈尔滨工业大学博士学位论文，2014.

[152] 王福军. 计算流体动力学分析:CFD 软件原理与应用[M]. 北京：清华大学出版社，2004.

[153] 孙洁民，朱玉祥，韩增祥. 天荒坪抽水蓄能电站 1 号机低水头空载稳定性的改善[J]. 水力发电，2001,6:60-63.

[154] 蔡军，周喜军，邓磊，等. 江苏宜兴抽水蓄能电站 3 号机组过速试验异常水击现象的研究[J]. 水力发电，2009,35(2):76-79.
[155] AMBLARD H，HENRY P，BORCIANI G，et al. Behavior of Francis turbines and pump-turbines at partial flow[J]. La Houille Blanche，1985,40(5):435-440.
[156] BLANCHON F，PLANCHARD J，SIMONNOT D V. Regimes transitoires des groupes reversibles - aspects techniques et economiques[J]. La Houille Blanche，1972,27(6-7):547-562.
[157] CASACCI S，BOUSSUGES P，AMBLARD H，et al. Aspects techniques propres aux turbines-pompes: influence sur les caracteristiques generales de l'installation et sur la conception es machines[J]. Exemples de Realisation. La Houille Blanche，1972,27(6-7):515-528.
[158] LACOSTE A. Life of pump-turbine components undergoing numerous changes in operating conditions during daily service[J]. La Houille Blanche，1980,35(1-2):141-146.
[159] BORCIANI G，THALMANN R. Influence of cavitation on average and instantaneous characteristics of turbines and pump-turbines[J]. La Houille Blanche，1982,37(2):197-207.
[160] HASMATUCHI V. Hydrodynamics of a pump-turbine operating at off-design conditions in generating mode[J]. Indian Journal of Experimental Biology，2012,16(10):1091-1092.
[161] HASMATUCHI V，FARHAT M，MARUZEWSKI P，et al. Experimental investigation of a pump-turbine at off-design operating conditions: proceedings of the 3rd IAHR international meeting of the workgroup on cavitation and dynamic problems in hydraulic machinery and systems，Brno，Czech Republic，2009[C]. Brno :Pavel Rudolf，October 14-16，2009.
[162] SENOO Y，YAMAGUCHI M. A Study on unstable S-shape characteristic curves of pump turbines at no-flow[J]. Journal of Turbomachinery，1987,109:77-81.
[163] 刘锦涛，王乐勤. 水泵水轮机 S 特性的数值模拟[J]. 工程热物理学报，2010,21(Suppl.):185-188.
[164] WANG L Q，YIN J L，JIAO L，et al. Numerical investigation on the "S" characteristics of a reduced pump turbine model[J]. Science China Technological Sciences，2011,54(5):1259-1266.

[165] LIU W C, ZHENG J S, J C, et al. Hydraulic optimization of "S" characteristics of the pump turbine for Xianju pumped storage plant[J]. IOP Conf. Series: Earth and Environmental Science, 2012,15:32034.
[166] 游光华，孔令华，刘德有. 天荒坪抽水蓄能电站水泵水轮机"S"形特性及其对策[J]. 水力发电学报，2006,25(6):136-139.
[167] 刘德有，孙华平，游光华，等. 含 MGV 装置的可逆机组过渡过程计算数学模型[J]. 河海大学学报(自然科学版)，2007,35(4):448-451.
[168] 邵卫云，毛根海. 导叶不同步装置降低蜗壳进口压力的机理研究[J]. 水力发电学报，2005,24(2):40-45.
[169] HASMATUCHI V, FARHAT M, ROTH S. Experimental evidence of rotating stall in a pump-turbine at off-design conditions in generating mode[J]. ASME Journal of Fluids Engineering, 2011,133:511045.
[170] 徐岚. 水泵水轮机内部流动可视化与图像处理方法研究[D]. 郑州：华北水利水电学院，2002.
[171] EMMONS W, KRONAUER H. A survey of stall propagation—experiment and theory[J]. Trans ASME, J. Basic Engng, 1959, 81: 409-416.
[172] FAY A A. Analysis of low-frequency pulsations in Francis turbines[J]. IOP Conference Series: Earth and Environmental Science, 2010,12(1):12015.
[173] SANO T, YOSHIDA Y, TSUJIMOTO Y. Numerical study of rotating stall in a pump vaned diffuser[J]. ASME Journal of Fluids Engineering, 2002,124:363-370.
[174] 冯志鹏，褚福磊. 基于 Hilbert-Huang 变换的水轮机非平稳压力脉动信号分析[J]. 中国电机工程学报，2005,25(10).
[175] 李章超，常近时，辛喆. 射水减弱混流式水轮机尾水管内压力脉动的数值模拟[J]. 农业机械学报，2013,44(1):53-57.
[176] 季斌，罗先武，西道弘，等. 混流式水轮机涡带工况下两级动静干涉及其压力脉动传播特性分析[J]. 水力发电学报，2014,33(1):191-196.
[177] 桂中华，常玉红，柴小龙，等. 混流式水轮机压力脉动与振动稳定性研究进展[J]. 大电机技术，2014,6:61-65.
[178] 李万，钱忠东，郜元勇. 4 种湍流模型对混流式水轮机压力脉动模拟的比较[J]. 武汉大学学报(工学版)，2013,46(2):174-179.
[179] 杨锋，栾国森，邓长虹. 水轮机调速系统的混沌特征—控制器参数的影响[J]. 武汉水利电力大学(宜昌)学报，1999,21(3):230-234.

[180] 凌代俭. 水轮机调节系统分岔与混沌特性的研究[D]. 南京：河海大学博士学位论文，2007.

[181] 陈帝伊，杨朋超，马孝义，等. 水轮机调节系统的混沌现象分析及控制[J]. 中国电机工程学报，2011,31(14):113-120.

[182] 程宝清，韩凤琴，桂中华. 基于小波的灰色预测理论在水电机组故障预测中的应用[J]. 电网技术，2005,29(13):40-44.

[183] 宁伟征. 偏心射流强化流体混沌混合的研究[D]. 重庆：重庆大学硕士学位论文，2012.

[184] 邵杰，刘树红，吴墒锋，等. 轴流式模型水轮机压力脉动试验与数值计算预测[J]. 工程热物理学报，2008,29(5):783-786.

[185] 刘云侠，杨国诗，贾群. 基于双提升小波的自适应混沌信号降噪[J]. 电子学报，2011,39(1):13-17.

[186] CAWLEY R, HSU G H. Local-geometric-projection method for noise reduction in chaotic maps and flows[J]. Physical Review A, 1992,46(6):3067-3082.

[187] TAKENS F. Detecting strange attractors in turbulence[J]. Dynamical Systems and Turbulence (Lecture Notes in Mathematics), 1981,898:366-381.

[188] KOCK F, HERWIG H. Local entropy production in turbulent shear flows[J]. International Journal of Heat and Mass Transfer, 2004,47:2205-2215.

[189] MATHIEU J, SCOTT J. An introduction to turbulent flow[M]. Cambridge University Press, 2000.

[190] 宫汝志. 水轮机水力激励及转子系统振动问题研究[D]. 哈尔滨：哈尔滨工业大学博士学位论文，2013.

哈尔滨工业大学出版社刘培杰数学工作室已出版(即将出版)图书目录

书　名	出版时间	定　价	编号
新编中学数学解题方法全书(高中版)上卷	2007-09	38.00	7
新编中学数学解题方法全书(高中版)中卷	2007-09	48.00	8
新编中学数学解题方法全书(高中版)下卷(一)	2007-09	42.00	17
新编中学数学解题方法全书(高中版)下卷(二)	2007-09	38.00	18
新编中学数学解题方法全书(高中版)下卷(三)	2010-06	58.00	73
新编中学数学解题方法全书(初中版)上卷	2008-01	28.00	29
新编中学数学解题方法全书(初中版)中卷	2010-07	38.00	75
新编中学数学解题方法全书(高考复习卷)	2010-01	48.00	67
新编中学数学解题方法全书(高考真题卷)	2010-01	38.00	62
新编中学数学解题方法全书(高考精华卷)	2011-03	68.00	118
新编平面解析几何解题方法全书(专题讲座卷)	2010-01	18.00	61
新编中学数学解题方法全书(自主招生卷)	2013-08	88.00	261
数学眼光透视	2008-01	38.00	24
数学思想领悟	2008-01	38.00	25
数学应用展观	2008-01	38.00	26
数学建模导引	2008-01	28.00	23
数学方法溯源	2008-01	38.00	27
数学史话览胜	2008-01	28.00	28
数学思维技术	2013-09	38.00	260
从毕达哥拉斯到怀尔斯	2007-10	48.00	9
从迪利克雷到维斯卡尔迪	2008-01	48.00	21
从哥德巴赫到陈景润	2008-05	98.00	35
从庞加莱到佩雷尔曼	2011-08	138.00	136
数学奥林匹克与数学文化(第一辑)	2006-05	48.00	4
数学奥林匹克与数学文化(第二辑)(竞赛卷)	2008-01	48.00	19
数学奥林匹克与数学文化(第二辑)(文化卷)	2008-07	58.00	36′
数学奥林匹克与数学文化(第三辑)(竞赛卷)	2010-01	48.00	59
数学奥林匹克与数学文化(第四辑)(竞赛卷)	2011-08	58.00	87
数学奥林匹克与数学文化(第五辑)	2015-06	98.00	370

哈尔滨工业大学出版社刘培杰数学工作室已出版(即将出版)图书目录

书　名	出版时间	定　价	编号
世界著名平面几何经典著作钩沉——几何作图专题卷(上)	2009-06	48.00	49
世界著名平面几何经典著作钩沉——几何作图专题卷(下)	2011-01	88.00	80
世界著名平面几何经典著作钩沉(民国平面几何老课本)	2011-03	38.00	113
世界著名平面几何经典著作钩沉(建国初期平面三角老课本)	2015-08	38.00	507
世界著名解析几何经典著作钩沉——平面解析几何卷	2014-01	38.00	264
世界著名数论经典著作钩沉(算术卷)	2012-01	28.00	125
世界著名数学经典著作钩沉——立体几何卷	2011-02	28.00	88
世界著名三角学经典著作钩沉(平面三角卷Ⅰ)	2010-06	28.00	69
世界著名三角学经典著作钩沉(平面三角卷Ⅱ)	2011-01	38.00	78
世界著名初等数论经典著作钩沉(理论和实用算术卷)	2011-07	38.00	126

书　名	出版时间	定　价	编号
发展空间想象力	2010-01	38.00	57
走向国际数学奥林匹克的平面几何试题诠释(上、下)(第1版)	2007-01	68.00	11,12
走向国际数学奥林匹克的平面几何试题诠释(上、下)(第2版)	2010-02	98.00	63,64
平面几何证明方法全书	2007-08	35.00	1
平面几何证明方法全书习题解答(第1版)	2005-10	18.00	2
平面几何证明方法全书习题解答(第2版)	2006-12	18.00	10
平面几何天天练上卷·基础篇(直线型)	2013-01	58.00	208
平面几何天天练中卷·基础篇(涉及圆)	2013-01	28.00	234
平面几何天天练下卷·提高篇	2013-01	58.00	237
平面几何专题研究	2013-07	98.00	258
最新世界各国数学奥林匹克中的平面几何试题	2007-09	38.00	14
数学竞赛平面几何典型题及新颖解	2010-07	48.00	74
初等数学复习及研究(平面几何)	2008-09	58.00	38
初等数学复习及研究(立体几何)	2010-06	38.00	71
初等数学复习及研究(平面几何)习题解答	2009-01	48.00	42
几何学教程(平面几何卷)	2011-03	68.00	90
几何学教程(立体几何卷)	2011-07	68.00	130
几何变换与几何证题	2010-06	88.00	70
计算方法与几何证题	2011-06	28.00	129
立体几何技巧与方法	2014-04	88.00	293
几何瑰宝——平面几何500名题暨1000条定理(上、下)	2010-07	138.00	76,77
三角形的解法与应用	2012-07	18.00	183
近代的三角形几何学	2012-07	48.00	184
一般折线几何学	2015-08	48.00	203
三角形的五心	2009-06	28.00	51
三角形的六心及其应用	2015-10	68.00	542
三角形趣谈	2012-08	28.00	212
解三角形	2014-01	28.00	265
三角学专门教程	2014-09	28.00	387

哈尔滨工业大学出版社刘培杰数学工作室 已出版(即将出版)图书目录

书　　名	出版时间	定　价	编号
距离几何分析导引	2015－02	68.00	446
圆锥曲线习题集(上册)	2013－06	68.00	255
圆锥曲线习题集(中册)	2015－01	78.00	434
圆锥曲线习题集(下册)	即将出版		
论九点圆	2015－05	88.00	645
近代欧氏几何学	2012－03	48.00	162
罗巴切夫斯基几何学及几何基础概要	2012－07	28.00	188
罗巴切夫斯基几何学初步	2015－06	28.00	474
用三角、解析几何、复数、向量计算解数学竞赛几何题	2015－03	48.00	455
美国中学几何教程	2015－04	88.00	458
三线坐标与三角形特征点	2015－04	98.00	460
平面解析几何方法与研究(第1卷)	2015－05	18.00	471
平面解析几何方法与研究(第2卷)	2015－06	18.00	472
平面解析几何方法与研究(第3卷)	2015－07	18.00	473
解析几何研究	2015－01	38.00	425
解析几何学教程.上	2016－01	38.00	574
解析几何学教程.下	2016－01	38.00	575
几何学基础	2016－01	58.00	581
初等几何研究	2015－02	58.00	444
俄罗斯平面几何问题集	2009－08	88.00	55
俄罗斯立体几何问题集	2014－03	58.00	283
俄罗斯几何大师——沙雷金论数学及其他	2014－01	48.00	271
来自俄罗斯的5000道几何习题及解答	2011－03	58.00	89
俄罗斯初等数学问题集	2012－05	38.00	177
俄罗斯函数问题集	2011－03	38.00	103
俄罗斯组合分析问题集	2011－01	48.00	79
俄罗斯初等数学万题选——三角卷	2012－11	38.00	222
俄罗斯初等数学万题选——代数卷	2013－08	68.00	225
俄罗斯初等数学万题选——几何卷	2014－01	68.00	226
463个俄罗斯几何老问题	2012－01	28.00	152
超越吉米多维奇.数列的极限	2009－11	48.00	58
超越普里瓦洛夫.留数卷	2015－01	28.00	437
超越普里瓦洛夫.无穷乘积与它对解析函数的应用卷	2015－05	28.00	477
超越普里瓦洛夫.积分卷	2015－06	18.00	481
超越普里瓦洛夫.基础知识卷	2015－06	28.00	482
超越普里瓦洛夫.数项级数卷	2015－07	38.00	489
初等数论难题集(第一卷)	2009－05	68.00	44
初等数论难题集(第二卷)(上、下)	2011－02	128.00	82,83
数论概貌	2011－03	18.00	93
代数数论(第二版)	2013－08	58.00	94
代数多项式	2014－06	38.00	289
初等数论的知识与问题	2011－02	28.00	95
超越数论基础	2011－03	28.00	96
数论初等教程	2011－03	28.00	97
数论基础	2011－03	18.00	98
数论基础与维诺格拉多夫	2014－03	18.00	292

哈尔滨工业大学出版社刘培杰数学工作室已出版(即将出版)图书目录

书　名	出版时间	定　价	编号
解析数论基础	2012－08	28.00	216
解析数论基础(第二版)	2014－01	48.00	287
解析数论问题集(第二版)(原版引进)	2014－05	88.00	343
解析数论问题集(第二版)(中译本)	2016－04	88.00	607
数论入门	2011－03	38.00	99
代数数论入门	2015－03	38.00	448
数论开篇	2012－07	28.00	194
解析数论引论	2011－03	48.00	100
Barban Davenport Halberstam 均值和	2009－01	40.00	33
基础数论	2011－03	28.00	101
初等数论 100 例	2011－05	18.00	122
初等数论经典例题	2012－07	18.00	204
最新世界各国数学奥林匹克中的初等数论试题(上、下)	2012－01	138.00	144,145
初等数论(Ⅰ)	2012－01	18.00	156
初等数论(Ⅱ)	2012－01	18.00	157
初等数论(Ⅲ)	2012－01	28.00	158
平面几何与数论中未解决的新老问题	2013－01	68.00	229
代数数论简史	2014－11	28.00	408
代数数论	2015－09	88.00	532
数论导引提要及习题解答	2016－01	48.00	559
谈谈素数	2011－03	18.00	91
平方和	2011－03	18.00	92
复变函数引论	2013－10	68.00	269
伸缩变换与抛物旋转	2015－01	38.00	449
无穷分析引论(上)	2013－04	88.00	247
无穷分析引论(下)	2013－04	98.00	245
数学分析	2014－04	28.00	338
数学分析中的一个新方法及其应用	2013－01	38.00	231
数学分析例选:通过范例学技巧	2013－01	88.00	243
高等代数例选:通过范例学技巧	2015－06	88.00	475
三角级数论(上册)(陈建功)	2013－01	38.00	232
三角级数论(下册)(陈建功)	2013－01	48.00	233
三角级数论(哈代)	2013－06	48.00	254
三角级数	2015－07	28.00	263
超越数	2011－03	18.00	109
三角和方法	2011－03	18.00	112
整数论	2011－05	38.00	120
从整数谈起	2015－10	28.00	538
随机过程(Ⅰ)	2014－01	78.00	224
随机过程(Ⅱ)	2014－01	68.00	235
算术探索	2011－12	158.00	148
组合数学	2012－04	28.00	178
组合数学浅谈	2012－03	28.00	159
丢番图方程引论	2012－03	48.00	172
拉普拉斯变换及其应用	2015－02	38.00	447
高等代数.上	2016－01	38.00	548
高等代数.下	2016－01	38.00	549
高等代数教程	2016－01	58.00	579

哈尔滨工业大学出版社刘培杰数学工作室 已出版(即将出版)图书目录

书　名	出版时间	定　价	编号
数学解析教程.上卷.1	2016－01	58.00	546
数学解析教程.上卷.2	2016－01	38.00	553
函数构造论.上	2016－01	38.00	554
函数构造论.下	即将出版		555
数与多项式	2016－01	38.00	558
概周期函数	2016－01	48.00	572
变叙的项的极限分布律	2016－01	18.00	573
整函数	2012－08	18.00	161
近代拓扑学研究	2013－04	38.00	239
多项式和无理数	2008－01	68.00	22
模糊数据统计学	2008－03	48.00	31
模糊分析学与特殊泛函空间	2013－01	68.00	241
谈谈不定方程	2011－05	28.00	119
常微分方程	2016－01	58.00	586
平稳随机函数导论	2016－03	48.00	587
量子力学原理・上	2016－01	38.00	588
图与矩阵	2014－08	40.00	644
受控理论与解析不等式	2012－05	78.00	165
解析不等式新论	2009－06	68.00	48
建立不等式的方法	2011－03	98.00	104
数学奥林匹克不等式研究	2009－08	68.00	56
不等式研究(第二辑)	2012－02	68.00	153
不等式的秘密(第一卷)	2012－02	28.00	154
不等式的秘密(第一卷)(第2版)	2014－02	38.00	286
不等式的秘密(第二卷)	2014－01	38.00	268
初等不等式的证明方法	2010－06	38.00	123
初等不等式的证明方法(第二版)	2014－11	38.00	407
不等式・理论・方法(基础卷)	2015－07	38.00	496
不等式・理论・方法(经典不等式卷)	2015－07	38.00	497
不等式・理论・方法(特殊类型不等式卷)	2015－07	48.00	498
不等式的分拆降维降幂方法与可读证明	2016－01	68.00	591
不等式探究	2016－03	38.00	582
同余理论	2012－05	38.00	163
[x]与{x}	2015－04	48.00	476
极值与最值.上卷	2015－06	28.00	486
极值与最值.中卷	2015－06	38.00	487
极值与最值.下卷	2015－06	28.00	488
整数的性质	2012－11	38.00	192
完全平方数及其应用	2015－08	78.00	506
多项式理论	2015－10	88.00	541
历届美国中学生数学竞赛试题及解答(第一卷)1950－1954	2014－07	18.00	277
历届美国中学生数学竞赛试题及解答(第二卷)1955－1959	2014－04	18.00	278
历届美国中学生数学竞赛试题及解答(第三卷)1960－1964	2014－06	18.00	279
历届美国中学生数学竞赛试题及解答(第四卷)1965－1969	2014－04	28.00	280
历届美国中学生数学竞赛试题及解答(第五卷)1970－1972	2014－06	18.00	281
历届美国中学生数学竞赛试题及解答(第七卷)1981－1986	2015－01	18.00	424

哈尔滨工业大学出版社刘培杰数学工作室
已出版(即将出版)图书目录

书　　名	出版时间	定　价	编号
历届 IMO 试题集(1959—2005)	2006—05	58.00	5
历届 CMO 试题集	2008—09	28.00	40
历届中国数学奥林匹克试题集	2014—10	38.00	394
历届加拿大数学奥林匹克试题集	2012—08	38.00	215
历届美国数学奥林匹克试题集:多解推广加强	2012—08	38.00	209
历届美国数学奥林匹克试题集:多解推广加强(第 2 版)	2016—03	48.00	592
历届波兰数学竞赛试题集. 第 1 卷,1949～1963	2015—03	18.00	453
历届波兰数学竞赛试题集. 第 2 卷,1964～1976	2015—03	18.00	454
历届巴尔干数学奥林匹克试题集	2015—05	38.00	466
保加利亚数学奥林匹克	2014—10	38.00	393
圣彼得堡数学奥林匹克试题集	2015—01	38.00	429
匈牙利奥林匹克数学竞赛题解. 第 1 卷	2016—05	28.00	593
匈牙利奥林匹克数学竞赛题解. 第 2 卷	2016—05	28.00	594
历届国际大学生数学竞赛试题集(1994—2010)	2012—01	28.00	143
全国大学生数学夏令营数学竞赛试题及解答	2007—03	28.00	15
全国大学生数学竞赛辅导教程	2012—07	28.00	189
全国大学生数学竞赛复习全书	2014—04	48.00	340
历届美国大学生数学竞赛试题集	2009—03	88.00	43
前苏联大学生数学奥林匹克竞赛题解(上编)	2012—04	28.00	169
前苏联大学生数学奥林匹克竞赛题解(下编)	2012—04	38.00	170
历届美国数学邀请赛试题集	2014—01	48.00	270
全国高中数学竞赛试题及解答. 第 1 卷	2014—07	38.00	331
大学生数学竞赛讲义	2014—09	28.00	371
亚太地区数学奥林匹克竞赛题	2015—07	18.00	492
日本历届(初级)广中杯数学竞赛试题及解答. 第 1 卷(2000～2007)	2016—05	28.00	641
日本历届(初级)广中杯数学竞赛试题及解答. 第 2 卷(2008～2015)	2016—05	38.00	642

书　　名	出版时间	定　价	编号
高考数学临门一脚(含密押三套卷)(理科版)	2015—01	24.80	421
高考数学临门一脚(含密押三套卷)(文科版)	2015—01	24.80	422
新课标高考数学题型全归纳(文科版)	2015—05	72.00	467
新课标高考数学题型全归纳(理科版)	2015—05	82.00	468
洞穿高考数学解答题核心考点(理科版)	2015—11	49.80	550
洞穿高考数学解答题核心考点(文科版)	2015—11	46.80	551
高考数学题型全归纳:文科版.上	2016—05	53.00	663
高考数学题型全归纳:文科版.下	2016—05	53.00	664
高考数学题型全归纳:理科版.上	2016—05	58.00	665
高考数学题型全归纳:理科版.下	2016—05	58.00	666
王连笑教你怎样学数学:高考选择题解题策略与客观题实用训练	2014—01	48.00	262
王连笑教你怎样学数学:高考数学高层次讲座	2015—02	48.00	432
高考数学的理论与实践	2009—08	38.00	53
高考数学核心题型解题方法与技巧	2010—01	28.00	86
高考思维新平台	2014—03	38.00	259
30 分钟拿下高考数学选择题、填空题(第二版)	2012—01	28.00	146
高考数学压轴题解题诀窍(上)	2012—02	78.00	166
高考数学压轴题解题诀窍(下)	2012—03	28.00	167
北京市五区文科数学三年高考模拟题详解:2013～2015	2015—08	48.00	500

哈尔滨工业大学出版社刘培杰数学工作室已出版(即将出版)图书目录

书　　名	出版时间	定　价	编号
北京市五区理科数学三年高考模拟题详解:2013～2015	2015－09	68.00	505
向量法巧解数学高考题	2009－08	28.00	54
高考数学万能解题法	2015－09	28.00	534
高考物理万能解题法	2015－09	28.00	537
高考化学万能解题法	2015－11	25.00	557
高考生物万能解题法	2016－03	25.00	598
高考数学解题金典	2016－04	68.00	602
高考物理解题金典	2016－03	58.00	603
高考化学解题金典	2016－04	48.00	604
高考生物解题金典	即将出版		605
我一定要赚分:高中物理	2016－01	38.00	580
数学高考参考	2016－01	78.00	589
2011～2015 年全国及各省市高考数学文科精品试题审题要津与解法研究	2015－10	68.00	539
2011～2015 年全国及各省市高考数学理科精品试题审题要津与解法研究	2015－10	88.00	540
最新全国及各省市高考数学试卷解法研究及点拨评析	2009－02	38.00	41
2011 年全国及各省市高考数学试题审题要津与解法研究	2011－10	48.00	139
2013 年全国及各省市高考数学试题解析与点评	2014－01	48.00	282
全国及各省市高考数学试题审题要津与解法研究	2015－02	48.00	450
新课标高考数学——五年试题分章详解(2007～2011)(上、下)	2011－10	78.00	140,141
全国中考数学压轴题审题要津与解法研究	2013－04	78.00	248
新编全国及各省市中考数学压轴题审题要津与解法研究	2014－05	58.00	342
全国及各省市 5 年中考数学压轴题审题要津与解法研究	2015－04	58.00	462
中考数学专题总复习	2007－04	28.00	6
中考数学较难题、难题常考题型解题方法与技巧.上	2016－01	48.00	584
中考数学较难题、难题常考题型解题方法与技巧.下	2016－01	58.00	585
北京中考数学压轴题解题方法突破	2016－03	38.00	597
助你高考成功的数学解题智慧:知识是智慧的基础	2016－01	58.00	596
助你高考成功的数学解题智慧:错误是智慧的试金石	2016－04	58.00	643
助你高考成功的数学解题智慧:方法是智慧的推手	2016－04	68.00	657
高考数学奇思妙解	2016－04	38.00	610
新编 640 个世界著名数学智力趣题	2014－01	88.00	242
500 个最新世界著名数学智力趣题	2008－06	48.00	3
400 个最新世界著名数学最值问题	2008－09	48.00	36
500 个世界著名数学征解问题	2009－06	48.00	52
400 个中国最佳初等数学征解老问题	2010－01	48.00	60
500 个俄罗斯数学经典老题	2011－01	28.00	81
1000 个国外中学物理好题	2012－04	48.00	174
300 个日本高考数学题	2012－05	38.00	142
500 个前苏联早期高考数学试题及解答	2012－05	28.00	185
546 个早期俄罗斯大学生数学竞赛题	2014－03	38.00	285
548 个来自美苏的数学好问题	2014－11	28.00	396
20 所苏联著名大学早期入学试题	2015－02	18.00	452
161 道德国工科大学生必做的微分方程习题	2015－05	28.00	469
500 个德国工科大学生必做的高数习题	2015－06	28.00	478
德国讲义日本考题.微积分卷	2015－04	48.00	456
德国讲义日本考题.微分方程卷	2015－04	38.00	457

哈尔滨工业大学出版社刘培杰数学工作室 已出版(即将出版)图书目录

书　名	出版时间	定　价	编号
中国初等数学研究　2009卷(第1辑)	2009－05	20.00	45
中国初等数学研究　2010卷(第2辑)	2010－05	30.00	68
中国初等数学研究　2011卷(第3辑)	2011－07	60.00	127
中国初等数学研究　2012卷(第4辑)	2012－07	48.00	190
中国初等数学研究　2014卷(第5辑)	2014－02	48.00	288
中国初等数学研究　2015卷(第6辑)	2015－06	68.00	493
中国初等数学研究　2016卷(第7辑)	2016－04	68.00	609
几何变换(Ⅰ)	2014－07	28.00	353
几何变换(Ⅱ)	2015－06	28.00	354
几何变换(Ⅲ)	2015－01	38.00	355
几何变换(Ⅳ)	2015－12	38.00	356
博弈论精粹	2008－03	58.00	30
博弈论精粹.第二版(精装)	2015－01	88.00	461
数学 我爱你	2008－01	28.00	20
精神的圣徒　别样的人生——60位中国数学家成长的历程	2008－09	48.00	39
数学史概论	2009－06	78.00	50
数学史概论(精装)	2013－03	158.00	272
数学史选讲	2016－01	48.00	544
斐波那契数列	2010－02	28.00	65
数学拼盘和斐波那契魔方	2010－07	38.00	72
斐波那契数列欣赏	2011－01	28.00	160
数学的创造	2011－02	48.00	85
数学美与创造力	2016－01	48.00	595
数海拾贝	2016－01	48.00	590
数学中的美	2011－02	38.00	84
数论中的美学	2014－12	38.00	351
数学王者　科学巨人——高斯	2015－01	28.00	428
振兴祖国数学的圆梦之旅:中国初等数学研究史话	2015－06	78.00	490
二十世纪中国数学史料研究	2015－10	48.00	536
数字谜、数阵图与棋盘覆盖	2016－01	58.00	298
时间的形状	2016－01	38.00	556
数学解题——靠数学思想给力(上)	2011－07	38.00	131
数学解题——靠数学思想给力(中)	2011－07	48.00	132
数学解题——靠数学思想给力(下)	2011－07	38.00	133
我怎样解题	2013－01	48.00	227
数学解题中的物理方法	2011－06	28.00	114
数学解题的特殊方法	2011－06	48.00	115
中学数学计算技巧	2012－01	48.00	116
中学数学证明方法	2012－01	58.00	117
数学趣题巧解	2012－03	28.00	128
高中数学教学通鉴	2015－05	58.00	479
和高中生漫谈:数学与哲学的故事	2014－08	28.00	369
自主招生考试中的参数方程问题	2015－01	28.00	435
自主招生考试中的极坐标问题	2015－04	28.00	463
近年全国重点大学自主招生数学试题全解及研究.华约卷	2015－02	38.00	441
近年全国重点大学自主招生数学试题全解及研究.北约卷	2016－05	38.00	619
自主招生数学解证宝典	2015－09	48.00	535

哈尔滨工业大学出版社刘培杰数学工作室已出版(即将出版)图书目录

书　　名	出版时间	定　价	编号
格点和面积	2012－07	18.00	191
射影几何趣谈	2012－04	28.00	175
斯潘纳尔引理——从一道加拿大数学奥林匹克试题谈起	2014－01	28.00	228
李普希兹条件——从几道近年高考数学试题谈起	2012－10	18.00	221
拉格朗日中值定理——从一道北京高考试题的解法谈起	2015－10	18.00	197
闵科夫斯基定理——从一道清华大学自主招生试题谈起	2014－01	28.00	198
哈尔测度——从一道冬令营试题的背景谈起	2012－08	28.00	202
切比雪夫逼近问题——从一道中国台北数学奥林匹克试题谈起	2013－04	38.00	238
伯恩斯坦多项式与贝齐尔曲面——从一道全国高中数学联赛试题谈起	2013－03	38.00	236
卡塔兰猜想——从一道普特南竞赛试题谈起	2013－06	18.00	256
麦卡锡函数和阿克曼函数——从一道前南斯拉夫数学奥林匹克试题谈起	2012－08	18.00	201
贝蒂定理与拉姆贝克莫斯尔定理——从一个拣石子游戏谈起	2012－08	18.00	217
皮亚诺曲线和豪斯道夫分球定理——从无限集谈起	2012－08	18.00	211
平面凸图形与凸多面体	2012－10	28.00	218
斯坦因豪斯问题——从一道二十五省市自治区中学数学竞赛试题谈起	2012－07	18.00	196
纽结理论中的亚历山大多项式与琼斯多项式——从一道北京市高一数学竞赛试题谈起	2012－07	28.00	195
原则与策略——从波利亚“解题表”谈起	2013－04	38.00	244
转化与化归——从三大尺规作图不能问题谈起	2012－08	28.00	214
代数几何中的贝祖定理(第一版)——从一道 IMO 试题的解法谈起	2013－08	18.00	193
成功连贯理论与约当块理论——从一道比利时数学竞赛试题谈起	2012－04	18.00	180
素数判定与大数分解	2014－08	18.00	199
置换多项式及其应用	2012－10	18.00	220
椭圆函数与模函数——从一道美国加州大学洛杉矶分校(UCLA)博士资格考题谈起	2012－10	28.00	219
差分方程的拉格朗日方法——从一道 2011 年全国高考理科试题的解法谈起	2012－08	28.00	200
力学在几何中的一些应用	2013－01	38.00	240
高斯散度定理、斯托克斯定理和平面格林定理——从一道国际大学生数学竞赛试题谈起	即将出版		
康托洛维奇不等式——从一道全国高中联赛试题谈起	2013－03	28.00	337
西格尔引理——从一道第 18 届 IMO 试题的解法谈起	即将出版		
罗斯定理——从一道前苏联数学竞赛试题谈起	即将出版		
拉克斯定理和阿廷定理——从一道 IMO 试题的解法谈起	2014－01	58.00	246
毕卡大定理——从一道美国大学数学竞赛试题谈起	2014－07	18.00	350
贝齐尔曲线——从一道全国高中联赛试题谈起	即将出版		
拉格朗日乘子定理——从一道 2005 年全国高中联赛试题的高等数学解法谈起	2015－05	28.00	480
雅可比定理——从一道日本数学奥林匹克试题谈起	2013－04	48.00	249
李天岩一约克定理——从一道波兰数学竞赛试题谈起	2014－06	28.00	349
整系数多项式因式分解的一般方法——从克朗耐克算法谈起	即将出版		
布劳维不动点定理——从一道前苏联数学奥林匹克试题谈起	2014－01	38.00	273
伯恩赛德定理——从一道英国数学奥林匹克试题谈起	即将出版		
布查特－莫斯特定理——从一道上海市初中竞赛试题谈起	即将出版		

哈尔滨工业大学出版社刘培杰数学工作室 已出版(即将出版)图书目录

书　名	出版时间	定　价	编号
数论中的同余数问题——从一道普特南竞赛试题谈起	即将出版		
范·德蒙行列式——从一道美国数学奥林匹克试题谈起	即将出版		
中国剩余定理:总数法构建中国历史年表	2015-01	28.00	430
牛顿程序与方程求根——从一道全国高考试题解法谈起	即将出版		
库默尔定理——从一道 IMO 预选试题谈起	即将出版		
卢丁定理——从一道冬令营试题的解法谈起	即将出版		
沃斯滕霍姆定理——从一道 IMO 预选试题谈起	即将出版		
卡尔松不等式——从一道莫斯科数学奥林匹克试题谈起	即将出版		
信息论中的香农熵——从一道近年高考压轴题谈起	即将出版		
约当不等式——从一道希望杯竞赛试题谈起	即将出版		
拉比诺维奇定理	即将出版		
刘维尔定理——从一道《美国数学月刊》征解问题的解法谈起	即将出版		
卡塔兰恒等式与级数求和——从一道 IMO 试题的解法谈起	即将出版		
勒让德猜想与素数分布——从一道爱尔兰竞赛试题谈起	即将出版		
天平称重与信息论——从一道基辅市数学奥林匹克试题谈起	即将出版		
哈密尔顿-凯莱定理:从一道高中数学联赛试题的解法谈起	2014-09	18.00	376
艾思特曼定理——从一道 CMO 试题的解法谈起	即将出版		
一个爱尔特希问题——从一道西德数学奥林匹克试题谈起	即将出版		
有限群中的爱丁格尔问题——从一道北京市初中二年级数学竞赛试题谈起	即将出版		
贝克码与编码理论——从一道全国高中联赛试题谈起	即将出版		
帕斯卡三角形	2014-03	18.00	294
蒲丰投针问题——从 2009 年清华大学的一道自主招生试题谈起	2014-01	38.00	295
斯图姆定理——从一道"华约"自主招生试题的解法谈起	2014-01	18.00	296
许瓦兹引理——从一道加利福尼亚大学伯克利分校数学系博士生试题谈起	2014-08	18.00	297
拉姆塞定理——从王诗宬院士的一个问题谈起	2016-04	48.00	299
坐标法	2013-12	28.00	332
数论三角形	2014-04	38.00	341
毕克定理	2014-07	18.00	352
数林掠影	2014-09	48.00	389
我们周围的概率	2014-10	38.00	390
凸函数最值定理:从一道华约自主招生题的解法谈起	2014-10	28.00	391
易学与数学奥林匹克	2014-10	38.00	392
生物数学趣谈	2015-01	18.00	409
反演	2015-01	28.00	420
因式分解与圆锥曲线	2015-01	18.00	426
轨迹	2015-01	28.00	427
面积原理:从常庚哲命的一道 CMO 试题的积分解法谈起	2015-01	48.00	431
形形色色的不动点定理:从一道 28 届 IMO 试题谈起	2015-01	38.00	439
柯西函数方程:从一道上海交大自主招生的试题谈起	2015-02	28.00	440
三角恒等式	2015-02	28.00	442
无理性判定:从一道 2014 年"北约"自主招生试题谈起	2015-01	38.00	443
数学归纳法	2015-03	18.00	451
极端原理与解题	2015-04	28.00	464
法雷级数	2014-08	18.00	367
摆线族	2015-01	38.00	438
函数方程及其解法	2015-05	38.00	470
含参数的方程和不等式	2012-09	28.00	213
希尔伯特第十问题	2016-01	38.00	543
无穷小量的求和	2016-01	28.00	545
切比雪夫多项式:从一道清华大学金秋营试题谈起	2016-01	38.00	583

哈尔滨工业大学出版社刘培杰数学工作室已出版（即将出版）图书目录

书　名	出版时间	定　价	编号
泽肯多夫定理	2016－03	38.00	599
代数等式证题法	2016－01	28.00	600
三角等式证题法	2016－01	28.00	601
吴大任教授藏书中的一个因式分解公式：从一道美国数学邀请赛试题的解法谈起	2016－06	28.00	656

书　名	出版时间	定　价	编号
中等数学英语阅读文选	2006－12	38.00	13
统计学专业英语	2007－03	28.00	16
统计学专业英语（第二版）	2012－07	48.00	176
统计学专业英语（第三版）	2015－04	68.00	465
幻方和魔方（第一卷）	2012－05	68.00	173
尘封的经典——初等数学经典文献选读（第一卷）	2012－07	48.00	205
尘封的经典——初等数学经典文献选读（第二卷）	2012－07	38.00	206
代换分析：英文	2015－07	38.00	499

书　名	出版时间	定　价	编号
实变函数论	2012－06	78.00	181
复变函数论	2015－08	38.00	504
非光滑优化及其变分分析	2014－01	48.00	230
疏散的马尔科夫链	2014－01	58.00	266
马尔科夫过程论基础	2015－01	28.00	433
初等微分拓扑学	2012－07	18.00	182
方程式论	2011－03	38.00	105
初级方程式论	2011－03	28.00	106
Galois 理论	2011－03	18.00	107
古典数学难题与伽罗瓦理论	2012－11	58.00	223
伽罗华与群论	2014－01	28.00	290
代数方程的根式解及伽罗瓦理论	2011－03	28.00	108
代数方程的根式解及伽罗瓦理论（第二版）	2015－01	28.00	423
线性偏微分方程讲义	2011－03	18.00	110
几类微分方程数值方法的研究	2015－05	38.00	485
N 体问题的周期解	2011－03	28.00	111
代数方程式论	2011－05	18.00	121
动力系统的不变量与函数方程	2011－07	48.00	137
基于短语评价的翻译知识获取	2012－02	48.00	168
应用随机过程	2012－04	48.00	187
概率论导引	2012－04	18.00	179
矩阵论（上）	2013－06	58.00	250
矩阵论（下）	2013－06	48.00	251
对称锥互补问题的内点法：理论分析与算法实现	2014－08	68.00	368
抽象代数：方法导引	2013－06	38.00	257
集论	2016－01	48.00	576
多项式理论研究综述	2016－01	38.00	577
函数论	2014－11	78.00	395
反问题的计算方法及应用	2011－11	28.00	147
初等数学研究（Ⅰ）	2008－09	68.00	37
初等数学研究（Ⅱ）（上、下）	2009－05	118.00	46,47
数阵及其应用	2012－02	28.00	164
绝对值方程—折边与组合图形的解析研究	2012－07	48.00	186
代数函数论（上）	2015－07	38.00	494
代数函数论（下）	2015－07	38.00	495
偏微分方程论：法文	2015－10	48.00	533
时标动力学方程的指数型二分性与周期解	2016－04	48.00	606
重刚体绕不动点运动方程的积分法	2016－05	68.00	608
水轮机水力稳定性	2016－05	48.00	620

哈尔滨工业大学出版社刘培杰数学工作室已出版(即将出版)图书目录

书　名	出版时间	定　价	编号
趣味初等方程妙题集锦	2014－09	48.00	388
趣味初等数论选美与欣赏	2015－02	48.00	445
耕读笔记(上卷):一位农民数学爱好者的初数探索	2015－04	28.00	459
耕读笔记(中卷):一位农民数学爱好者的初数探索	2015－05	28.00	483
耕读笔记(下卷):一位农民数学爱好者的初数探索	2015－05	28.00	484
几何不等式研究与欣赏.上卷	2016－01	88.00	547
几何不等式研究与欣赏.下卷	2016－01	48.00	552
初等数列研究与欣赏·上	2016－01	48.00	570
初等数列研究与欣赏·下	2016－01	48.00	571
火柴游戏	2016－05	38.00	612
异曲同工	即将出版		613
智力解谜	即将出版		614
故事智力	即将出版		615
名人们喜欢的智力问题	即将出版		616
数学大师的发现、创造与失误	即将出版		617
数学的味道	即将出版		618
数贝偶拾——高考数学题研究	2014－04	28.00	274
数贝偶拾——初等数学研究	2014－04	38.00	275
数贝偶拾——奥数题研究	2014－04	48.00	276
集合、函数与方程	2014－01	28.00	300
数列与不等式	2014－01	38.00	301
三角与平面向量	2014－01	28.00	302
平面解析几何	2014－01	38.00	303
立体几何与组合	2014－01	28.00	304
极限与导数、数学归纳法	2014－01	38.00	305
趣味数学	2014－03	28.00	306
教材教法	2014－04	68.00	307
自主招生	2014－05	58.00	308
高考压轴题(上)	2015－01	48.00	309
高考压轴题(下)	2014－10	68.00	310
从费马到怀尔斯——费马大定理的历史	2013－10	198.00	Ⅰ
从庞加莱到佩雷尔曼——庞加莱猜想的历史	2013－10	298.00	Ⅱ
从切比雪夫到爱尔特希(上)——素数定理的初等证明	2013－07	48.00	Ⅲ
从切比雪夫到爱尔特希(下)——素数定理 100 年	2012－12	98.00	Ⅲ
从高斯到盖尔方特——二次域的高斯猜想	2013－10	198.00	Ⅳ
从库默尔到朗兰兹——朗兰兹猜想的历史	2014－01	98.00	Ⅴ
从比勃巴赫到德布朗斯——比勃巴赫猜想的历史	2014－02	298.00	Ⅵ
从麦比乌斯到陈省身——麦比乌斯变换与麦比乌斯带	2014－02	298.00	Ⅶ
从布尔到豪斯道夫——布尔方程与格论漫谈	2013－10	198.00	Ⅷ
从开普勒到阿诺德——三体问题的历史	2014－05	298.00	Ⅸ
从华林到华罗庚——华林问题的历史	2013－10	298.00	Ⅹ

哈尔滨工业大学出版社刘培杰数学工作室
已出版(即将出版)图书目录

书　名	出版时间	定　价	编号
吴振奎高等数学解题真经(概率统计卷)	2012－01	38.00	149
吴振奎高等数学解题真经(微积分卷)	2012－01	68.00	150
吴振奎高等数学解题真经(线性代数卷)	2012－01	58.00	151
钱昌本教你快乐学数学(上)	2011－12	48.00	155
钱昌本教你快乐学数学(下)	2012－03	58.00	171
高等数学解题全攻略(上卷)	2013－06	58.00	252
高等数学解题全攻略(下卷)	2013－06	58.00	253
高等数学复习纲要	2014－01	18.00	384
三角函数	2014－01	38.00	311
不等式	2014－01	38.00	312
数列	2014－01	38.00	313
方程	2014－01	28.00	314
排列和组合	2014－01	28.00	315
极限与导数	2014－01	28.00	316
向量	2014－09	38.00	317
复数及其应用	2014－08	28.00	318
函数	2014－01	38.00	319
集合	即将出版		320
直线与平面	2014－01	28.00	321
立体几何	2014－04	28.00	322
解三角形	即将出版		323
直线与圆	2014－01	28.00	324
圆锥曲线	2014－01	38.00	325
解题通法(一)	2014－07	38.00	326
解题通法(二)	2014－07	38.00	327
解题通法(三)	2014－05	38.00	328
概率与统计	2014－01	28.00	329
信息迁移与算法	即将出版		330
三角函数(第2版)	即将出版		627
向量(第2版)	即将出版		628
立体几何(第2版)	2016－04	38.00	630
直线与圆(第2版)	即将出版		632
圆锥曲线(第2版)	即将出版		633
极限与导数(第2版)	2016－04	38.00	636
美国高中数学竞赛五十讲.第1卷(英文)	2014－08	28.00	357
美国高中数学竞赛五十讲.第2卷(英文)	2014－08	28.00	358
美国高中数学竞赛五十讲.第3卷(英文)	2014－09	28.00	359
美国高中数学竞赛五十讲.第4卷(英文)	2014－09	28.00	360
美国高中数学竞赛五十讲.第5卷(英文)	2014－10	28.00	361
美国高中数学竞赛五十讲.第6卷(英文)	2014－11	28.00	362
美国高中数学竞赛五十讲.第7卷(英文)	2014－12	28.00	363
美国高中数学竞赛五十讲.第8卷(英文)	2015－01	28.00	364
美国高中数学竞赛五十讲.第9卷(英文)	2015－01	28.00	365
美国高中数学竞赛五十讲.第10卷(英文)	2015－02	38.00	366

哈尔滨工业大学出版社刘培杰数学工作室 已出版(即将出版)图书目录

书　　名	出版时间	定　价	编号
IMO 50 年.第 1 卷(1959－1963)	2014－11	28.00	377
IMO 50 年.第 2 卷(1964－1968)	2014－11	28.00	378
IMO 50 年.第 3 卷(1969－1973)	2014－09	28.00	379
IMO 50 年.第 4 卷(1974－1978)	2016－04	38.00	380
IMO 50 年.第 5 卷(1979－1984)	2015－04	38.00	381
IMO 50 年.第 6 卷(1985－1989)	2015－04	58.00	382
IMO 50 年.第 7 卷(1990－1994)	2016－01	48.00	383
IMO 50 年.第 8 卷(1995－1999)	2016－06	38.00	384
IMO 50 年.第 9 卷(2000－2004)	2015－04	58.00	385
IMO 50 年.第 10 卷(2005－2009)	2016－01	48.00	386
IMO 50 年.第 11 卷(2010－2015)	即将出版		646
历届美国大学生数学竞赛试题集.第一卷(1938—1949)	2015－01	28.00	397
历届美国大学生数学竞赛试题集.第二卷(1950—1959)	2015－01	28.00	398
历届美国大学生数学竞赛试题集.第三卷(1960—1969)	2015－01	28.00	399
历届美国大学生数学竞赛试题集.第四卷(1970—1979)	2015－01	18.00	400
历届美国大学生数学竞赛试题集.第五卷(1980—1989)	2015－01	28.00	401
历届美国大学生数学竞赛试题集.第六卷(1990—1999)	2015－01	28.00	402
历届美国大学生数学竞赛试题集.第七卷(2000—2009)	2015－08	18.00	403
历届美国大学生数学竞赛试题集.第八卷(2010—2012)	2015－01	18.00	404
新课标高考数学创新题解题诀窍:总论	2014－09	28.00	372
新课标高考数学创新题解题诀窍:必修 1～5 分册	2014－08	38.00	373
新课标高考数学创新题解题诀窍:选修 2－1,2－2,1－1,1－2分册	2014－09	38.00	374
新课标高考数学创新题解题诀窍:选修 2－3,4－4,4－5分册	2014－09	18.00	375
全国重点大学自主招生英文数学试题全攻略:词汇卷	2015－07	48.00	410
全国重点大学自主招生英文数学试题全攻略:概念卷	2015－01	28.00	411
全国重点大学自主招生英文数学试题全攻略:文章选读卷(上)	即将出版		412
全国重点大学自主招生英文数学试题全攻略:文章选读卷(下)	即将出版		413
全国重点大学自主招生英文数学试题全攻略:试题卷	2015－07	38.00	414
全国重点大学自主招生英文数学试题全攻略:名著欣赏卷	即将出版		415
数学物理大百科全书.第 1 卷	2016－01	418.00	508
数学物理大百科全书.第 2 卷	2016－01	408.00	509
数学物理大百科全书.第 3 卷	2016－01	396.00	510
数学物理大百科全书.第 4 卷	2016－01	408.00	511
数学物理大百科全书.第 5 卷	2016－01	368.00	512
劳埃德数学趣题大全.题目卷.1:英文	2016－01	18.00	516
劳埃德数学趣题大全.题目卷.2:英文	2016－01	18.00	517
劳埃德数学趣题大全.题目卷.3:英文	2016－01	18.00	518
劳埃德数学趣题大全.题目卷.4:英文	2016－01	18.00	519
劳埃德数学趣题大全.题目卷.5:英文	2016－01	18.00	520
劳埃德数学趣题大全.答案卷:英文	2016－01	18.00	521

哈尔滨工业大学出版社刘培杰数学工作室已出版(即将出版)图书目录

书名	出版时间	定价	编号
李成章教练奥数笔记.第1卷	2016—01	48.00	522
李成章教练奥数笔记.第2卷	2016—01	48.00	523
李成章教练奥数笔记.第3卷	2016—01	38.00	524
李成章教练奥数笔记.第4卷	2016—01	38.00	525
李成章教练奥数笔记.第5卷	2016—01	38.00	526
李成章教练奥数笔记.第6卷	2016—01	38.00	527
李成章教练奥数笔记.第7卷	2016—01	38.00	528
李成章教练奥数笔记.第8卷	2016—01	48.00	529
李成章教练奥数笔记.第9卷	2016—01	28.00	530
zeta 函数,q-zeta 函数,相伴级数与积分	2015—08	88.00	513
微分形式:理论与练习	2015—08	58.00	514
离散与微分包含的逼近和优化	2015—08	58.00	515
艾伦·图灵:他的工作与影响	2016—01	98.00	560
测度理论概率导论,第2版	2016—01	88.00	561
带有潜在故障恢复系统的半马尔柯夫模型控制	2016—01	98.00	562
数学分析原理	2016—01	88.00	563
随机偏微分方程的有效动力学	2016—01	88.00	564
图的谱半径	2016—01	58.00	565
量子机器学习中数据挖掘的量子计算方法	2016—01	98.00	566
量子物理的非常规方法	2016—01	118.00	567
运输过程的统一非局部理论:广义波尔兹曼物理动力学,第2版	2016—01	198.00	568
量子力学与经典力学之间的联系在原子、分子及电动力学系统建模中的应用	2016—01	58.00	569
第19~23届"希望杯"全国数学邀请赛试题审题要津详细评注(初一版)	2014—03	28.00	333
第19~23届"希望杯"全国数学邀请赛试题审题要津详细评注(初二、初三版)	2014—03	38.00	334
第19~23届"希望杯"全国数学邀请赛试题审题要津详细评注(高一版)	2014—03	28.00	335
第19~23届"希望杯"全国数学邀请赛试题审题要津详细评注(高二版)	2014—03	38.00	336
第19~25届"希望杯"全国数学邀请赛试题审题要津详细评注(初一版)	2015—01	38.00	416
第19~25届"希望杯"全国数学邀请赛试题审题要津详细评注(初二、初三版)	2015—01	58.00	417
第19~25届"希望杯"全国数学邀请赛试题审题要津详细评注(高一版)	2015—01	48.00	418
第19~25届"希望杯"全国数学邀请赛试题审题要津详细评注(高二版)	2015—01	48.00	419
闵嗣鹤文集	2011—03	98.00	102
吴从炘数学活动三十年(1951~1980)	2010—07	99.00	32
吴从炘数学活动又三十年(1981~2010)	2015—07	98.00	491
物理奥林匹克竞赛大题典——力学卷	2014—11	48.00	405
物理奥林匹克竞赛大题典——热学卷	2014—04	28.00	339
物理奥林匹克竞赛大题典——电磁学卷	2015—07	48.00	406
物理奥林匹克竞赛大题典——光学与近代物理卷	2014—06	28.00	345
历届中国东南地区数学奥林匹克试题集(2004~2012)	2014—06	18.00	346
历届中国西部地区数学奥林匹克试题集(2001~2012)	2014—07	18.00	347
历届中国女子数学奥林匹克试题集(2002~2012)	2014—08	18.00	348

哈尔滨工业大学出版社刘培杰数学工作室
已出版(即将出版)图书目录

书　名	出版时间	定　价	编号
数学奥林匹克在中国	2014－06	98.00	344
数学奥林匹克问题集	2014－01	38.00	267
数学奥林匹克不等式散论	2010－06	38.00	124
数学奥林匹克不等式欣赏	2011－09	38.00	138
数学奥林匹克超级题库(初中卷上)	2010－01	58.00	66
数学奥林匹克不等式证明方法和技巧(上、下)	2011－08	158.00	134,135

联系地址:哈尔滨市南岗区复华四道街 10 号　哈尔滨工业大学出版社刘培杰数学工作室

网　　址:http://lpj.hit.edu.cn/

邮　　编:150006

联系电话:0451－86281378　　13904613167

E-mail:lpj1378@163.com

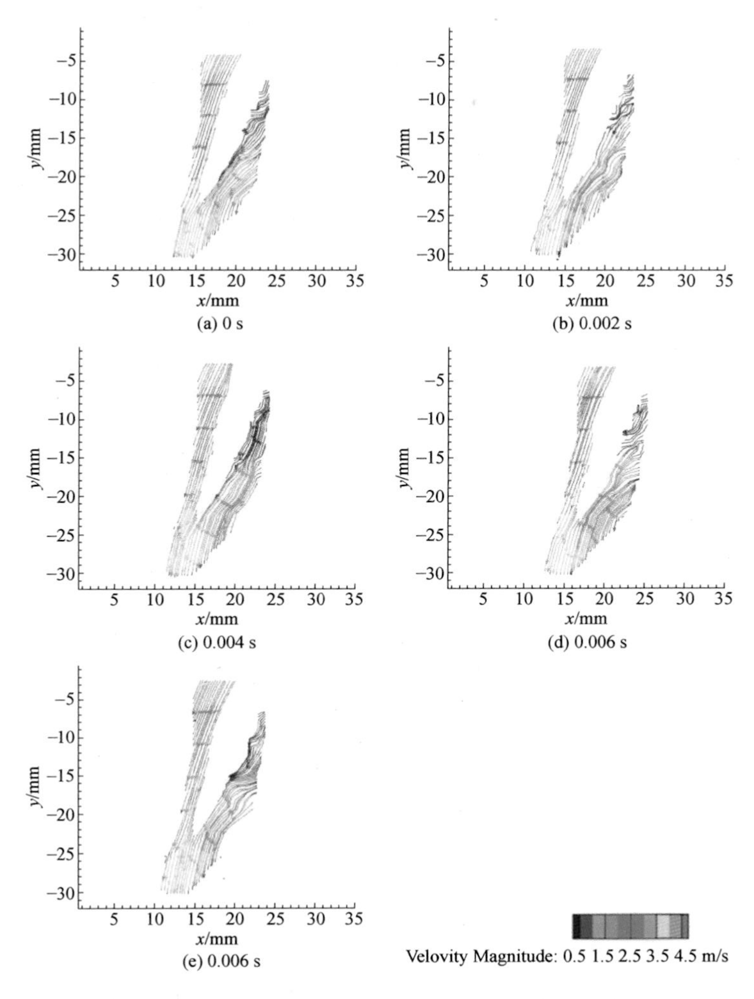

彩图 1　活动导叶区域流场演化，测试工况为 $n_{11}=55$ r/min，其中颜色标尺表示速度矢量大小

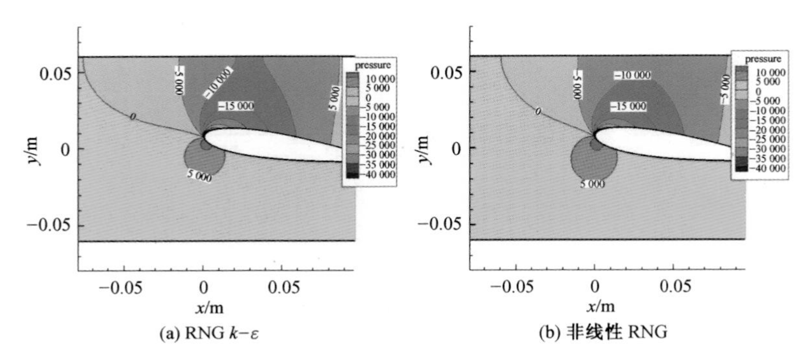

彩图 2　NACA0015 翼型附近压力分布(单位：Pa)

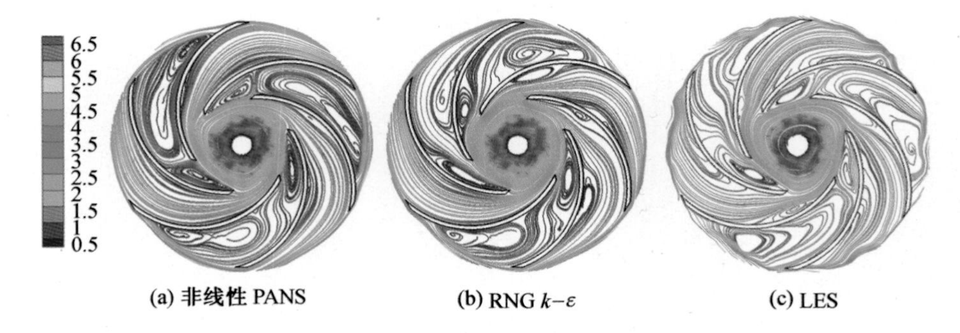

(a) 非线性 PANS　　(b) RNG $k-\varepsilon$　　(c) LES

彩图 3　$q_v/q_d=0.25$ 时叶轮内部流场(单位:m/s)

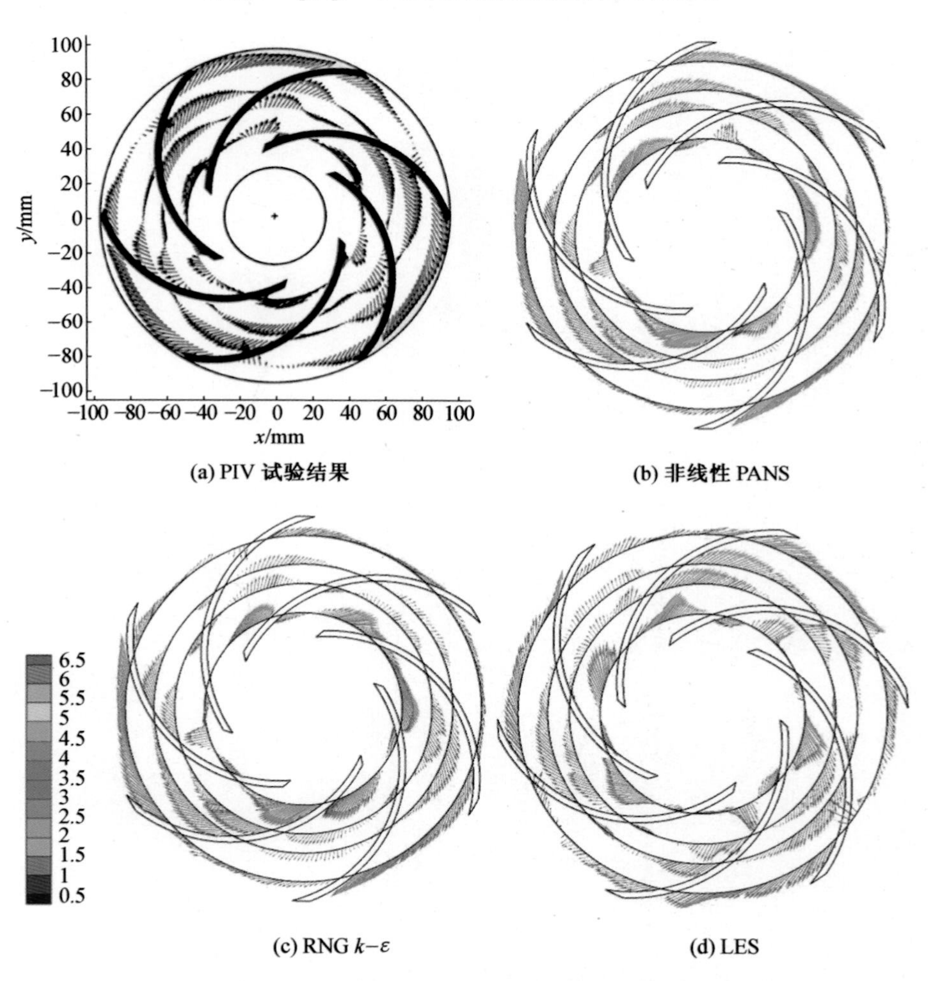

(a) PIV 试验结果　　(b) 非线性 PANS

(c) RNG $k-\varepsilon$　　(d) LES

彩图 4　$q_v/q_d=0.25$ 时叶轮内部不同半径处相对速度分布(单位:m/s)

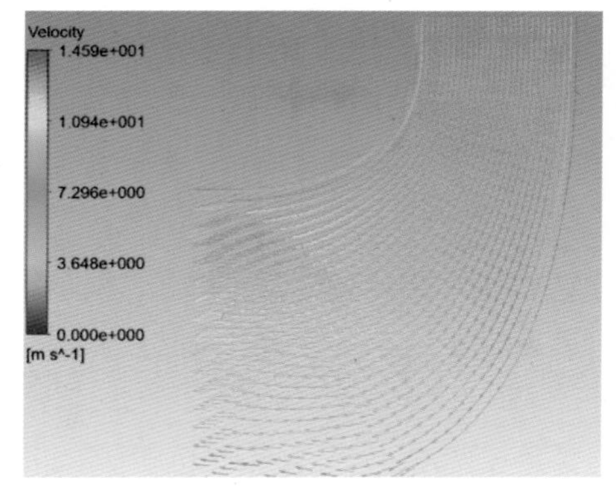

彩图 5　工况 A 轴面的相对速度矢量分布

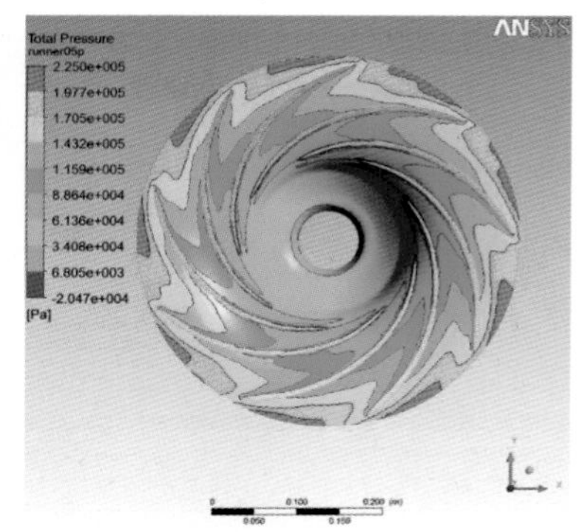

彩图 6　工况 A S1 流面的总压分布

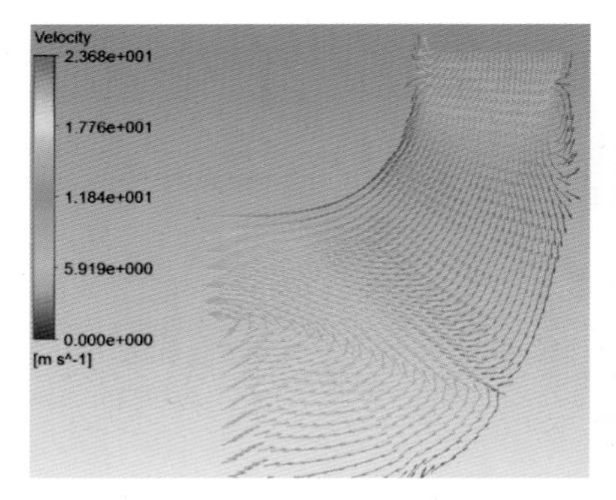

彩图 7　工况 B 轴面的相对速度矢量分布

彩图 8　流动可视化试验观察结果

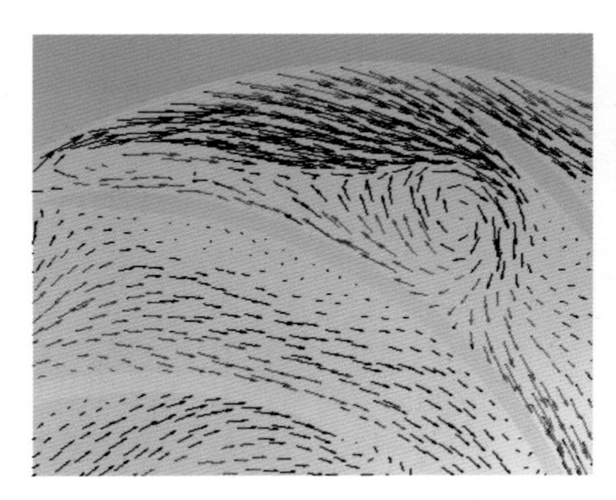

彩图 9　进口处回流涡的示意图

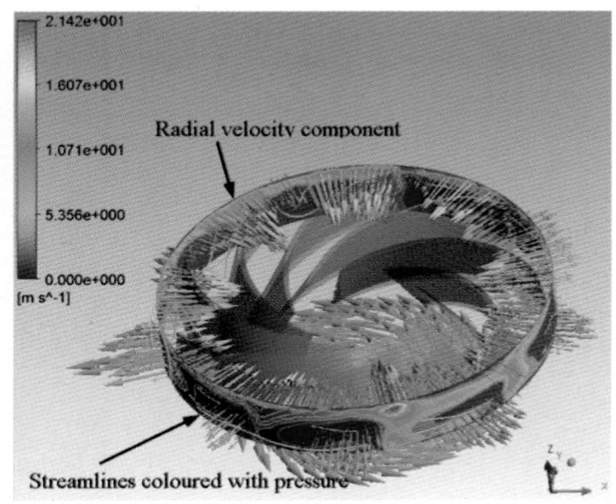

彩图 10　动静干涉面上的径向速度分布

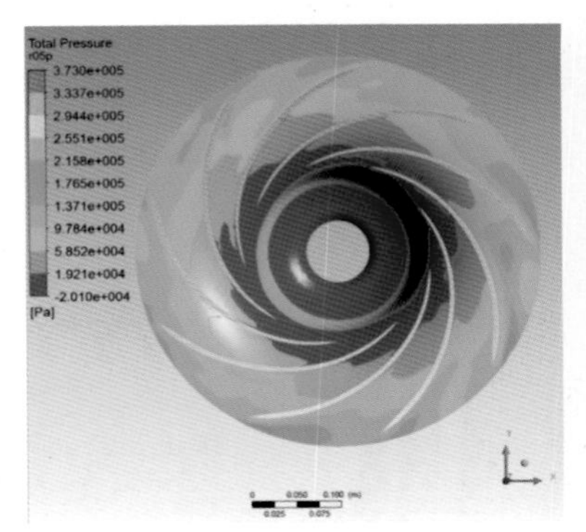

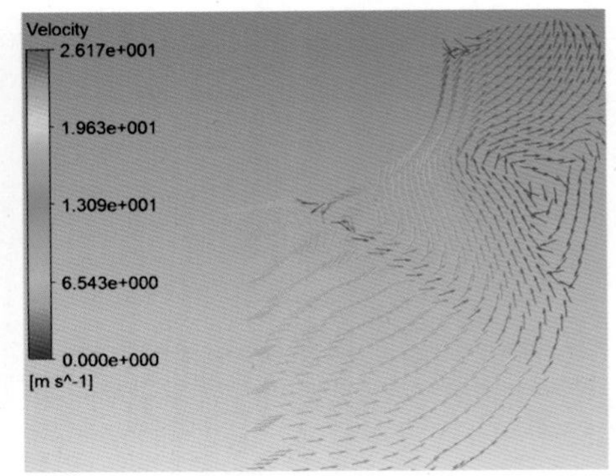

彩图 11　工况 B S1 流面上的压力分布云图　　彩图 12　工况 C 轴面速度分布

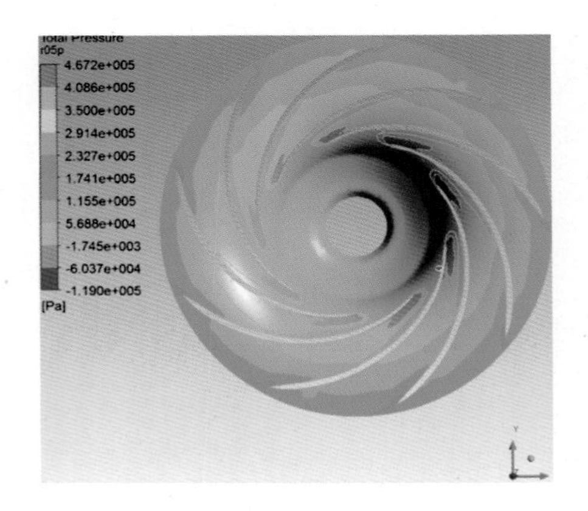

彩图 13　工况 C 流面 S1 的静压分布

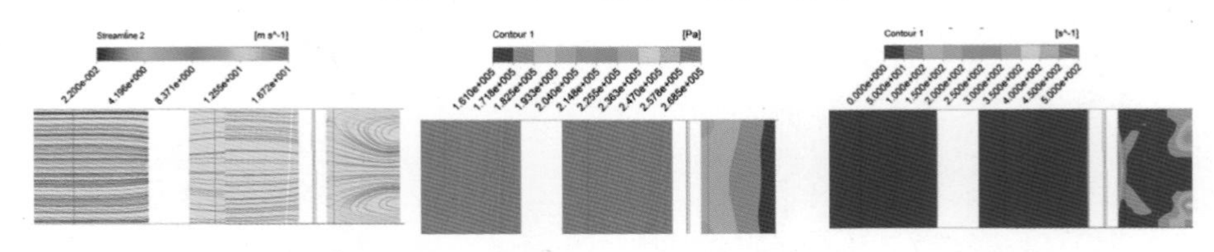

彩图 14　双列叶栅径向流场(流线、压力、旋涡强度),5 mm 开度水轮机工况

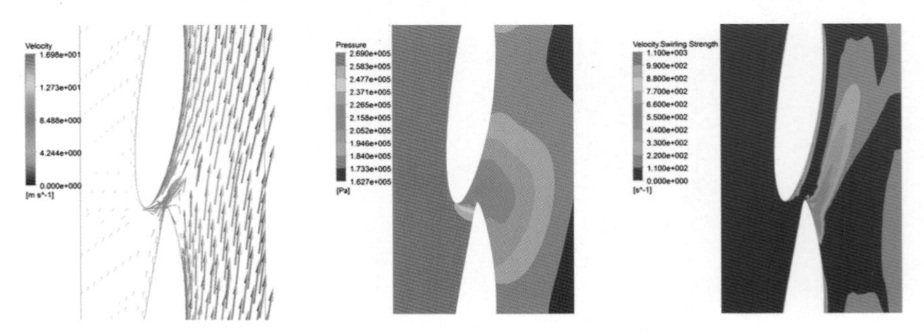

顶盖附近（速度矢量、压力、旋涡强度）

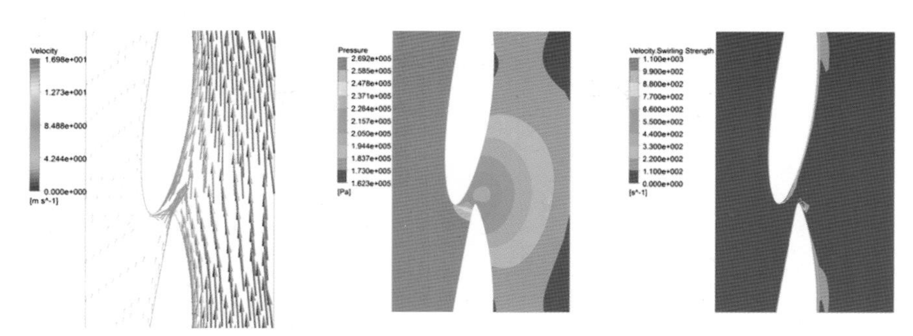

中间流面（速度矢量、压力、旋涡强度）

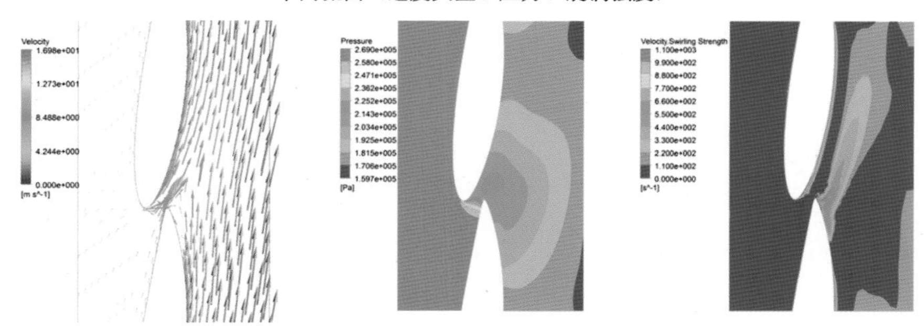

底盖附近（速度矢量、压力、旋涡强度）

彩图 15　活动导叶各流面流场(5 mm 开度水轮机工况)

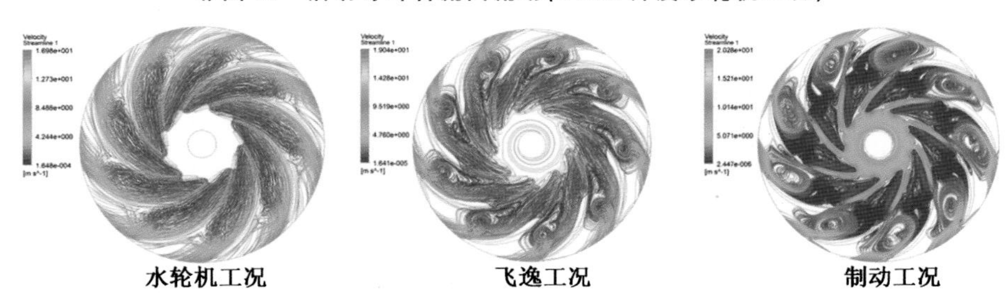

彩图 16　转轮内流线随工况变化情况(5 mm 开度)

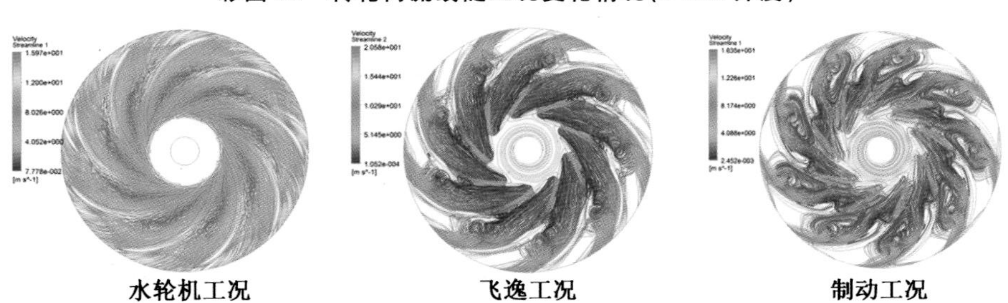

彩图 17　转轮内流线随工况变化情况(10 mm 开度)

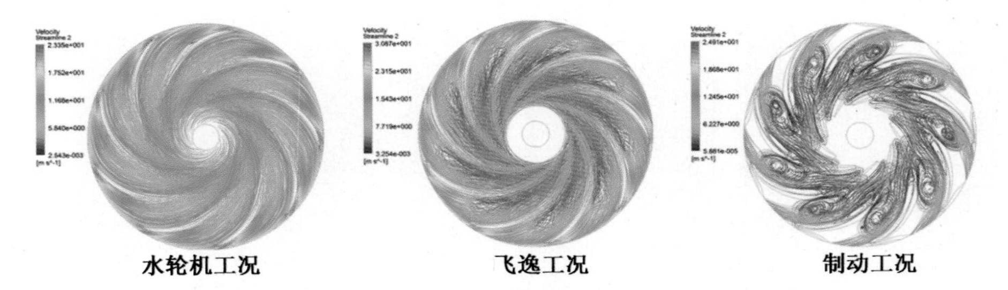

彩图 18　转轮内流线随工况变化规律(32 mm 开度)

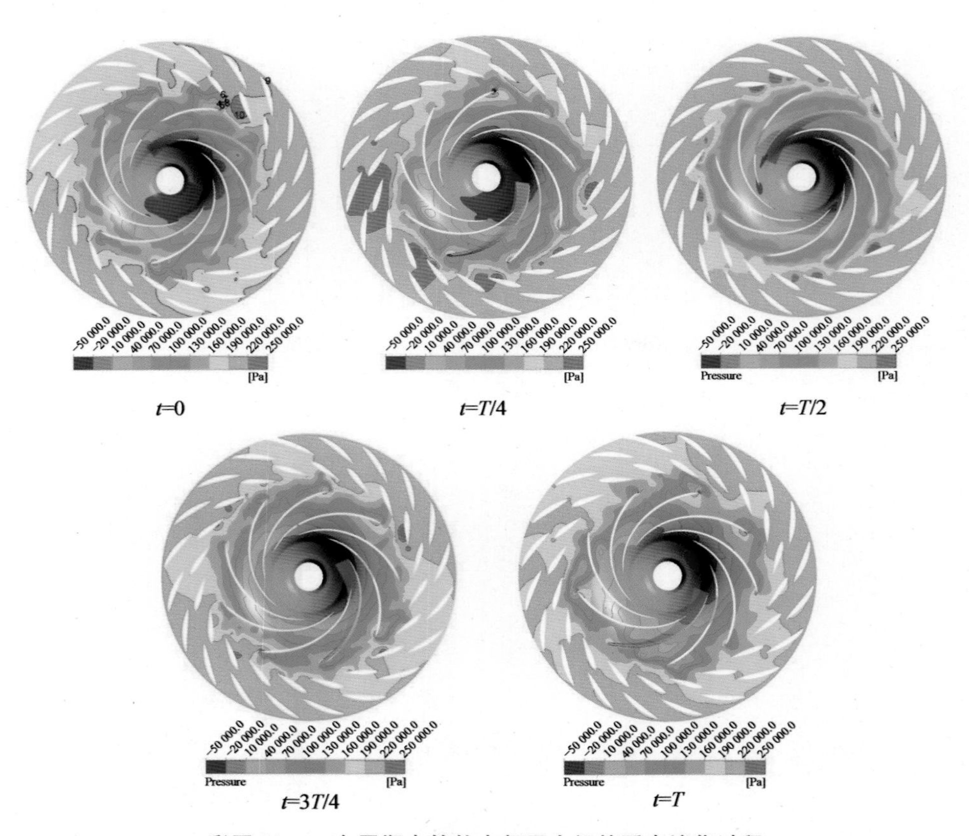

彩图 19　一个周期内转轮内部压力场的瞬态演化过程

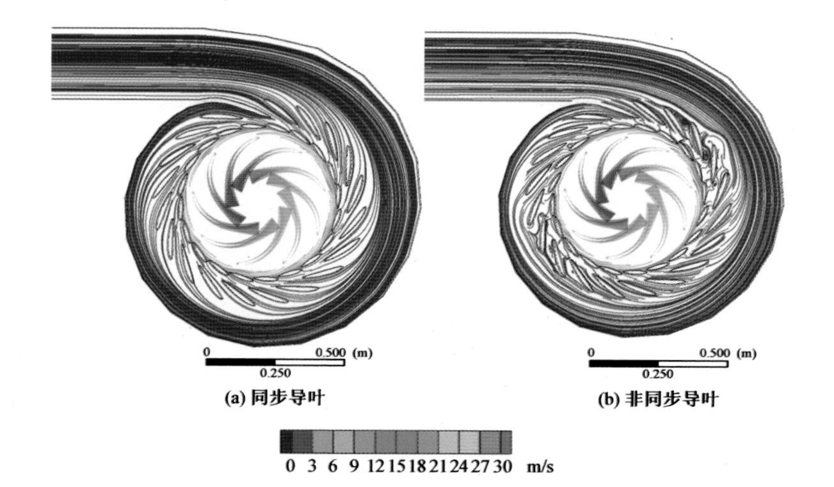

彩图 20　飞逸点导叶流域流线图

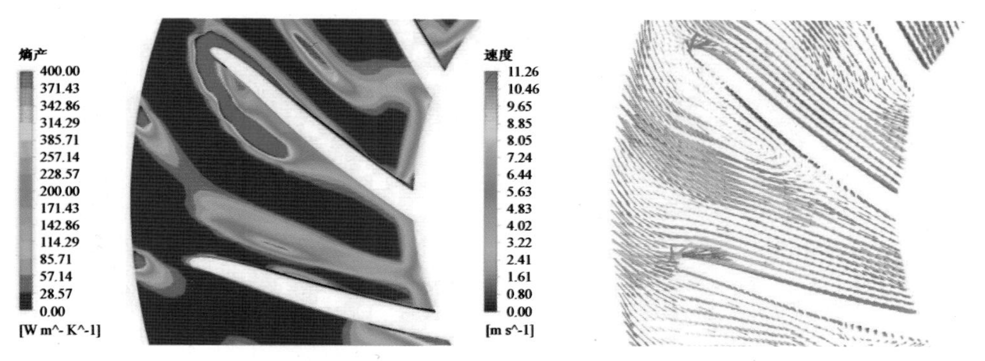

彩图 21　转轮区域蜗壳对称面上熵产分布　　彩图 22　转轮区域蜗壳对称面上速度分布

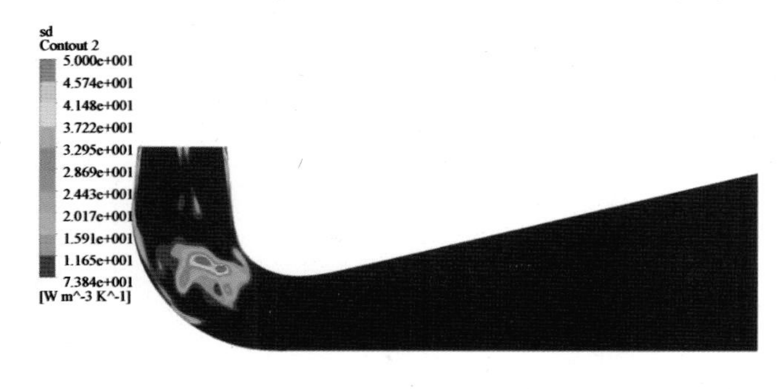

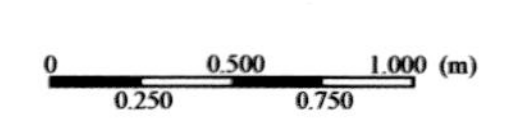

彩图 23　尾水管中熵产分布

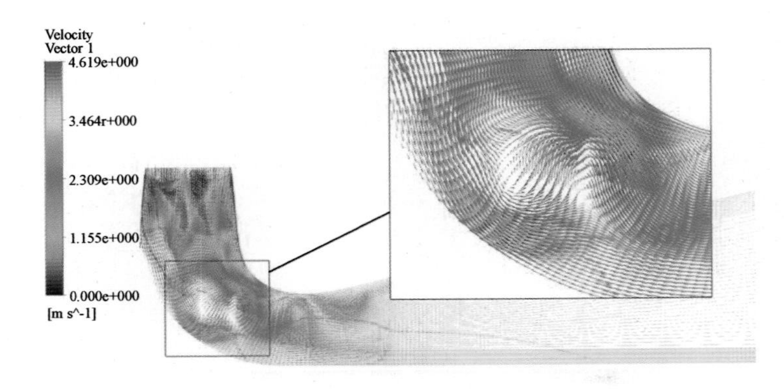

彩图 24 尾水管中速度矢量分布

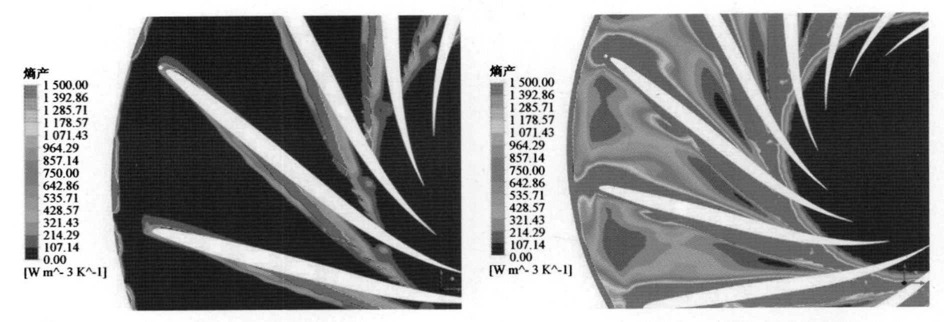

彩图 25 水轮机工况导叶区域熵产

彩图 26 制动工况导叶区域熵产

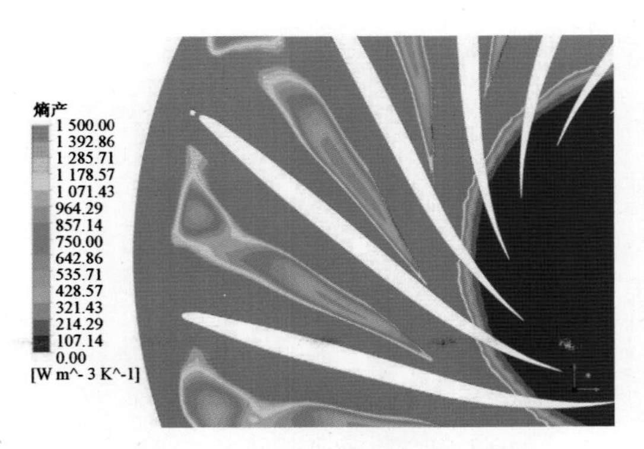

彩图 27 反水泵工况导叶区域熵产

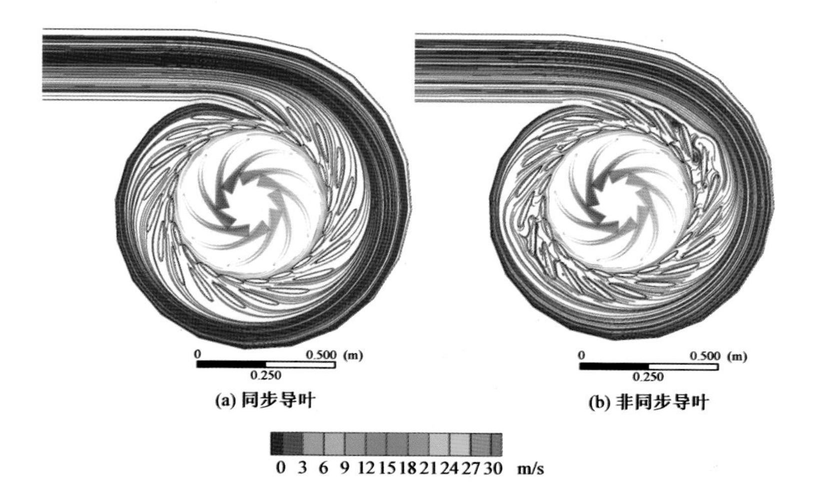

彩图 20　飞逸点导叶流域流线图

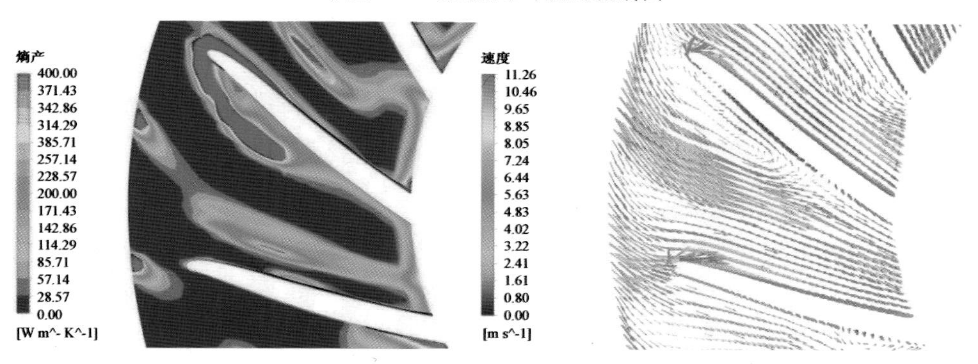

彩图 21　转轮区域蜗壳对称面上熵产分布　　彩图 22　转轮区域蜗壳对称面上速度分布

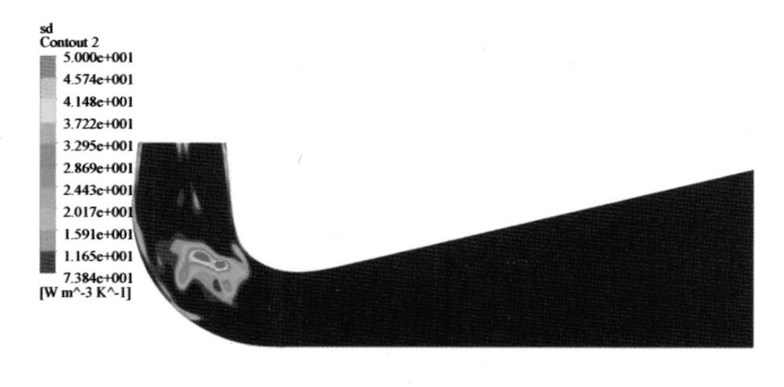

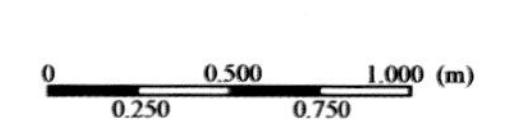

彩图 23　尾水管中熵产分布

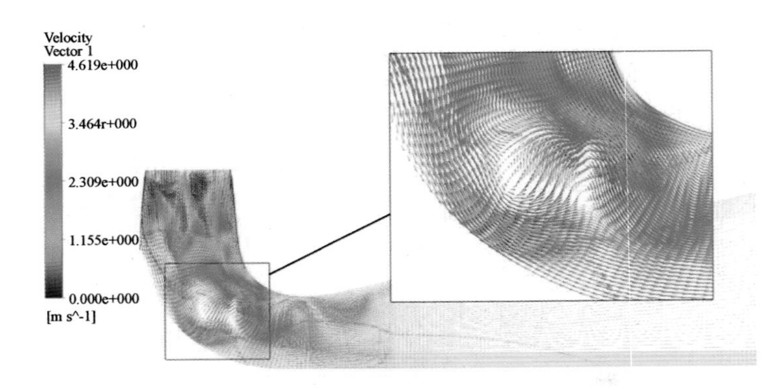

彩图 24　尾水管中速度矢量分布

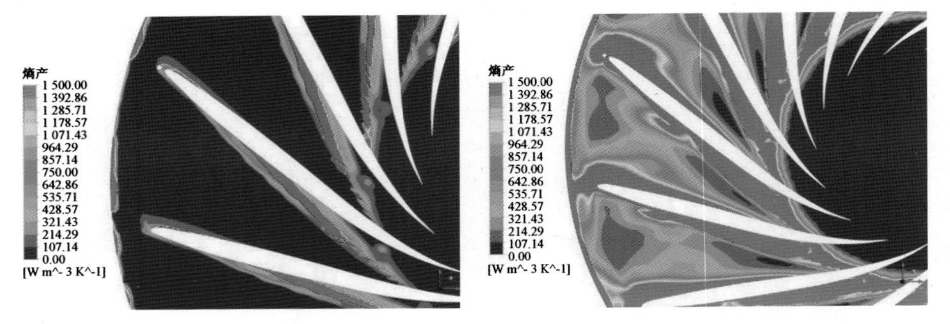

彩图 25　水轮机工况导叶区域熵产

彩图 26　制动工况导叶区域熵产

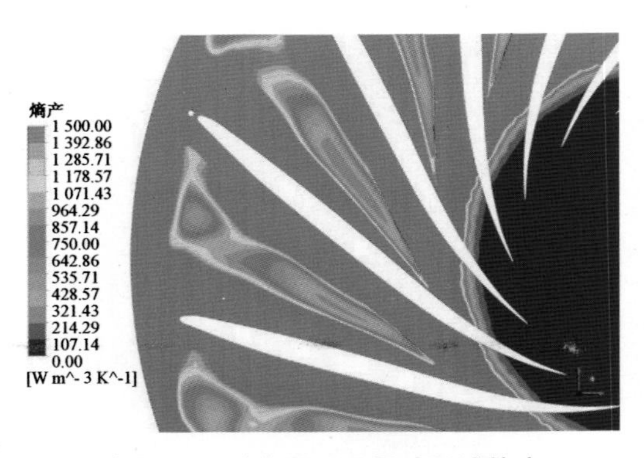

彩图 27　反水泵工况导叶区域熵产